"十三五"国家重点出版物出版规划项目

SAFETY SCIENCE AND
ENGINEERING

安全信息学

SAFETY & SECURITY INFORMATICS

◎王秉　吴超　著

机械工业出版社
CHINA MACHINE PRESS

安全信息学不同于安全信息,更不同于安全信息技术或工程。安全信息学是专门研究安全信息的一门学问或科学。在信息时代,特别是大数据与智能化时代,其研究与发展具有重大的理论与现实意义。本书是专门介绍与研究安全信息学的专著。全书基于大安全(Safety & Security)视角,面向安全管理,聚焦安全信息学基础理论(同时涵盖安全信息学学科基础理论与应用基础理论)研究。本书主要内容包括:绪论、安全信息基本问题、安全信息学学科建设理论、安全信息学核心原理、基于安全信息的安全行为干预理论、安全情报基本理论、基于安全信息的典型安全管理方法与安全信息学学科分支。

　　本书可供安全科学、信息科学的相关科研人员、学者与实践者学习参考,也可作为高等院校安全科学与工程类及相关专业的研究生的教学参考书。

图书在版编目 (CIP) 数据

安全信息学/王秉,吴超著. —北京:机械工业出版社,2021.8
"十三五"国家重点出版物出版规划项目
ISBN 978-7-111-68962-1

Ⅰ.①安… Ⅱ.①王… ②吴… Ⅲ.①安全信息-高等学校-教材 Ⅳ.①X913.2

中国版本图书馆 CIP 数据核字 (2021) 第 165657 号

机械工业出版社(北京市百万庄大街22号 邮政编码100037)
策划编辑:冷 彬 责任编辑:冷 彬
责任校对:王 欣 封面设计:张 静
责任印制:单爱军
北京虎彩文化传播有限公司印刷
2021年9月第1版第1次印刷
184mm×260mm · 15 印张 · 370 千字
标准书号:ISBN 978-7-111-68962-1
定价:88.00 元

电话服务 网络服务
客服电话:010-88361066 机 工 官 网:www.cmpbook.com
　　　　　010-88379833 机 工 官 博:weibo.com/cmp1952
　　　　　010-68326294 金 书 网:www.golden-book.com
封底无防伪标均为盗版 机工教育服务网:www.cmpedu.com

前　言

在高度信息化和智能化的今天，安全科学的信息学化特征日趋明显，系统收集和有效运用安全信息已成为信息时代基本和重要的安全管理思想和理念，这为信息科学与安全科学领域的互动和交叉研究提供了充分可能。同时，在当今世界科学技术高度"分化与综合"总发展趋势的驱动和影响下，信息科学与安全科学的互动与互补关系越加显著，这为安全信息学的快速形成和发展构筑了良好的学科发展平台与学术背景。正因如此，近年来，安全信息是安全科学领域的热点话题之一，安全信息学的创立和发展已成为安全科学与信息科学拓展的历史必然。目前，该学科已初步形成，并已在安全科学与信息学科领域中发挥了促进创新发展的作用。可见，安全信息学是当今安全科学与信息科学领域的重大研究课题之一，也是目前乃至今后安全科学领域最具活力和生命力的新兴学科分支领域之一。

安全信息学是一门新兴交叉学科，其实质是利用安全科学、信息科学及其相关学科（如数据科学与计算机科学等）理论、方法与技术来研究安全信息现象及其运动规律的科学。安全信息学是专门研究安全信息的一门学问或学科，从学术角度看，从"信息"到"安全信息"，是实现了从"信息科学＋安全"的输入到"安全＋信息科学"的输出；从"安全信息"到"安全信息学"绝非仅为一字之差，而是安全信息研究实现了一次质的飞跃。

在本书的撰写过程中，著者发现，由于安全信息学研究内容繁杂而庞大，很难用一本书囊括所有安全信息学的研究内容，而且目前还没有以"安全信息学"命名的专著或教材。鉴于此，著者最终决定基于学科建设高度和安全信息学中上游（即应用基础理论与学科基础理论）的研究层面撰写此书。因此，更严格准确地讲，本书应命名为《安全信息学基础》。

本书立足当今安全科学学科研究与实践重大需求，基于大安全（Safety & Security）与安全管理视角，聚焦于安全信息链的两个关键节点（即安全信息与安全情报），旨在构筑安全信息学基础理论体系。本书力求突出以下主要特色和亮点：

第一，撰写视角科学新颖。本书选取的安全信息学研究视角，即大安全（Safety & Security）与安全管理视角均是科学、新颖的。

第二，出发点与归宿点科学新颖。本书将出发点与归宿点专门定位为"构建安全信息学基础理论体系与解决安全管理中的安全信息缺失问题"，这是科学而新颖的。

第三，本书同时兼具七大特点：系统性强（系统阐释安全信息学基础理论）、理论性强（中心内容是安全信息学基础理论研究）、基础性强（阐明安全信息学的研究、实践与发展的根基）、针对性强（针对安全信息学中上游研究层面，聚焦安全信息链的关键节点）、学科性强（立足于学科建设高度开展安全信息相关研究和探讨）、前沿性强（吸纳了最新、最前沿的研究成果）与严谨性强（以已发表的理论研究论文和成果为写作基础）。

看到努力已久的心血终于成书，著者自然有一种收获的喜悦，这是一种非文字工作者难以了解的体验。由于本书是首部以"安全信息学"命名的著作，以及时间仓促，资料占有不全，书中有些问题尚未组织充分讨论，特别是著者心得、水平与精力有限，书中难免存在诸多纰漏、不妥和错误，恳请广大读者批评和指正。

这里，著者要衷心感谢在本书的撰写中提过许多宝贵建议的朋友们以及书中参考的相关文献的作者们。同时，本书的研究和出版得到了国家自然科学基金重点项目（51534008）的资助，在此也一并表示深深感谢。通过长期探索和本书撰写，著者深感安全信息学研究是一个复杂而有深度的学术大课题，呼吁各位同仁一起来研究和发展壮大安全信息学，共同助力安全科学发展。

著　者

本书内容导图

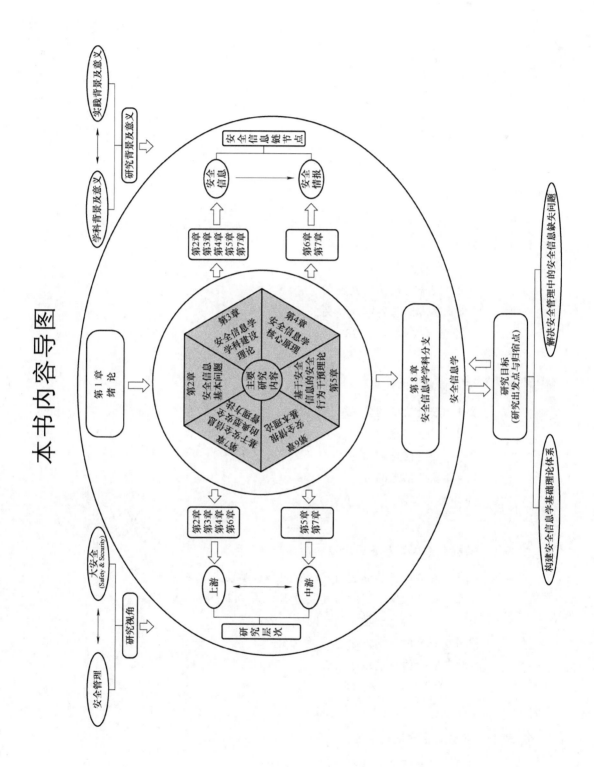

目　录

1

第1章
绪　论

1.1 研究背景及意义

【本节提要】

　　理论而言，明确一门学科研究的背景与意义是开展一门学科研究工作的基本前提条件。本节深入论述开展安全信息学研究（包括安全信息学基础理论研究）的背景及意义。

　　就安全信息学研究而言，需回答"为什么要开展安全信息学研究？"这一关键问题。本书聚焦安全信息学研究领域的"面向安全管理的安全信息学基础理论"，故本节主要阐述开展"面向安全管理的安全信息学基础理论研究"的背景及意义。

1.1.1 学科背景及意义

　　从学科发展角度看，安全信息学作为信息科学与安全科学直接进行交叉融合而形成的一门新兴的交叉学科，是信息科学与安全科学发展的客观需求和必然产物[1-5]。显然，安全信息学基础理论研究，有助于进一步丰富、发展和更新安全科学与信息科学的学科理论、研究方法、研究视角、研究领域和研究内容，从而为安全科学与信息科学发展注入无限生机[4-5]。当然，安全信息学基础理论研究也是安全信息学学科自身发展的必然需求，它有助于丰富和夯实安全信息学的学科理论基础，从而促进安全信息学建设及其研究与实践。概括讲，学科（信息学科、安全学科及安全信息学科）发展呼唤安全信息学基础理论研究。

　　1. 信息学科和安全学科发展的客观需求

　　所谓安全信息学，可以这样简单理解它：安全信息学是信息科学理论、方法运用到安全科学（特别是安全管理）领域，并在安全信息实践工作中抽象、总结原理规律而形成的一门具有部门行业特征的信息科学的具体应用领域[4-5]。显然，安全信息学是信息科学与安全科学直接进行交叉融合而形成的一门新兴的交叉学科。或者说，安全信息学是从信息科学中分离出来的与安全科学紧密相连的分支学科，信息科学和安全科学是安全信息学的母学科。安全信息学与其母学科（信息科学、安全科学）之间的关系密切，相互促进、相互依赖、辩证统一。母学科的发展在很大程度上促进了子学科的发展，而子学科的发展反过来又进一步丰富了母学科的理论。因此，应重视并加强信息科学和安全科学分支学科之安全信息学的研究，这是安全信息学产生的学科背景。总之，从学科发展需求角度看，安全信息学建设，特别是安全信息学基础理论研究（学科基础理论是一门学科的根基）已成为信息科学科与安全学科实现进一步拓展与深化的重要机遇和历史必然选择。

首先，安全信息学建设及基础理论研究是信息学科发展之需。信息科学与安全信息学都是研究信息采集、传递和利用过程中的各个环节的特点与规律的，两者的本质特征是一致的[4-6]。信息科学作为安全信息学的母学科，至今已有数十门的子学科（分支学科），其子学科的建设、研究和发展会进一步完善信息科学学科体系建设，从而大大促进信息科学发展[4,6]。而安全信息学作为一门信息科学的子学科，也会促进信息科学发展。同时，安全信息学建设及基础理论研究有助于进一步拓宽信息科学的学科理论、研究范畴、研究内容与应用实践领域，有助于进一步深化信息科学的研究与应用价值[4]。

其次，安全信息学建设及基础理论研究是安全学科发展之需。安全学科与安全信息学的研究目的一致，即为"安全促进"提供支撑和依据[4-5]。安全信息学是安全科学发展的必然阶段和产物（详细阐述见2.1节），主要体现在以下3方面：

1）随着人类步入信息时代，安全科学的"信息学化"特征与程度日益凸显。目前，安全信息学的雏形已清晰显现于我国现行的学科划分标准之中。根据我国现行的学科划分标准，安全信息相关学科，即"安全信息论（代码为6202720）"（需说明的是，与"信息科学"不等同于"信息论"[6]，"安全信息学"也不等同于"安全信息论"，具体理由这里不再赘述）与"公共安全信息工程"已被划归为"安全科学技术（代码为620）"下的三级学科。

2）就安全科学自身学科体系内部而言，安全信息学的概念、理论与方法已逐渐向安全科学的各个分支学科领域广泛渗透，成为一门纵横交叉的新兴安全科学新分支[4-5]。事实上，安全信息学的发展已为系统安全学、安全管理学与安全行为学等提供了大量新颖的研究课题、方法和思路。此外，在安全信息学理论和信息技术（Information Technology，IT）的促使下，一大批安全信息技术（Safety & Security Information Technology，SIT）也迅速发展起来了，已成为当代新的安全技术的中流和核心。

3）现代安全学科具有庞大的"学科群""专业群"和"领域群"。显然，安全信息学具有广泛的应用范围和广阔的应用前景。同时，近年来，安全学科和相关专业的地位已确立，且安全学科的分支学科（如安全学、安全管理学、安全教育学、安全法学、安全系统学、安全文化学与各部门安全学等）体系已初步建立，这为安全信息学学科建立奠定了合法性地位。此外，安全信息学建设及基础理论研究有助于进一步拓宽安全科学的研究视角，进一步夯实安全科学理论，进而可为安全学科发展提供源源动力。

此外，安全信息学不仅是安全科学的一个重要学科分支，也是安全学科教学方案中的一门重点课程。面向安全管理的安全信息学基础理论研究，可为安全信息学课程内容及其教材框架设计，以及后期教材的编写奠定坚实的理论基础，这可以有效提升安全专业人才的培养质量和推动安全科学与工程专业的快速高质量发展。

2. 安全信息学学科自身发展的必然需求

近年来，安全信息学是安全科学领域的研究热点之一。概括而言，已有的安全信息学研究与实践成果主要集中在以下 5 方面：①信息技术（主要包括传感与测量技术（信息获取技术）、通信与存储技术（信息传递技术）、计算与信息处理技术（信息认知技术）、智能决策技术（信息再生技术）、控制与显示技术（信息执行技术）、信息系统技术（信息全局优化技术）及自动化技术等）被广泛应用于现代安全管理之中，并已取得显著应用成效；②研究基于安全信息的事故致因模型[7-10]，"安全信息缺失是导致事故的根本原因，解决安全信息缺失问题是预防事故的关键"这一观点在学界与实践界已达成基本共识；③安全信息服务不断推进，相关安全信息服务业已初步形成；④安全信息学理论研究已多方开展（如安全信息学的学科基本问题与原理研究）[4,5,11]；⑤安全信息学相关教育在安全科学教育中已被逐渐渗入并稳步实施[12]。由此可见，就目前安全科学研究与实践而言，安全信息学的设立在国内外学术界已达成基本共识。安全信息学理应是安全科学领域势在必建的分支学科，也必是目前乃至今后安全科学领域最具活力的新兴分支学科领域。

安全信息活动和研究的兴起和发展，呼唤与之对应的安全信息学理论作为指导。近年来，随着安全信息研究与实践在全球范围内的逐步开展，国内外众多学者和实践者对安全信息学进行了大量研究与实践探索，极大程度地丰富了安全信息学的理论大厦。但是，众多的安全信息研究实践成果缺乏系统性，主要原因是来自不同学科领域的学者从多个角度对安全信息学进行探索，研究的着眼点各不相同，对安全信息实质的理解也存在较大差异和分歧。同时，目前对安全信息学的研究主要集中在表层（如对安全信息定义、研究内容和研究成果的直接介绍）和应用层面，缺乏深层和学科建设层面的学科基础理论研究和探索。因此，从理论及学科构建上探索安全信息，对认识安全信息的本质和内在规律，以及从宏观上指导和促进安全信息学研究与实践均是十分必要的。

总之，作为一门安全科学的新兴学科分支，安全信息学尚显得极其稚嫩。单就安全信息学研究而言，由于安全信息学方面的实践应用明显先于安全信息学研究，再加之传统的安全科学研究者以理工科背景学者为主，导致尽管目前学界已取得众多应用层面的安全信息学研究成果，但鲜有基础理论层面的研究成果，尤其是学科建设高度的研究极少，尚未明晰安全信息学的学科理论体系，导致安全信息学的基础理论极为薄弱，导致学界对安全信息学的认识和理解仍非常片面（即大多停留在信息技术在安全科学研究实践中的应用层面），导致安全信息学研究的理论性、学理性、规范性和系统性明显不足，导致安全信息学研究、实践与发展方向模糊不清。

鉴于此，亟须开展学科建设层面的安全信息学基础理论研究，以期构建完整的安全信息学学科理论体系，从而促进安全信息学的建设及其研究与实践。显然，本书研究在理论层面不仅可为未来的面向安全管理的安全信息学研究实践绘制了一幅科学严谨的发展蓝图和奠定坚实的理论基础，而且可对进一步丰富安全信息学理论具有重大意义。细言之，就安全信息学发展而言，本书研究的学术价值主要体现在以下三方面：

1）每门独立的学科均应具有其自身独立、系统且完善的学科理论体系。安全信息学作为信息科学和安全科学的交叉学科，是安全科学的重要学科分支，特别是一门具有旺盛生命力与发展潜力新学科，理应构建其完整的学科理论体系。本书研究对安全信息学基础理论开展研究，可填补目前学界在安全信息学基础理论方面的研究空白。

2）目前，学界尚未明确安全信息学的具体研究视角、研究取向和理清安全信息学的基础性问题（如核心概念与学科体系等），这不仅导致安全信息学理论与方法研究发展极为缓慢，也导致安全信息学理论研究成果较为零散，很难形成统一完整的安全信息学理论体系，严重阻碍安全信息学研究与发展。换言之，模糊的安全信息学的研究视角、研究取向和基础性问题，及薄弱的学科基础已成为制约当前安全信息学研究发展的主要"瓶颈"问题。显然，面向安全管理对安全信息学基础理论开展创新研究，可有效解决上述安全信息学研究发展难题。

3）安全信息学研究与发展应以坚实的学科理论基础为指导，而目前学界关于安全信息学基础理论方面的研究较少，且普适性与理论深度明显不足，本书研究以安全信息学已有理论研究成果为基础，以安全管理这一创新视角为切入视角和研究取向，构建安全信息学学科理论体系，以期进一步丰富、补充安全信息学基本原理与规律等，进而完善安全信息学学科理论体系。

此外，从安全信息学学科发展角度看，亟待开展面向安全管理的安全信息学研究。系统收集和有效运用安全信息是安全管理的基础、关键和灵魂，安全管理的本质是基于安全信息的管理过程。因此，安全信息学研究和学科建设的根本缘由和基础理应是安全信息之于安全管理的重要性。为安全管理提供安全信息服务，进而解决安全管理过程中的安全信息缺失问题，理应是安全信息学研究的终极目标和核心任务。简言之，安全信息学研究要面向安全管理。但令人遗憾的是，目前绝大多数安全信息学研究是基于一般信息科学视角的研究和探讨，尚未突出安全信息学的安全管理意义和价值，导致已有安全信息学研究成果与安全管理之间存在巨大鸿沟，成果"落地难"，对实际安全管理工作的指导和服务作用十分有限。

1.1.2 实践背景及意义

近年来，随着信息技术的不断发展及其在安全科学实践工作中的广泛应用，安全科学（特别是安全管理）实践领域的信息化程度日益提高。在信息时代，特别是智能化时代与大数据时代，系统收集和有效运用安全信息是通往安全的必经之路[13]，这已成为安全研究者与实践者的基本共识。在这样的背景下，如何主动适应信息时代的发展需要推进安全管理中的安全信息工作，已成为当前安全管理实践所面临的重大课题。此外，安全管理在各社会组织管理工作中居于重要地位，安全信息工作直接关系到安全管理的效率、质量与绩效。由此可见，安全管理中的安全信息工作必将是当前及未来安全管理领域的工作重点，而它亟须以安全信息学基础理论进行指导和支撑。与此同时，为安全管理提供有效的安全信息服务是安全信息学研究的终极目标[4]，面向安全管理的安全信息学研究能有效消除安全信息学理论研究与实践应用之间的鸿沟，从而增强安全信息学的实践性和应用价值。

1. 回应和服务安全管理信息化重大战略的需要

当今时代，是以战略制胜的时代[6]。在人类迈入 21 世纪的今天，一个组织要想安全发展并最终取得成功，关键在于制定自己的安全战略。科学、正确的安全战略，能够使组织提高自身的安全保障能力，获得安全发展和壮大。企业如此，政府、社会和国家等也如此。因此，制定和实施正确的安全战略至关重要。随着人类步入信息时代，特别是大数据时代，在安全管理方面，各社会组织（如企业、政府、社会和国家等）均逐步提出并开始实施安全管理信息化的安全战略。的确，近年来，在安全管理领域，掀起了一股信息化热。例如：①实践应用层面的安全管理信息化研究成果层出不穷[14]；②促进安全管理信息化已被我国政府列入安全促进的一个重点领域与优先领域。

显然，安全管理信息化作为一个极为浩瀚的工程，需要实践应用与基础理论两个层面的研究同时发力与服务。但令人遗憾的是，目前，安全管理信息化实践缺乏有效的安全信息学基础理论作为指导和支撑，导致应用实践层面的安全管理信息化工作缺乏理论依据与参考，严重阻碍安全管理信息化进程，甚至形成了安全管理信息化实践"空壳"（单纯运用信息技术包装安全管理实践工作但无实际的安全管理内涵与成效）[15]。总之，随着安全管理信息化重大安全战略的提出和实施，如何依托安全信息学研究，回应安全管理信息化重大战略的需要，已成为时下之要务。因此，开展安全信息学研究是实施安全管理信息化重大安全战略的基础和要务。

2. 应对信息时代的安全管理挑战的需要

概括讲，安全信息学诞生于信息时代安全威胁/风险复杂化、安全形势严峻化、安全信息爆炸而有价值的安全信息缺失，以及安全管理变革等多重安全管理挑战叠加交织的时代背景下。安全信息学基础理论研究是积极应对信息时代的复杂多变的安全威胁/风险的现实需求，是不断适应信息社会安全形势发展变化的必然结果，是解决信息时代的安全管理中的"有价值的安全信息缺失"的问题必经之路，是充分发挥信息时代的安全信息的价值的必然选择。由此可见，安全信息学学科建设及基础理论研究具备时代必然性。

（1）信息时代，安全形势变得日益严峻

进入信息时代，信息流与日俱增，社会及绝大多数组织的信息化、网络化趋势日益凸显，安全问题也日益体现出越来越强的"信息化"特征[4,16,17]。例如，在信息时代，信息所引发的安全风险在某种意义上已超过了工业时代的核安全风险[16]。概括而言，当今信息时代所面临的安全挑战主要体现在以下4方面：

1）信息时代，安全风险的关联性、不确定性、难以预测性与复杂性更加凸显[4,17]。在信息时代，以信息为媒介、纽带和连接物，使虚拟社会与现实社会的安全问题相互交织；使政治、经济、军事、社会、信息与生产等具体领域的安全问题间的界线日益变得模糊；使各类安全隐患与安全风险交织叠加和相互转化的趋势更加明显，安全风险的"蝴蝶效应"引发巨大的连锁反应的可能性日益增大；使传统安全因素与非传统安全因素相互交织的态势变得更加错综复杂；使各类可预测与难以预测的安全威胁与安全风险明显增多，特别是各类安全威胁与安全风险的联动效应日益明显；等等。

2）随着人们迈入大数据时代和智能化时代，人类所面临的安全挑战更加增多[4,17]。例如：①当前的安全手段，已难以满足大数据时代的安全（特别是信息安全）需求；②人工智能时代的安全风险更是层出不穷，人工智能与机器人技术本身所潜在的社会安全风险和负面影响目前还无法确定，更可怕的是它们可能被恐怖分子所利用而对人类安全构成严重威胁[4]；③高技术往往也伴随着高的安全风险，智能化引起的失业恐慌、机器人伤人事件、大规模杀伤性武器的存在与扩散，以及科学所展示的"杀手机器人"（这种机器人可通过人脸识别杀人）等。

3）当前我国社会正处于转型期，表现出矛盾加剧、安全危机与安全风险增多的阶段性特征[18]。例如，目前，安全风险的阶级性更加凸显，安全资源分配不合理、占有不均，特别是"安全资源在上层集聚,而安全风险在下层集聚"的问题越发凸显。具体讲,相对于穷人面对安全风险的无奈,富人因安全风险造成的损失往往会比穷人小得多,甚至还可能从安全风险中获益。由此可见,安全风险并不会消解阶级,反倒会加剧贫富差距与阶级分化问题。

4)当前我国正处在工业化、城镇化持续推进过程中,各类人造系统(如城市)日益巨化、复杂化,生产经营规模日趋扩大,各类安全风险剧增,并呈交织叠加、整体涌现趋势[18]。此外,随着政府和民众安全需求和期望的不断攀升,以及"低成本高效益"理念的推广和普及,进一步增加了安全管理的期望压力和成本压力,促使传统安全管理向现代安全管理(特别是信息先导的安全管理模式)转变,将安全信息置于安全管理的核心地位,从而实现安全管理效能的提升和安全资源的合理配置。

总之,当前信息时代的种种安全问题,给安全管理带来了诸多挑战。信息时代日益多元化和复杂化的安全因素、日益严峻的安全形势,以及不断增加的安全管理压力,促使人们逐渐加大力度研究如何通过高效收集、分析和充分利用安全信息来有效应对复杂而严峻的安全形势的基本规律及解决之道。显然,在这样的安全形势下,安全信息学亟须产生,安全信息学建设及基础理论研究是积极应对信息时代一系列安全挑战、安全风险和安全威胁的现实需求。总之,在当今这种安全形势下,安全信息学理应是安全科学的重要支撑学科分支,安全管理正在呼唤安全信息学理论的"助力",理应加强安全信息学基础理论研究。

(2)信息时代,"有价值的安全信息缺失"的问题越发凸显

在信息时代,安全信息缺失(或称为安全信息不完备或安全信息不对称)现象广泛存在于安全管理工作之中,其被认为是导致安全管理失败的根本原因,这是安全科学学术界与实践界在信息时代形成的新认识和达成的新共识[4,8-10,19]。例如,在安全生产和公共安全领域,1995年日本的阪神大地震因灾情信息延误导致救灾效果不佳;在我国,近年来有2011年"7·23"甬温线特别重大铁路交通事故、2013年"11·22"青岛中石化输油管道泄漏爆炸事故,以及2015年"8·12"天津滨海新区爆炸事故等,这些事故的发生与事后应急处置的不到位均与安全信息研判失误、安全信息传递不及时或失灵等紧密相关[20]。

王秉与吴超[13]曾做出如下重要论断:"系统收集和有效运用安全信息是通往安全的必经之路。"安全管理的最有意义、最好方法是利用最佳安全信息来开展安全管理工作。如何收集、管理和使用安全信息将决定安全管理的成败[21]。正因为如此,近年来,在安全领域,正在积极倡导与践行一种新的安全管理理念与方法,即循证安全管理(基于证据的安全管理)[21],以期有效解决安全管理中的安全信息缺失困境。

与此同时,随着安全问题日益复杂化和交织化,特别是物联网、云计算与移动互联网等新技术在安全领域的广泛应用,安全信息量呈井喷式增长,安全领域的大数据时代也随之而来。但在这种时代背景下,安全信息的作用与意义并未削减,反倒愈发凸显"无用的安全信息泛滥,有价值的安全信息缺失"的问题,严重影响安全管理的预测力、决策力和执行力。若究其这一问题凸显的缘由,理论层面的主要原因是面向安全管理的安全信息学基础理论研究尚未得到足够重视,研究成果极其缺乏。此外,目前我们正处于一个高风险社会,高风险社会并非预示一个"危险性增大的世界",而是一个越来越关注"未来安全"的世界,而对"未来安全风险"的提前预测与防控更需进一步挖掘和充分发挥安全信息的安全预测、

预警功能。

综上可知，为安全管理提供有效的安全信息服务是安全信息学研究的终极目标。同时，面向安全管理的安全信息学研究能有效消除安全信息学理论研究与实践应用之间的鸿沟，从而增强安全信息学的实践性和应用价值。因此，在信息时代，安全信息学的产生、兴起与研究发展具有深刻的时代背景和必然的时代发展需求，面向安全管理的安全信息学基础理论研究具有重大的理论与实践意义，并会产生巨大的学术影响力。当前，亟须开展面向安全管理的安全信息学基础理论研究，以期积极促进基于安全信息的安全管理工作的有效开展。

1.2 安全信息学研究进展

【本节提要】

基于学科建设高度，聚焦于具有普适性的安全信息学科学问题，综合运用扎根理论方法、文献分析方法与理论思辨方法，经过充分的文献检索和资料搜集工作，从安全信息学学科建设、理论安全信息模型与基于安全信息的安全管理等几方面出发，扼要述评安全信息学的研究进展。

自从人类步入信息时代，信息科学惊人地改变着人类的生产生活。同时，信息科学也对各学科领域的研究与实践工作产生了深刻影响。毫不夸张地讲，目前，信息科学深深烙印在所有学科领域。安全信息概念是信息概念引入安全科学学科领域的产物。在过去数十年，安全信息学方面的研究与实践备受安全界关注，安全信息学发展极其迅速，研究成果丰硕。鉴于此，安全信息学被认为是信息时代安全科学发展产生的标志性分支学科，是 21 世纪乃至今后很长一段时间里最具生命力的安全科学新分支[4]。

经分析归类，已有的安全信息学研究分布在 3 个层次（图 1-1）：①安全信息学的上游（即学科基础理论）研究，主要包括安全信息学学科建设与理论安全信息模型；②安全信息学的中游（即应用基础理论）研究，主要包括基于安全信息的事故致因理论及基于安全信息的安全管理；③安全信息学的下游（具体应用实践）研究，研究分散于各具体领域和行业，研究成果较多。由于本书主要聚焦于安全信息学基础理论（包括学科基础理论与应用基础理论），即安全信息学的中上游研究，这里主要综述安全信息学的中上游研究成果。此外，近年来，安全大数据、安全情报与安全信息技术是贯穿于安全信息学上、中、下游 3 个层次的安全信息学领域的研究热点和新领域，因此本书也对安全大数据、安全情报与安全信息技术三方面的研究进行专门综述。

概括而言，基于学科建设高度，立足于安全信息学的中上游研究，聚焦于具有普适性的安全信息学科学问题，综合运用扎根理论方法、文献分析方法与理论思辨方法，系统地梳理和分析七方面（即安全信息学学科建设、理论安全信息模型、基于安全信息的事故致因理论、基于安全信息的安全管理、安全大数据、安全情报与安全信息技术）的安全信息学的研究进展。

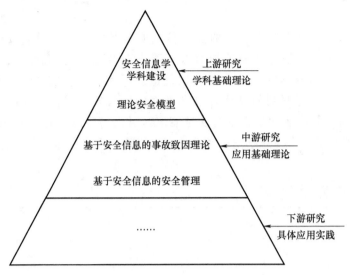

图 1-1 现有的安全信息学典型研究成果层次分布

1.2.1 安全信息学学科建设

就学科建设层面的安全科学研究与实践工作而言，我国走在世界前列。进入 20 世纪 90 年代，我国高度重视安全学科建设和发展。安全信息学作为安全学科的重要分支学科之一，特别是自 21 世纪以来，学科建设层面的安全信息学研究得到了我国学者的广泛关注，代表性研究成果见表 1-1。

表 1-1 安全信息学学科建设的代表性研究成果[22,23]

年份	作　者	主要研究内容、观点或结论
1995	何天荣	提出"安全信息高速公路是未来安全管理科学的发展方向（即安全科学，尤其是安全管理科学将必然会进入信息高速公路）"的重要论断，这在当时是极具前瞻性的。他认为，对于上述论断，人们将会从怀疑到认可。同时，安全信息高速公路可体现一个崭新的安全环境、安全世界，甚至安全宇宙
2005	王飞跃与王珏	探讨情报与安全信息学（Intelligence And Security Informatics, ISI）研究的现状与展望。首次提出"安全信息学"这一中文学科名称和学术术语（需指出的是，他们并没有单独直接提出"安全信息学"的概念）。尽管他们将安全信息学翻译为 Security Informatics，但根据论述，涉及了国际、国家、社会、商业与个人各个层面的安全问题，显然也涵盖了 Safety 问题。因此，这里所提的"安全信息学"应是广义层面的安全信息学，它所对应的准确英文翻译应是 Safety & Security Informatics
2007	李仪欢与陈国华	论述建设与发展安全管理信息系统学的重要性，并分析安全管理信息系统学的内涵、外延、知识支撑学科与学科体系
2012	张勇与朱鹏	指出安全信息工程是安全技术及工程专业一门重要的专业课，探讨构建安全信息工程课程的体系结构
2015	黄仁东等	提出 6 条安全信息学核心原理，即安全信息质量原理、安全信息等级原理、安全信息共享原理、安全信息防控原理、安全信息反馈原理与安全信息监理原理，并构建安全信息学核心原理的体系结构

（续）

年份	作 者	主要研究内容、观点或结论
2017	罗通元与吴超	提出安全信息学的方法论，具体包括安全信息学的研究方法（包括信息及认知学的一般方法，以及描述法、搜集法与统计法等具体方法）和安全信息学研究的一般程序
2018	王秉与吴超	论证创立安全信息学的缘由（经论证，创建安全信息具有深厚的理论及实践基础），并深入探讨安全信息学的学科基本问题
2018	罗通元与吴超	从广义的视角，主要以信息不对称论为基础，针对各安全科学分支领域的安全信息现象和原理，共提出 6 条一级安全信息学原理与 30 条二级安全信息学原理组成的安全信息学原理体系，并探讨安全信息学的基本问题

总体看，目前，学界就建设安全信息学的重要性与必要性已达成共识，安全信息学的学科基本问题和核心原理已被深入探讨和研究。但是，构建安全信息学学科体系的路径尚未达成共识。第一条路径是面向安全管理，立足于安全信息学本身，主张构建一个"精"而"实践性强"安全信息学学科体系[4]；第二条路径是以信息不对称理论（信息不对称现象普遍存在于各个安全科学分支领域）作为研究安全科学的切入点，立足于各个安全科学分支领域提炼多个安全信息学科学问题，主张构建一个"泛"而"大"安全信息学学科体系[5]。显然，就上述两条路径而言，根据第二条路径所构建的安全信息学学科体系"问题不聚焦"、"中心不明确"且"缺乏实践性"，所以本书赞成运用第一条路径构建安全信息学学科体系。

1.2.2 理论安全信息模型

理论安全信息模型主要指从理论角度出发，通过对某一安全信息现象及其机理、规律进行深入研究，提出或构建的理论模型。理论安全信息模型是安全信息学学科基础理论的核心。近年来，随着学界对安全信息学理论研究的不断重视，在理论安全信息模型方面取得了一些显著的研究进展。经归纳总结，已有的具有代表性的理论安全信息模型见表 1-2，有兴趣的读者可通过文献［22，23］详细了解和查询相关研究成果。

表 1-2 具有代表性的理论安全信息模型[22,23]

序号	模型类别	主要研究成果
1	安全信息认知模型	①用以揭示复杂系统内安全信息传播的机理与故障模式的全信息认知通用模型；②用以揭示事故发生机理的安全信息认知方法；③伤害事故安全信息认知建模；④安全信息感知/认知过程及其优化模型
2	安全信息流模型	①"四流合一"系统安全理论，即某一系统内的安全物质流、安全能量流与安全行为流可统一整合为安全信息流；②系统安全信息流结构模型
3	安全信息供给模型	公共安全信息共享模型与道路交通安全信息共享模型等
4	安全信息素养模型	安全专业人员从事安全管理工作的信息素养模型
5	安全信息行为模型	个体安全信息力的概念模型
6	安全信息扩散/传播模型	①质量安全信息扩散模型；②与产品/食品相关的安全信息传播模型
7	安全信息反馈模型	安全信息反馈模型

由表 1-2 可知，目前，安全信息认知模型方面的研究已较为深入，但其他方面的理论安全信息模型仅处于起步探索阶段，特别是在安全信息供给、安全信息行为、安全信息素养等方面缺乏通用性的理论安全信息模型。因此，亟须基于现有的理论安全信息模型，构建具有普适性的理论安全信息模型，并在所构建的安全信息模型基础上开展更深入的理论研究和实证应用研究。

1.2.3 基于安全信息的事故致因理论

事故致因理论一般用"事故致因模型"来表达，是一类重要的安全科学原理。事故模型可反映事故发生的规律性，能够为事故原因的定性与定量分析、事故的预测预防，以及改进事故防控工作提供科学而完整的理论依据[24]。安全信息是事故防控的关键影响因素之一。因此，安全信息视角是研究事故致因机理的重要视角之一。经归纳分析国内外现有的 50 余种事故致因模型发现[24]，有 9 种基于安全信息的事故致因模型（表 1-3），有兴趣的读者可通过文献 [22—24] 详细了解和查询相关研究成果。

表 1-3　具有代表性的基于安全信息的事故致因模型[22-24]

序号	作者	年份	模型名称	模型核心内容或观点
1	Surry	1969	瑟利模型	人的信息处理过程出现错误是导致危险"出现"和在"释放"的根本原因
2	Wigglesworth	1972	威格里斯沃思模型	各类信息不断作用于人的感官，给人以"刺激"。若人能对"刺激"做出正确的响应，事故就不会发生；反之，若错误或不恰当地响应了一个"刺激"（人失误），就可能出现危险，危险就可能会带来伤害事故
3	Hale	1970	海尔模型	当人对事件的真实情况（即信息）不能做出适当响应（包括察觉信息、接受信息与行动响应）时，事故就会发生
4	Lawrence	1974	劳伦斯模型（金矿山模型）	当危险出现时，往往会产生某种形式的警告信息。在发出了初期警告信息的情况下，行为人在接受、识别警告信息，或对警告信息做出反应等方面的失误都可能导致事故
5	Anderson	1978	安德森模型	在对瑟利模型的扩展和修正基础上，提出安德森模型，其核心观点类似于瑟利模型
6	Leveson	2004	STAMP模型	系统理论事故模型及过程（System-Theoretic Accident Model and Process，STAMP）将系统视为一系列工作在动态平衡状态的组件集合，通过信息和控制形成反馈环
7	赵潮锋与周西华	2012	安全信息缺失模型	安全信息是各种事故致因因素的信息化表述，安全信息缺失是造成事故发生的主要潜在原因，也是导致事故扩大的主要原因，避免关键性安全信息的缺失是预防事故发生和防止事故扩大的重点
8	李思贤等	2017	多级安全信息不对称模型	信息不对称是导致组织内发生事故的主要原因，具体提出"真信源-安全信源"信息不对称、"安全信源-安全信宿"信息不对称和"安全信宿-安全信宿"信息不对称 3 种事故致因模式
9	Wu 与 Huang	2018	基于信息流的事故致因模型	安全信息流偏差是出现安全信息不对称或安全信息缺失的根本原因。因此，安全信息流偏差是事故的根本原因。换言之，事故的实质是安全信息流动与编译的故障

根据所针对的对象的层次的不同，基于安全信息的事故致因模型大体可划分为两类：①个体层面的基于安全信息的事故致因模型（表1-3中序号为1~5的事故致因模型），即基于人体信息处理的人失误事故模型，这类模型的核心观点是人失误会导致事故，而人失误的发生是由于人对外界信息（即"刺激"）的反应失误造成的；②组织（系统）层面的基于安全信息的事故致因模型（表1-3中序号为6~9的事故致因模型），这类模型的核心观点是组织内发生事故的重要原因是安全信息缺失或安全信息不对称问题。

概括而言，不同的基于安全信息的事故致因模型的聚焦点、所面向的对象和适用范围各不相同，各有利弊。近年来，基于安全信息的事故致因理论研究的总体趋势是从"个体"层面向"组织（系统）"层面过渡，所考虑的事故致因因素也日益全面。

1.2.4　基于安全信息的安全管理

信息是一切管理的基础[6]。同理，安全信息是安全管理的基础、关键和灵魂，系统收集和有效运用安全信息是通往安全的必经之路[13]。安全管理的本质是基于安全信息的管理过程。由此可见，为安全管理提供有效的安全信息服务，应是安全信息学研究的终极目标和核心任务。鉴于此，基于安全信息的安全管理一直是安全信息学的重要研究内容之一。目前，基于安全信息的安全管理研究可划分为四方面，即安全信息对于安全管理的重要性及影响、基于安全信息的安全管理的方法、基于安全信息的安全行为干预以及安全信息管理。

1. 安全信息对于安全管理的重要性及影响

无论从一般学科角度还是安全科学角度看，安全信息均是解决安全问题的重要基础要素，这是目前学界的研究共识。例如，Jørgensen[25]指出，充分利用来自事故的信息是事故预防的基础。此外，在安全信息对于安全管理的影响方面，已开展一系列具体研究，例如：①Seppänen与Virrantaus[26]探讨安全信息质量对灾难管理的影响；②牛春华[27]分析社区应急管理人员的安全信息需求语境；③Wybo[28]研究信息的时间相干性等对危机防范的影响；等等。但是，目前在安全信息对于安全管理的影响方面的研究还不够深入，特别是缺乏具有强科学性和说服力的定量研究成果。

2. 基于安全信息的安全管理的方法

安全信息是信息时代的关键安全管理对策之一。近年来，为有效解决安全管理中的安全信息缺失问题，许多学者提出了一些有效、可行而且实用的基于安全信息的安全管理的方法，主要包括：①Wang[21]等提出循证安全管理（Evidence-Based Safety & Security，EBS）方法，基于此，王秉与吴超[29]创立了循证安全管理学；②安全知识管理[30]与数据驱动的安全管理方法[31]也已被研究和应用；③Lind与Kivistö- Rahnasto[32]探讨组织外部的安全信息（更准确地讲是"事故信息"）在组织安全促进中的运用模式；④Chung等[33]探讨过程工厂安全信息仓库在安全管理中的应用方法；⑤Manning等[34]认为，默西塞德事故信息模型（Merseyside Accident Information Model，MAIM）是一种新的事故预防方法；⑥Wincek[35]提出关键过程安全信息的简明传播沟通方法；⑦Pasquini等[36]研究如何获取安全信息服务于安全评价工作的方法；⑧王晶禹与张景林[37]指出，安全管理信息系统是一种现代化的安全管理方法。

显然，绝大多数现有的基于安全信息的安全管理的方法仅停留在具体安全管理环节或任务层面，具有通用性的面向安全管理全过程的基于安全信息的安全管理方法论（如循证安全管理、安全知识管理、数据驱动的安全管理、默西塞德事故信息模型与安全管理信息系统）研究仍比较缺乏。

3. 基于安全信息的安全行为干预

安全行为干预（或称为"行为安全管理"）是安全管理的重点内容之一。近年来，安全界逐渐认识到安全信息可对人的安全行为产生重要影响，安全信息是对人的安全行为具有控制作用的元素[38]。在基于安全信息的安全行为干预方面，近年来取得了一系列具有代表性的研究成果。如基于信息认知的个人行为安全机理及其影响因素、信息共享与沟通对驾驶员风险感知的影响、食品安全信息对消费者偏好与行为的影响及化学安全信息对化学品处理行为的影响等研究[22,23]。显然，目前这方面的研究主要探讨基于安全信息的个体安全行为干预，而对基于安全信息的组织安全行为干预研究甚少。当然，少数研究（如表1-3中的基于信息流的事故致因模型[22]）涉及安全信息对组织安全行为的影响。

4. 安全信息管理

随着安全管理信息化不断推进，安全信息管理变得日趋重要。或者可以说，安全管理信息化的中心工作任务就是安全信息管理。近年来，有关研究[22,23]指出，学界已广泛开展了普适性的安全信息管理，以及各种具体类型的安全信息（如应急信息、事故信息、可能引发事故/灾难的差错信息、职业安全信息、化工（过程）安全信息、交通安全信息、食品安全信息等）管理。此外，安全管理系统作为管理安全信息的有效工具，近20年来，这方面的研究与实践成果极其丰硕[22,23]。王秉与吴超[39]对安全管理信息系统国际研究进展进行了深入剖析，感兴趣的读者可通过此研究了解安全管理信息系统方面的研究进展，限于篇幅，这里不再赘述。

1.2.5 安全大数据

近年来，由于信息（数据）的快速增长，"大数据"已经成为一个热门话题。随着人类步入大数据时代，安全信息学发展也步入了"安全大数据"时代。鉴于此，近5年，安全大数据已成为安全信息学领域的研究热点，安全大数据方面的研究成果在数量上实现了急剧增长。经归纳分类，现有的安全大数据研究主要集中在以下三大方面：

（1）安全大数据基础理论

该方面的研究主要包括安全大数据学学科建设研究与安全大数据的应用基础理论研究两方面。在安全大数据学学科建设研究方面，王秉与吴超[40]基于学科建设高度，初步探讨安全大数据学的学科建设问题。在安全大数据的应用基础理论研究方面，Ouyang等[41]探讨大数据应用于安全科学研究的原理与方法论；欧阳秋梅与吴超[42]，以及汪伟忠与张国宝[43]研究安全大数据共享模型；欧阳秋梅与吴超[44]研究安全大数据的采集方法；黄浪等[45]讨论大数据视阈下的系统安全理论建模范式。

（2）安全大数据在各具体安全管理环节的应用

目前，安全大数据已应用于安全管理的5个具体环节，即安全决策、安全监测、事故调查分析、安全风险治理与应急管理。

1）在安全决策方面，Huang等[46]提出大数据驱动的安全决策新范式，Wang等[31]探讨在大数据时代运用数据驱动的安全决策方式实现智慧安全管理。

2）在安全监测方面，Shi与Abdel-Aty[47]探讨大数据在城市高速公路安全监测中的应用，Bychkov 等[48]探讨大数据在地基安全监测中的应用。

3）在事故调查分析，Huang 等[49]提出大数据驱动的事故调查分析方法。

4）在安全风险治理方面，Walker 与 Strathie[50]提出交通安全风险治理的大数据方法，曹策俊等[51]与王新浩等[52]探讨基于大数据的安全风险预警与治理方法。

5）在应急管理方面，诸多研究都探讨了大数据在应急管理中的应用[22,23]。

（3）安全大数据在各具体安全领域的应用

近年来，有关安全大数据在各具体安全领域（主要包括安全生产、交通安全、公共安全与食品安全）中的应用的研究与探讨日益广泛[22,23]。

尽管近年来学界已对安全大数据开展了大量研究，但安全大数据作为安全信息学研究的新兴领域，有许多问题特别是安全大数据的基础理论研究，如安全大数据的质量问题、安全大数据的采集方法、安全大数据的分析处理方法等方面的研究，亟待进一步研究探索。唯有进一步夯实安全大数据的基础理论，才能促进和保障安全大数据的效用实现最大化发挥。同时，大数据在关键安全领域（如关键设施设备安全、核安全、化工安全与公共安全）的应用研究也有待加强。

1.2.6 安全情报

安全情报是指影响了安全管理的安全信息[53]。在安全管理工作中，高质量的安全情报不可或缺，安全管理需要情报的支持与协助。正因如此，安全情报概念便应运而生，并近年来已逐渐成为情报学领域的一个研究热点。随之，安全情报研究已成为安全信息学领域的下一个重要的研究新领域和新阵地。

的确，近年来，从情报学角度审视与研究安全问题，或者说是开展情报学与安全科学交叉领域的研究，已得到学界的广泛关注，并已取得一系列代表性研究成果。研究[53,54]指出，目前来看，安全情报研究主要呈现出以下主要特点：

1）安全情报学学科建设初步得到关注，但研究还不够深入和详细。

2）安全情报学基础理论研究成果十分缺乏，严重阻碍安全情报学的研究和实践。

3）研究主要集中在公共安全与城市安全领域，其他安全领域的研究成果极为罕见（仅有灾害情报方面的探索）。

4）研究主要集中在非常态安全管理（即应急管理）环节，面向安全管理全过程的研究成果罕见。

5）研究者主要集中在情报学与公共管理等学科领域，鲜有安全科学领域的学者开展安全情报研究，导致安全科学视域下的安全情报研究缺乏。

6）就目前的安全情报研究而言，研究者主要是国内学者，研究水平国内显著领先于国外。

总之，今后的安全情报学研究，需围绕安全情报学学科框架[55]具体开展，并需要安全科学研究者和情报科学研究者的共同参与。只有这样才能保障和促进安全情报学健康发展。

1.2.7 安全信息技术

自 20 世纪 80 年代以来，随着信息技术的快速发展，信息技术被广泛应用于安全领域。由此，催生了许多安全信息技术，并已取得显著的应用成效。2018 年，李小庆[56]对信息技术在典型安全领域的应用开展了综述研究。根据此研究和检索文献数据库（包括"中国知网"与"Web of Science"2个文献数据库，以"'篇名（Title）=信息技术（Information Technology）+安全（Safety）'+'发表时间（Time）=2000-01-01到2018-12-31'"为条件检索）发现，经归纳概括，目前，典型的安全信息技术主要集中在4个领域，即安全监测、事故调查分析、安全教育培训与应急救援（表1-4）[56]。

表1-4　典型的安全信息技术

序号	领　　域	主要的安全信息技术
1	安全监测	GIS、GPS、传感器技术、数据库技术、网络技术与通信技术等
2	事故调查分析	计算机仿真技术、数据库技术、虚拟现实技术与影像测量技术等
3	安全教育培训	多媒体技术、计算机网络技术、动画技术与虚拟现实技术等
4	应急救援	物联网技术、网络技术、监控技术、可视化技术、数据库技术与人工智能技术等

总体看，目前，安全信息技术涉及面较广。根据文献检索结果，可总结分析出目前在安全管理领域应用较为成熟的信息技术，主要包括GIS、GPS、传感器技术、数据库技术、网络技术、虚拟现实技术与模拟仿真技术等。理论而言，安全信息技术是随着信息技术发展而发展革新的。因此，随着信息技术的不断进步，特别是随着新的信息技术，如大数据技术、区块链技术、云计算、机器学习、人工智能技术与数据挖掘技术等的大量涌现，它们必将会应用于安全领域，并催生出一系列新兴的安全信息技术。可以肯定的是，未来安全信息技术发展的总体方向是安全信息采集、分析、处理与应用技术更加自动化、快捷化与智慧化，并更加注重信息技术与实际安全实践工作之间的有效融合。同时，安全信息技术也将助力安全科学研究工作。

1.3　基本概念界定及释义

【本节提要】

界定与剖析安全信息学基本概念，主要包括安全、安全科学、信息、信息科学、安全信息相关概念（安全信源、安全信宿与安全信道）与安全信息学概念，旨在明晰安全信息学基本概念。

由于"安全是安全学科及其分支学科的元概念"，"从学科归属来看，安全信息学是安全科学与信息科学的交叉综合学科"，"安全信息是安全信息学的研究对象"，因此明确界定安全、安全科学、信息、信息科学与安全信息的概念应是开展安全信息学研究的基础和前提。对于上述5个学术名词的定义及其范围的理解，可谓是仁者见仁、智者见智，目前尚未达成共识。这里，根据当前主流的观点和上述学术概念的演进发展趋势，依次给出它们在本书的定义，并对它们的内涵与范围等进行扼要解释。在此基础上，对安全信息相关概念（安全信源、安全信宿与安全信道）与安全信息学概念也进行界定和阐释。

1.3.1 安全

汉语中的"安全"一词包含两层含义，也就是英文词汇"Safety"和"Security"含义的组合。对于"Safety"和"Security"的区别，国外学者 Piètre-Cambacédès 和 Chaudet[57] 做过经典分析：①从系统（System）与环境（Environment），即 SE 维度的区分，"Security"与源自环境的风险有关，并且潜在地影响系统，而"Safety"处理的风险源自系统并潜在地影响环境；②从蓄意的（Malicious）与意外的（Accidental）的，即 MA 维度的区分，"Security"通常解决蓄意风险，而"Safety"处理纯粹的意外风险。就某一系统而言，它的安全难免会涉及来自"Safety"和"Security"两方面的安全风险，且有时两者会发生互相转化。基于此认识，Piètre-Cambacédès 和 Chaudet[57] 提出基于"系统 & 环境-蓄意的 & 意外的（System & Environment-Malicious & Accidental，SEMA）"的系统安全框架，如图 1-2 所示（该图由本书著者改造完善而成）。

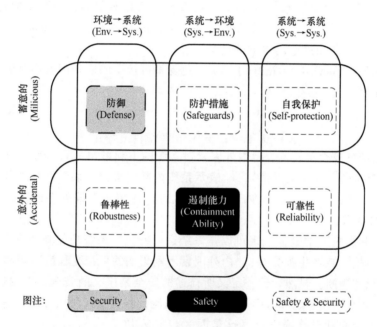

图 1-2 基于"系统 & 环境-蓄意的 & 意外的（System & Environment-Malicious & Accidental，SEMA）"的系统安全框架

由图 1-2 易知，严格讲，所有系统安全问题均是安全一体化（Safety & Security Integration，SSI）问题。从系统安全学角度看，所谓安全一体化，是指系统安全风险包括"Safety"和"Security"两方面的安全风险，系统安全促进应关注系统的所有安全风险（即同时关注上述两方面的安全风险）防控[55]。例如，就城市系统安全（简称为城市安全）而言，其就涉及自然灾害、社会治安案件、恐怖袭击、工业事故灾难、地下管线安全问题、火灾、交通事故、公众场合的踩踏事件、中小学幼儿园的伤害事件等对城市安全的影响和威胁，同时涵盖"Safety"和"Security"内涵与范畴的安全风险，且来自两方面的安全风险往往相互交织且会相互转化，而城市安全问题是典型的安全一体化问题。

总之，随着安全科学研究和发展的高级阶段之系统安全学研究的不断深入，人们逐渐深刻认识到：就某一系统（如企业系统、生产系统、社会系统、国家系统等）而言，它的安全难免会涉及来自"Safety"和"Security"两方面的安全风险，且两者互相影响，相互交织，互相转化，难以分割[55]。由此可见，传统的单一的"System Safety"或"System Security"问题和概念已逐渐演变为"System Safety & Security"（安全一体化）问题和概念[55]。近年来，安全学界已开始广泛关注安全一体化研究，开始承认和探讨"Safety & Security"这一复合概念[54,55]。例如：安全一体化视域下的关键设施设备安全、重大工程项目安全、重要工业系统安全、核安全与社会公共安全等研究已得到广泛关注；世界安全科学主要发源地之一荷兰代尔夫特理工大学已将原来的"Safety Science Group"修改为"Safety & Security Science Group"；中南大学（我国安全科学主要研究机构之一）于 2017 年正式成立安全理论创新与促进研究中心（Safety & Security Theory Innovation and Promotion Center，STIPC）；安全科学领域国际权威期刊 *Safety Science* 于 2018 年发表了名为"Editor Security Research Selection"的征稿新闻，开始专门诚邀安全一体化方面的研究；等等。

尽管专门针对"Safety"或"Security"的安全定义已有很多，但同时融合"Safety"和"Security"含义的安全定义尚未明确给出。基于上述的系统安全（System Safety & Security）认识和理解，基于系统角度给出本书的定义。

【定义　安全（Safety & Security）】　系统免受不可接受的内外因素不利影响的状态。逻辑及数学表达式为：

$$\begin{cases} S = (0, X_0] \\ X = f(x_1, x_2) = f(x_{11} + x_{12}, x_{21} + x_{22}) \end{cases} \tag{1-1}$$

式中，S 表示系统的安全度；X 表示内外因素对系统的不利影响；X_0 表示可接受的内外因素对系统不利影响的最大值（临界值）；x_1 表示系统内部因素；x_2 表示系统外部因素；x_{11} 表示系统内部的蓄意风险；x_{12} 表示系统内部的意外风险；x_{21} 表示系统外部的蓄意风险；x_{22} 表示系统外部的意外风险。

其中，"不利影响"的具体表现可以是系统运行终止、系统功能降低或失效、系统内发生安全事件（事故）或产生损失等；"内外因素不利影响的可接受程度"可根据"可接受安全风险"来衡量和判断。显然，这一定义所描述的安全是广义的安全，在内容与内涵方面，它同时涵盖"Safety"和"Security"两个层面的内涵，在行业或领域方面，它超越所有具体行业或领域的安全而针对普遍安全（这是因为，定义中的"系统"可表示所有具体行业或领域，如生产、工程、国家与社会等），在安全学界，这就是所谓的"大安全"。安全概念的演化过程如图 1-3 所示。

此外，为进一步准确理解与把握安全的定义，在此也给出系统的明确定义及其函数表达式。

系统：相互作用、相互依存的若干组成部分结合而成的，具有特定功能的有机整体[13]。函数表达式为：

$$S^* = f(r_1, r_2, r_3, r_i, \cdots, r_n) \qquad (i = 1, 2, 3, \cdots, n) \tag{1-2}$$

式中，S^* 表示安全信息；r_i 表示系统的第 i 个组成部分

图 1-3　安全概念演化过程示意图

（即子系统）；n 表示组成部分（即子系统）数。

1.3.2　安全科学

随着"Safety & Security"这一复合概念的提出，以及广义安全概念逐渐得到学界认可，学界已将传统的"Safety Science"与"Security Science"进行合并提出广义的现代安全科学（Safety & Security Science）。

【定义　安全科学】　研究安全促进（安全事件防控）的学科[58]。细言之，它以安全为研究对象，以安全促进（安全事件防控）为研究目的，以正向（即从系统安全出发）和逆向（即从安全事件出发）相结合的研究路径为研究路径，以安全（安全事件）发生发展规律及安全促进（安全事件防控）手段为研究内容，以所有系统的安全为研究范围[58]。广义的现代安全科学（Safety & Security Science）的学科基本问题见表1-5。

表 1-5　广义的现代安全科学（Safety & Security Science）的学科基本问题

序号	基本问题	简 要 释 义
1	基本概念	安全科学的学科基本概念包括3个，即安全、安全事件与风险
2	学科定义	安全科学是研究安全促进（安全事件防控）的科学
3	研究对象	安全
4	研究目的	安全促进（安全事件防控）
5	研究方法论	包括2条研究进路，即正向（即从安全出发）的研究进路与逆向（即从安全事件出发）的研究进路
6	研究内容	安全（安全事件）发生发展的规律，以及安全促进（安全事件防控）手段
7	学科属性	有3个重要的学科属性，即交叉综合、行业横断与"忧郁幸福"
8	研究范围	系统（所有组织皆为系统，子组织即为子系统）；Safety & Security
9	核心理论	安全事件致因理论及安全促进理论
10	学科边界	凡直接以安全促进与安全事件防控为目的内容属于安全学科，否则不是

需特别指出的，在我国现行的学科分类目录中，安全科学的英文命名为"Safety Science"，其主要的研究领域范围是生产安全和公共安全，其仍是传统意义上的狭义的安全科学，其不同于广义的现代安全科学。本书所说的"安全科学"指"广义的现代安全科学"。

综上，就安全科学的学科内涵而言，21世纪的安全科学将从单一的"Safety Science"或"Security Science"向综合的"Safety & Security Science"发展。此外，现代安全科学研究实践与传统安全科学研究实践相比，更加"预防为主"的安全科学思想，更加强调安全事件的早期识别与预防是提升安全生产生活水平的最佳安全管理模式。因此，21世纪的安全科学也将从"重事后与事中控制"的安全管理模式向"重事前预防"的全周期、全过程、全方位安全管理模式发展。

1.3.3　信息

现代信息科学技术对人类社会产生了巨大的影响，现在，人类生产、生活已经与半导体技术、微电子技术、计算机技术、通信技术、网络技术、多媒体技术、信息服务业、信息产业、信息经济、信息化社会、信息管理、信息论等紧密地联系在一起。

其实自从有了生命，就有了信息相伴。根据研究，生物的生存、进化都与信息相关，生物的个体与个体之间、群体与群体之间、上代与下代之间都通过各种方式传递着信息。人类也不例外，自从有了人类，就与信息密不可分了。人通过眼睛接收视觉信息，耳朵接收听觉信息，还可通过鼻子、舌头、皮肤等感知信息认识世界，然后才有了信息的交流，人们的认识面就不断增大，才能不断进步和发展。人们已经认识到信息的重要性，人类早期的结绳记事和利用烽火台警报军情就是记录信息、存储信息和传递信息的方式，也是人类利用信息的印证。

不同领域对信息也有不同的定义。在经济学家眼中，信息是与物质、能量相并列的客观世界的三大要素之一，是为管理和决策提供依据的有效数据。对心理学家而言，信息是存在于意识之外的东西，它存在于自然界、印刷品、计算机硬盘以及空气之中。在新闻界，信息被普遍认为是对事物运动状态的陈述，是物与物、物与人、人与人之间的特征传输。而新闻则是信息的一种，是具有新闻价值的信息。哲学家们从产生信息的客体来定义信息，认为事物的特征通过一定的媒介或传递形式使其他事物感知。这些能被其他事物感知的、表征该事物特征的信号内容即为该事物向其他事物传递的信息。所以，信息是事物本质、特征、运动规律的反映。不同的事物有不同的本质、特征、运动规律，人们就是通过事物发出的信息来认识该事物，或区别于其他事物。

信息的定义一直是学界争论的焦点问题之一，目前已有众多关于信息的定义的讨论，但至今尚无统一认识。本书梳理出 2 种对定义安全信息具有重要参考与借鉴价值的信息定义。

【定义　信息】　①信息论奠基人（鼻祖）之一香农[59]的信息定义——使不肯定程度减小的量，即用来消除随机不确定性的东西；②控制论创始人（鼻祖）维纳[60]的信息定义——系统状态的组织程度或有序程度的标志。

学科性和指导性是信息的重要属性[23]，也是定义信息的重要指导原则。具体解释如下：

（1）学科性

尽管香农与维纳给出的信息定义，对不同学科领域学者定义信息均产生了基础性影响，但不同学科领域学者又对信息的定义持有不同的理解和观点（换言之，从不同学科视角看，信息是在一定学科范围内，用来描述该学科的地点与人物等要素的一类概念与非实体性的对象），这就是信息的学科性[23]。

（2）指导性

显而易见，不同学科引入信息的基本目的应是统一的，即为本学科研究与实践服务（更多的是对某一学科主题的深度揭示与学科内容的深度挖掘），这就是信息的指导性[23]。

安全信息作为信息引入安全科学领域的典型产物，其定义理应体现信息的上述重要属性。此外，值得注意的是，无论任何学科领域，在本学科领域内定义信息时，均需统一规范，且学科间要有关联的要点，否则会阻碍科学信息的交流。

1.3.4　信息科学

信息科学作为一个实践研究领域而言，可以从 1746 年英国工程师沃森（Watson）在两英里电线上传递了电信号算起。据考证，信息科学的正式诞生时间是 20 世纪 50 年代。

信息科学：将信息作为研究对象，研究信息的特点及活动过程和规律的一门科学或学问[61]。我国著名信息科学理论家钟义信[6]曾给出了信息科学的完整定义：信息科学是以信息为研究对象、以全部信息运动过程的规律为研究内容、以信息科学方法论为主要研究方法、以扩展人的信息功能（全部信息功能形成的有机整体就是智力功能）为研究目标的一门科学。

就一般生物而言，信息运动的基本过程（基本信息活动）可用图 1-4[61] 进行形象地阐释。如图 1-4 所示，人作为生物的一种，人的基本信息活动同样包括信息获取、信息传递、信息处理与加工、信息使用等过程。若进行进一步分解，其中信息获取可分为信息感知、信息识别、信息提取等子过程；信息传递又可分为信息变换、信息传输、信息交换等子过程；信息处理与再加工可分为信息存储、信息检索、信息分析、信息加工、信息再生等子过程；而信息使用则可分为信息转换、信息显示、信息调控等子过程。

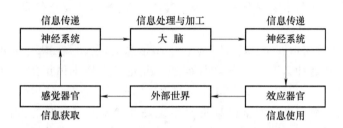

图 1-4　信息运动的基本过程（基本信息活动）

1.3.5　安全信息

安全信息作为安全信息学的研究对象，是安全信息学的最基本和最重要概念。因而，极有必要深究安全信息这一概念。这里，扼要阐释科学层面的安全信息定义。尽管安全信息这一概念提出已久，但学界鲜有给出安全信息的明确定义。根据信息科学的研究习惯，需重点了解本体论与认识论两个重要层次的安全信息定义。在此基础上，基于安全信息的定义，对科学层面的安全信息含义进行扼要释义。

1. 本体论安全信息

这里提出一种在某学科领域内定义"××信息"的基本方式，即"'××信息'的定义 = 信息 + 学科背景"，这种定义方式既可保证不同学科领域定义"××信息"时遵循统一的规范（即从信息的原始定义着手），又可体现信息的学科性和指导性两条重要属性。换言之，科学而准确的某学科领域内的"××信息"的定义既要体现信息的共性，又要体现其学科特性。

概念作为反映对象本质属性的思维形式，准确而清晰的概念应是正确思维及研究和讨论问题的基础。就"定义"而言，可将其规定为对概念的内涵所做的科学而准确的简述。鉴于从系统角度开展安全科学（特别是安全管理学）研究与实践（即系统安全学派）是当前安全科学研究与实践的主流，且其已证实是一种十分科学有效而颇具优点的安全科学研究与实践方法论，因此，显而易见，从系统角度定义安全信息更为科学，且顺应安全科学研究与实践的发展趋势（换言之，类似于信息在系统科学中的地位，安全信息应是支撑系统安全学的一个重要基础概念）。基于香农与维纳给出的信息定义，本书运用"'××信息'的定义 = 信息 + 学科背景"的定义方式，给出系统角度的本体论安全信息的定义。

【定义　本体论安全信息】 系统安全状态及其变化方式的自身显示。细言之，安全信息是表征系统安全状态及其变化方式的信息集合。逻辑及数学表达式为：

$$I \Leftrightarrow H(S) \tag{1-3}$$

式中，I 表示安全信息；$H(S)$ 表示系统安全状态，其是系统安全度（S）的综合反映。

就该本体论安全信息定义，需着重说明以下几点：①该定义中所说的"系统"包括系统内的所有与安全相关的人、物和事；②该定义中所说的"安全状态"是指系统在特定时空中呈现的相对稳定的安全状况和态势；③该定义中所说的"安全状态改变的方式"是指系统的安全状态随时空的变化而变化的动态样式。显然，本体论安全信息的表述者是系统本身。因而，本体论安全信息仅与系统本身的因素有关，而与安全信息认识主体（即安全信宿，其定义下文给出）的因素无关。

此外，为深入理解本体论安全信息，极有必要对该本体论安全信息定义进行详细释义，具体如下：

1）此定义可直接揭示安全信息的本质。安全信息的定义旨在揭示安全信息的本质，即回答"安全信息究竟是什么"这一根本性问题。此定义运用本体论的直接描述法，直接从安全信息的自身存在方式上揭示安全信息的本质，即安全信息是客观存在的系统安全状态及其变化方式的显示。细言之，安全信息是对系统安全状态及其变化方式的度量与反映（即表征），表现的是系统安全状态及其变化方式的实质内容。或通俗言之，安全信息就是系统的"安全密码"。

2）此定义可完整表达安全信息的性质。此定义运用"'××信息'的定义=信息+学科背景"的安全信息定义方式，既明显体现控制论创始人维纳给出的信息的原始定义中的要点，也体现安全信息的定义是在安全科学这一学科背景下提出的（即突出安全信息与其他信息的独特性）。

3）此定义可体现安全信息的终极效用。纵观诸多信息的定义，均是从价值角度来对其进行定义，显然信息论奠基人之一香农[59]给出的信息的定义就是其中之一。尽管此定义是从系统视角提出的哲学层面的安全信息定义，但其可完整体现安全信息的效用，即安全信息是用来降低直至消除系统安全状态的不确定性的（换言之，安全信息的价值是为预测、优化与控制系统安全状态服务，即为有效的系统安全管理提供服务）。

2. 认识论安全信息

【定义　认识论安全信息】 任何安全信息认识主体（即安全信宿）关于某系统的安全信息，是安全信息认识主体所表述的该系统的安全状态及其变化方式，包括安全状态及其变化方式的形式、含义和效用。

认识论安全信息的表述者是安全信宿，它既与系统本身的因素有关，也与安全信宿的因素有关，是主观（认识主体）与客观（系统客体）相互联系、相互作用的结果。需指出的是，根据"全信息"的定义[6]，认识论安全信息本质是一种典型的"全信息"类型，这是因为它同时涉及了系统的安全状态及其变化方式的形式（称为语法安全信息）、含义（称为语义安全信息）和效用（称为语用安全信息），即它们三者的有机统一体。

3. 科学层面的安全信息释义

这里，从科学层面出发，基于上述安全信息的定义，对安全信息的含义进行简要释义：

1）安全信息具有整合功能，安全信息是安全科学中普遍存在的研究对象。从系统的角度看，安全科学的具体研究对象是系统内的所有与安全相关的人、物和事，安全科学的研究对象也可统一概括为所有与安全相关的人、物和事，而安全信息作为与安全相关的人、物和事的安全状态及其变化方式的表征。由此观之，安全信息可将所有安全科学研究对象整合为一体，即安全信息是安全科学所有研究对象的集合体，是安全科学中普遍存在的研究对象。换言之，安全信息在安全科学研究中无处不在，无时不有，普遍存在于安全生命科学、安全自然科学、安全社会科学、系统安全科学及安全工程技术科学等安全科学分支学科领域。

2）安全信息与安全物质（安全相关物质）间的区别与联系：安全物质是安全信息的载体，安全物质的运动是产生安全信息的基本源泉，但安全信息仅是系统（包括系统内的安全物质）安全状态及其变化方式的表征，并非是系统（包括系统内的安全物质）的本身。

3）安全信息与安全能量（安全相关能量）间的区别与联系：传递安全信息和处理安全信息均需安全能量，驾驭安全能量（事故致因理论之能量意外释放理论[22]表明，事故是因能量意外释放所致。因此，从能量的角度看，防控事故需从控制能量着手）则需安全信息。另外，安全信息是安全物质的安全状态及其变化的表征，安全能量则是安全物质产生安全破坏力的本领。

4）由本体论安全信息和认识论安全信息的定义可知，系统安全行为主体（个体或组织）若要认识系统安全状态就必须要获得系统的安全信息（本体论安全信息），优化（包括控制）系统安全状态则必须通过利用相关认识论安全信息形成相应的安全策略信息。因而，系统安全行为主体认识系统安全状态和优化系统安全状态的过程是一个安全信息过程。基于此，可得出安全信息角度的系统安全管理失败的基本发生模式，即"安全信宿所需的安全信息缺失→系统安全行为失误→系统安全管理失败"。由此可见，系统安全管理失败的根源原因可统一归为安全信息缺失，解决安全信息缺失问题是避免系统安全管理失败的根本抓手[13]。

5）安全信息与安全行为（安全相关行为）间的区别与联系：安全行为开始于安全信息，安全行为活动过程就是安全信息的运动过程，干预安全行为则需从安全信息着手，即基于安全信息的安全行为干预[38]。此外，安全信息又是安全行为及其变化的表征。

其次，为进一步准确理解与把握安全信息的定义与内涵，有必要厘清安全信息与信息安全间的关系。一般认为，信息安全主要包括5方面内容，即保证信息的保密性、真实性、完整性、未授权拷贝与所寄生系统的安全性。基于此及安全信息的定义，易知安全信息与信息安全间关系：①区别：两者所强调的侧重点明显不同，安全信息所强调的重点是"信息"（只不过是用于降低直至消除系统安全状态及其变化方式的不确定性的信息而已），而信息安全所强调的重点是"安全"（只不过安全保护对象是信息本身或信息系统而已）；②联系：就安全信息而言，安全信息作为信息的一种类别，其本身显然涉及信息安全问题，就信息安全而言，信息本身与信息系统的安全性显然也可通过其自身的安全信息来表征和反映。

1.3.6 安全信源、安全信宿与安全信道

为下文描述方便，这里不妨借鉴信息科学与传播学等学科研究信息的习惯，提出与安全信息直接紧密相关的3个概念，即安全信源、安全信宿与安全信道。基于安全信息的定义及信源、信宿和信道的定义[23]，可给出上述3个概念的定义（表1-6）。

表 1-6　3 个与安全信息直接相关的概念

概念名称	定　义	备 注 说 明
安全信源	安全信息的产生者（换言之，安全信源是指产生安全信息的实体）	宏观而言，安全信源是某一系统（包括系统及其子系统，也可以是具体的事故或安全事件等）本身
安全信宿	安全信息的接受者	安全信宿可以是个体人或组织人。这里的组织人是相对于个体人而言的，在安全科学领域，其源于第三类危险源理论，如组织及其子组织均可视为是组织人，其与个体人一样，也是具有安全信息处理能力的生命体
安全信道	传递（传输）安全信息的通道（媒介）	尽管安全信息是抽象的，但其传送须通过具体媒质（即安全信道），最为典型的如安全预警（报警）信道与组织安全管理信息沟通渠道等

1.3.7　安全信息学

1. 学科名称

"名不正，则言不顺。"因此，一门学科的学科名称的确立就显得尤为重要。在过去一段时间里，甚至现在，在学界和实践界存在"信息"与"情报"概念用法混淆现象。就含义与范畴而言，"信息"均比"情报"更为丰富而全面，"情报"仅是信息的一类而已（将在 6.1 节详细说明）。因而，经调研考察，在安全科学领域，"安全信息"一词已被广泛使用，且绝大多数学者一致认为，安全信息学是比安全情报学高一级的学科（换言之，安全情报学是安全信息学的学科分支之一）。

此外，学界习惯于用"学科研究对象××+学"的方式来命名一门学科的学科名称，即"××科学"或"××学"（如安全科学领域的安全文化学）。鉴于此，显然可将以安全信息为研究对象的科学或学问命名为"安全信息学"。

2. 学科定义

经分析，就直接以学科研究对象××为称谓的学科，即××科学，人们一般采用"××科学是研究××现象及其运动规律的科学"的方式来定义这门学科。显然，安全信息作为安全信息学的研究对象，类似于人们对任何其他科学的定义。

【定义　安全信息学】　研究安全信息现象及其运动规律的科学。

毋庸置疑，上述安全信息学定义是完全正确的。不过，由于该安全信息学定义过于简洁、原则而笼统，不易清晰而系统地理解和把握安全信息学的内涵。鉴于此，这里给出更为科学、精确而具体的安全信息学的定义：安全信息学是以"系统安全管理失败的根源原因可统一归为安全信息缺失"为基本理论依据，以安全信息为研究对象，以全部安全信息运动过程的规律为研究内容，以安全科学和信息科学为学科基础，以解决系统安全管理过程中的安全信息缺失问题为侧重点，以实现与拓展系统安全行为主体，即系统安全信宿（人）的安全信息功能为直接研究目标，以实现基于安全信息的系统安全行为干预为最终研究目的的一门新兴交叉综合学科。

3. 学科内涵

根据安全信息学的定义，扼要剖析安全信息学的基本内涵。安全信息学的基本内涵是指在安全科学领域研究与实践中，以安全科学知识体系为根本基础，融合信息科学理论与方法，应用计算机科学、数学、统计学与管理学等中的各种工具与方法，研究安全信息运动过程（包括安全信息的产生、收集、整合、存储、检索、研究、报道、服务与利用等安全信息活动过程）的规律和方法手段，最大限度地优化系统安全行为主体的安全信息行为（即指导和促使系统安全行为主体最大限度地阐明和理解大量安全信息（包括安全数据）所包含的安全科学意义，并充分利用认识论安全信息），以期解决系统安全管理过程中的安全信息缺失问题，并为基于安全信息的系统安全行为（包括安全预测行为、安全决策行为与安全执行行为[13]）干预提供理论依据与方法，从而进一步发展安全科学理论与方法，为安全科学研究、实践与发展提供新理念、新理论与新方法，并加快安全科学的现代化发展。

本章参考文献

[1] 何天荣. "安全信息高速公路"：未来安全管理科学的发展方向 [J]. 安全, 1995 (1)：6-9.

[2] WESTRUM R. The study of information flow：A personal journey [J]. Safety Science, 2014, 67 (8)：58-63.

[3] 黄仁东, 刘倩倩, 吴超, 等. 安全信息学的核心原理研究 [J]. 世界科技研究与发展, 2015, 37 (6)：646-649.

[4] 王秉, 吴超. 安全信息学论纲 [J]. 情报杂志, 2018, 37 (2)：88-96.

[5] 罗通元, 吴超. 安全信息学的基本问题 [J]. 科技导报, 2018, 36 (6)：65-76.

[6] 钟义信. 信息科学原理 [M]. 5 版. 北京：北京邮电大学出版社, 2013.

[7] LEVESON N. A new accident model for engineering safer systems [J]. Safety Science, 2004, 42 (4)：237-70.

[8] 赵潮锋, 周西华. 安全信息缺失事故致因理论的初步研究 [J]. 世界科技研究与发展, 2012, 34 (1)：6-9.

[9] 李思贤, 吴超, 王秉. 多级安全信息不对称所致事故模式研究 [J]. 中国安全科学学报, 2017, 27 (7)：18-23.

[10] WU C, Huang L. A new accident causation model based on information flow and its application in Tianjin Port fire and explosion accident [J]. Reliability Engineering & System Safety, 2019, 182 (1)：73-85.

[11] 罗通元, 吴超. 安全信息学原理的体系构建 [J]. 科技导报, 2018, 36 (12)：76-85.

[12] YANG F. Exploring the information literacy of professionals in safety management [J]. Safety Science, 2012, 50 (2)：294-299.

[13] 王秉, 吴超. 安全信息视阈下的系统安全学研究论纲 [J]. 情报杂志, 2017, 36 (10)：48-55；35.

[14] DING L Y, LI H. Editorial：Information technologies in safety management of large-scale infrastructure projects [J]. Automation in Construction, 2013, 34 (9)：1-2.

[15] 王秉, 吴超. 科学层面的安全管理信息化关键问题思辨：基本内涵、理论动因及焦点转变 [J]. 情报杂志, 2018, 37 (7)：588-594.

[16] LEVESON N. Engineering a safer world：systems thinking applied to safety [M]. Massachusetts：MIT Press, 2011.

[17] 吴世忠. 大数据时代安全风险及政策选择 [J]. 瞭望, 2013 (32)：38-39.

[18] 吴超, 王秉. 近年安全科学研究动态及理论进展 [J]. 安全与环境学报, 2018, 18 (2)：588-594.

［19］吴超. 安全信息认知通用模型及其启示［J］. 中国安全生产科学技术, 2017, 13（3）: 59-65.

［20］姚乐野, 范炜. 突发事件应急管理中的情报本征机理研究［J］. 图书情报工作, 2014, 58（23）: 6-11.

［21］WANG B, WU C, SHI B, et al. Evidence-based safety（EBS）management: A new approach to teaching the practice of safety management（SM）［J］. Journal of Safety Research, 2017, 63（2）: 21-28.

［22］WANG B, WU C. Safety informatics as a new, promising and sustainable area of safety science in the information age［J］. Journal of Cleaner Production, 2020, 252（4）: 119-139.

［23］王秉. 面向安全管理的安全信息学基础理论研究［D］. 长沙: 中南大学, 2019.

［24］黄浪, 吴超. 事故致因模型体系及建模一般方法与发展趋势［J］. 中国安全生产科学技术, 2017, 13（2）: 10-16.

［25］JØRGENSEN K. A systematic use of information from accidents as a basis of prevention activities［J］. Safety Science, 2008, 46（2）: 164-175.

［26］SEPPÄNEN H, VIRRANTAUS K. Shared situational awareness and information quality in disaster management［J］. Safety Science, 2015（77）: 112-122.

［27］牛春华. 社区应急管理人员信息需求语境分析［J］. 图书与情报, 2012（6）: 91-95.

［28］WYBO J L. Percolation, temporal coherence of information, and crisis prevention［J］. Safety Science, 2013, 57（8）: 60-68.

［29］王秉, 吴超. 循证安全管理学: 信息时代势在必建的安全管理学新分支［J］. 情报杂志, 2018, 37（3）: 106-115.

［30］HALLOWELL M R. Safety-knowledge management in American construction organizations［J］. Journal of Management in Engineering, 2012, 28（2）: 203-211.

［31］WANG B, WU C, HUANG L, Kang L. Using data-driven safety decision-making to realize smart safety management in the era of big data: A theoretical perspective on basic questions and their answers［J］. Journal of Cleaner Production, 2019, 210（1）: 1595-1604.

［32］LIND S, KIVISTÖ-RAHNASTO J. Utilization of external accident information in companies' safety promotion-Case: finnish metal and transportation industry［J］. Safety Science, 2008, 46（5）: 802-814.

［33］CHUNG P W H, DE BRUGHA J, MCDONALD J, et al. Process plant safety information repository and support for safety applications［J］. Journal of Loss Prevention in the Process Industries, 2012, 25（5）: 788-796.

［34］MANNING D P, DAVIES J C, KEMP G J, et al. The Merseyside Accident Information Model（MAIM）can reveal components of accidents that lead to attendance at fracture clinics and cause disability: a new approach to accident prevention［J］. Safety Science, 2000, 36（3）: 151-161.

［35］WINCEK JOHN C. Basis of safety: A concise communication method for critical process safety information［J］. Process Safety Progress, 2011, 30（4）: 315-318.

［36］PASQUINI A, POZZI S, MCAULEY G. Eliciting information for safety assessment［J］. Safety Science, 2008, 46（10）: 1469-1482.

［37］王晶禹, 张景林. 一种现代化的安全管理方法: 安全管理信息系统［J］. 中国安全科学学报, 1999, 9（5）: 22.

［38］王秉, 吴超, 黄浪. 一种基于安全信息的安全行为干预新模型: S-IKPB 模型［J］. 情报杂志, 2018, 37（12）: 140-146.

［39］王秉, 吴超. 安全管理信息系统国际研究进展: 基于 Web of Science 数据库的典型文献分析［J］. 情报杂志, 2018, 37（12）: 140-146.

［40］王秉, 吴超. 基于安全大数据的安全科学创新发展探讨［J］. 科技管理研究, 2017, 37（1）:

37-43.

[41] OUYANG Q, WU C, HUANG L. Methodologies, principles and prospects of applying big data in safety science research [J]. Safety Science, 2018, 101 (2): 60-71.

[42] 欧阳秋梅, 吴超. 安全大数据共享影响因素分析及其模型构建 [J]. 中国安全生产科学技术, 2017, 13 (2): 27-32.

[43] 汪伟忠, 张国宝. 基于 Fuzzy-ISM 的生产安全大数据共享行为模型构建 [J]. 情报杂志, 2018, 37 (9): 167-172; 147.

[44] 欧阳秋梅, 吴超. 安全生产大数据的 5W2H 采集法及其模式研究 [J]. 中国安全生产科学技术, 2016, 12 (12): 22-27.

[45] 黄浪, 吴超, 王秉. 大数据视阈下的系统安全理论建模范式变革 [J]. 系统工程理论与实践, 2018, 38 (7): 1877-1887.

[46] HUANG L, WU C, WANG B, et al. Big-data-driven safety decision-making: a conceptual framework and its influencing factors [J]. Safety Science, 2018, 109 (11): 46-56.

[47] SHI Q, ABDEL-ATY M. Big Data applications in real-time traffic operation and safety monitoring and improvement on urban expressways [J]. Transportation Research Part C: Emerging Technologies, 2015, 58 (9): 380-394.

[48] BYCHKOV I V, VLADIMIROV D Y, OPARIN V N, et al. Mining information science and Big Data concept for integrated safety monitoring in subsoil management [J]. Journal of Mining Science, 2016, 52 (6): 1195-1209.

[49] HUANG L, WU C, WANG B, et al. A new paradigm for accident investigation and analysis in the era of big data [J]. Process Safety Progress, 2017, 37 (1): 42-48.

[50] WALKER G, STRATHIE A. Big data and ergonomics methods: a new paradigm for tackling strategic transport safety risks [J]. Applied Ergonomics, 2016, 53 (3): 298-311.

[51] 曹策俊, 李从东, 王玉, 等. 大数据时代城市公共安全风险演化与治理机制 [J]. 中国安全科学学报, 2017, 27 (7): 151-156.

[52] 王新浩, 罗云, 李桐, 等. 基于大数据的特种设备宏观安全风险预警方法研究 [J]. 中国安全生产科学技术, 2018, 14 (4): 160-166.

[53] 王秉. 我国安全情报学研究回顾与展望 [J]. 情报理论与实践, 2020, 43 (12): 163-171.

[54] 王秉, 吴超. 安全情报概念的由来、演进趋势及涵义 [J]. 图书情报工作, 2018, 42 (11): 35-41.

[55] 王秉, 吴超. 大安全观指导下的安全情报学若干基本问题思辨 [J]. 情报杂志, 2018, 37 (12): 35-41.

[56] 李小庆. 安全信息分析与挖掘方法研究 [D]. 长沙: 中南大学, 2018.

[57] PIÈTRE-CAMBACÉDÈS L, CHAUDET C. The SEMA referential framework: avoiding ambiguities in the terms "security" and "safety" [J]. International Journal of Critical Infrastructure Protection, 2010, 3 (2): 55-66.

[58] 王秉, 吴超, 陈长坤. 关于国家安全学的若干思考: 来自安全科学派的声音 [J]. 情报杂志, 2019, 38 (7): 94-102.

[59] SHANNON C E. A mathematical theory of communication [J]. Bell Labs Technical Journal, 1948, 5 (4): 3-55.

[60] 王秉, 吴超, 黄浪. 基于安全信息处理与事件链原理的系统安全行为模型 [J]. 情报杂志, 2017, 36 (8): 9-18.

[61] 李科, 颜红梅. 医学信息学 [M]. 成都: 电子科技大学出版社, 2005.

第 *2* 章
安全信息基本问题

本章内容主要选自本书著者发表的题为"面向安全管理的安全信息基本问题思辨——内涵、性质及功能"[1]的研究论文。

2.1 安全信息的含义

【本节提要】

探讨面向安全管理的安全信息含义，具体包括面向安全管理的安全信息本质与安全信息对于安全管理的重要性。

2.1.1 面向安全管理的安全信息本质

由 1.3.5 节可知，从系统安全角度看，安全信息是指系统呈现出的安全状态及其变化方式。这一安全信息定义，不仅可揭示安全信息的本质与性质，且可体现安全信息的安全管理意义，即安全信息是用来降低直至消除系统安全状态及其变化方式的不确定性的。为进一步深入理解面向安全管理的安全信息的含义，下面从另一角度出发对其进行进一步探讨。

信息是传递中的知识差。在安全管理活动过程中，安全管理知识差是存在于安全信源与安全信宿（或称为安全信息用户，即安全管理者）之间安全管理知识度的逻辑差，它是表明安全信息存在的事实和度量。这反映了安全信息发生的基础和过程，并揭示了安全信息对于安全管理的价值所在。安全信息之所以对于安全管理存在价值，关键在于安全信息作用于安全管理者会产生安全管理知识差，安全管理知识差能使安全管理者改善和优化安全管理行为而获得预期的安全管理绩效。这里，面向安全管理，通过构建数学模型来进一步理解和把握安全信息的内涵。由于数学（或准数学）语言的特征，可在阐述安全信息含义时突破理论分析语言具有非确定性和非完整性的局限性。在信息理论基础上，建立的面向安全管理的安全信息模型如下：

在同一安全信息传递过程中，若任意给出一个安全管理知识度 S_0，并确定另外一个安全管理知识度 S_x。那么，存在以下几种情况：①当 $S_x - S_0 = \Delta S > 0$，并且 $\{\Delta S\} \subseteq \{S_x\}$ 时，ΔS 对于 S_0 是安全信息，S_x 是 S_0 的安全信源，S_0 是 S_x 的安全信宿（安全信息用户）；②当 $S_x - S_0 = \Delta S < 0$，并且 $\{\Delta S\} \subseteq \{S_0\}$ 时，ΔS 对于 S_x 是安全信息，S_0 是 S_x 的安全信源，S_x 是 S_0 的安全信宿（安全信息用户）；③ $|S_x - S_0| = \Delta S$，且满足 $\lim \Delta S = 0$ 时，S_x 对 S_0 或 S_0 对 S_x 都不能发生安全信息传递或称为对方的安全信源。为准确和深入理解此数学模型，需做以下几方面进一步说明：

1）S_x 是随 S_0 而确定的随机安全管理知识度，反映安全信息发生的概率统计特征。

2）ΔS 为安全信息，也代表安全信息量。

3）只有 S_0 与 S_x 之间存在传递关系时，S_0 与 S_x 之间才可能发生安全信息传递。若 $|S_x - S_0| = \Delta S > 0$，但 S_0 与 S_x 之间并未发生安全信息传递，那么，只能说 S_0 或 S_x 能够成为 S_x 或 S_0 的安全信源。

4）在现实安全管理环境中，一般不可能存在两个绝对值相等的安全管理知识度 S_x 和 S_0，$|S_x - S_0|$ 必然存在一个微量逻辑差 ΔS。只有当变量极限 $\lim \Delta S = 0$ 时，才近似认为 S_x 对于 S_0 或 S_0 对于 S_x 不存在一个逻辑差 ΔS。这样，即使 S_0 与 S_x 之间发生安全信息传递或运动关系，也不会改变 S_0 或 S_x 的安全管理知识度，S_0（或 S_x）对于 S_x（或 S_0）都不能发生安全信息传递或成为对方的安全信源。

5）单项安全信息关系 $\{S_0, S_x\}$ 的规定，也同样可推广到多项安全信息关系 $\{S_0, S_1, S_2, \cdots, S_x\}$ 的规定。

6）在安全管理活动中，安全管理知识差是存在于安全信源与安全信宿（安全管理者）之间安全管理知识度的逻辑差，正如数之差仍为数一样，安全管理知识差仍是一种安全管理知识，属于一种特定的安全知识，它表明安全信息存在的事实和度量。

综上，面向安全管理的安全信息，本质上是一种安全管理者的安全管理知识与安全管理环境中的安全事件状态（主客观不确定）之间概率性建构的知识差，它既不是安全物质，也不是安全能量。

2.1.2　安全信息对于安全管理的重要性

任何形式的管理（包括安全管理）都必然是某种系统，都具备若干要素，而这些要素之间必然存在某种联系，这些相互联系的要素作为一个整体必然具有某些整体性的功能。安全管理系统作为一种管理系统，它最基本的要素之一必然是安全管理者，正是安全管理者在具体实施安全管理行为和职能。换言之，无安全管理者的系统不可能是安全管理系统，这是因为安全管理的任何行为和职能都不可能在无安全管理者的系统中真正实施。同时，一个安全管理系统也必须要有被安全管理者（即安全管理对象），安全管理者的一切安全管理行为和职能都要有安全管理对象来接受和执行。综上可知，安全管理者和安全管理对象是一个安全管理系统不可缺少的两个基本要素。

然而，若同时有了安全管理者和安全管理对象，是否就能构成了真正的安全管理系统？显然不是。唯有当安全管理者和安全管理对象这两个基本要素之间发生了相互作用和联系，并在这一基础上产生了整体的功能，才算形成了一个安全管理系统。其实，最重要的安全管理者和安全管理对象之间的相互作用和联系是安全信息作用和联系，这种安全信息作用和联系一旦正确地建立起来，安全管理系统就可作为一个整体发挥其功能，即实现安全管理的目标。从信息科学的观点来考察管理，它的本质是一种信息过程，且是一种十分典型的信息过程。安全调查研究、安全预测、安全决策、安全执行（如安全协调控制与安全检查改进等），所有这些环节都是管理安全信息过程的基本组成部分。概括而言，在安全管理过程中，主要涉及以下5类安全信息：

1）安全管理对象的初始安全信息。安全管理系统的安全管理者为了科学正确地实施安全管理行为和职能，首要任务是必须了解安全管理对象的安全状态及其变化方式，也就是要获得关于安全管理对象的安全信息，要充分掌握安全管理对象的安全状态的历史、现状与未来发展趋势。否则，安全管理工作就会是盲目的，无的放矢的。这里，将关于安全管理对象的此类安全信息称为"安全管理对象的初始安全信息"。

2）安全环境信息。显然，仅了解安全管理对象的初始安全信息还远远不够，因为安全管理对象并非是孤立系统，它必然处于一定的环境之中，总与外部环境发生各种各样的联系，外部环境的安全状态及其变化方式必然会影响安全管理对象的安全状态及其变化方式。因此，为全面掌握安全管理的安全状态及其变化方式，还必须了解外部环境的安全状态及其变化方式（即安全环境信息）。这里所说的安全环境，既包括自然的安全环境条件，也包括社会的安全环境影响（如国家安全政策、法律、法规与标准，及社会安全文化等）。显然，安全环境对安全管理对象的影响是有正负之分的。

3）安全管理目标信息。根据所获得的安全管理对象的初始安全信息和安全环境信息，安全管理者就可做出初步的安全预测。在此基础上，根据组织（包括安全管理者）本身的利益，就可初步确定安全管理目标。所谓安全管理目标，是指组织和安全管理者期望安全管理对象达到的安全状态及其变化方式。因此，安全管理目标也是一种安全信息，只不过它具有一定的主观性，所以可将它称为安全管理目标信息。

4）安全管理策略信息。根据所获得的安全管理对象的初始安全信息和安全环境信息，并对照安全目标信息，安全管理者就可制定出相应的安全管理策略，指明应通过何种途径、措施和步骤把安全管理对象的初始安全状态及其变化方式转变至所期望的安全状态及其变化方式。安全策略通常被称为安全管理策略信息，因为它的本质仍是对安全管理对象的安全状态及其变化方式一种描述。与安全管理目标信息类似，安全管理策略信息也具有一定的主观性。不过，要明确的是，安全管理目标信息和安全管理策略信息的本源是客观安全信息，即安全管理对象的初始安全信息和安全环境信息。

5）安全管理效果信息。产生安全管理策略信息后，安全管理的主要任务就是要把安全策略信息反作用于安全管理对象（有时还包括安全环境），使安全管理对象和安全环境的安全状态及其变化方式按照安全管理策略信息的规定来发展。在此基础上，就可观察到安全管理的效果。由此，安全管理者就可收集到安全管理效果信息（它描述在安全管理策略干预下的安全管理对象的安全状态及其变化方式，以及这种安全状态及其变化方式与所期望的安全状态及其变化方式之间的关系）。根据安全管理效果信息，安全管理者就可进一步调整修正原来的安全管理策略信息，生产出新的安全管理策略信息，并将新的安全管理策略信息反作用于安全管理对象和安全环境，以期进一步提升安全管理效果。

综上，从安全信息角度看，"安全管理对象的初始安全信息＋安全环境信息→安全管理目标信息→安全管理策略信息→安全管理效果信息"是安全管理的一个单程。其实，作为安全管理全过程而言，它并非是静态的、一次性的管理，而是一个动态的、循环的、往复性的过程，这主要是因为：①一般而言，安全管理效果与预期的安全目标之间难免会有一定差距，需要持续改进；②安全管理对象的初始安全信息、安全环境信息和安全管理目标信息都会随时间发生变化，安全管理策略信息也要随之发生改变，以适应不断变化的安全管理影响因素。根据上述分析，可构建以安全信息为主线的安全管理模型，如图 2-1 所示。

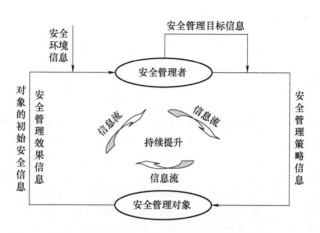

图 2-1   以安全信息为主线的安全管理模型

以安全信息为主线的安全管理模型清晰地表明：①将安全管理者和安全管理对象沟通联系起来的是各种必要的安全信息；②安全管理过程是收集安全信息、加工安全信息与利用安全信息的过程。由此可见，若无安全信息，就无法构成真正的安全管理信息系统，就无法有真正有效的安全管理。不仅如此，即使有安全信息，以安全信息为主线的安全管理模型也表明，若安全信息不准确或存在滞后，或对安全信息的加工和利用不科学合理，也会显著影响安全管理的效率和效果。总之，应将安全信息当作安全管理的基础、关键和灵魂。

2.2 | 安全信息的性质

【本节提要】

介绍安全信息的性质及其安全管理意义，具体包括安全信息的一般信息属性及其安全管理意义，以及安全信息的特有属性及其安全管理意义。

2.2.1   安全信息的一般信息属性

安全信息是信息的一个子集，它应具有信息的一些基本性质，主要包括普遍性、客观性、无限性、传递性、相对性、变换性、动态性、时效性、转化性和共享性。上述安全信息的基本性质对于安全管理都具有特殊而重要的意义（表 2-1）。

表 2-1　安全信息的一般信息属性及其安全管理意义

序号	性质	性 质 说 明	安全管理意义
1	普遍性	安全信息普遍存在，即安全信息具有常见性与必然性。安全信息存在于一切系统中。任何系统都有安全问题，它们都必包含可表征其安全状态及其变化方式的安全信息。简言之，不包含安全信息的系统是不存在的	安全信息是安全管理中常见和必用的基础资源，任何系统的安全管理都离不开安全信息
2	客观性	安全信息是客观存在的，即安全信息具有客观性（即真实性，它与主观性相对应）。安全信息是由系统本身的安全状态及其变化方式所决定的，它不以人的主观意志为转移	安全信息是客观存在的安全管理资源，基于安全信息的安全管理坚持"用事实说话"
3	无限性	在系统中，安全信息是无限的。安全信息的无限性主要体现在：①一切系统所呈现的安全状态及其变化方式都是安全信息，而一个系统又可划分为无数子系统，因此系统所产生的安全信息必然是无限的；②即使是某一具体系统，在无限的时间长河中，系统的安全状态变化是无限的，所以安全信息自然也是无限的；③安全信宿（如安全管理者）利用安全信息的能力和领域是无限的	无限的安全信息是安全管理持续改善和提升的基础和前提条件。换言之，安全管理需要不断获取、感知、理解和利用新的安全信息，以实现安全管理绩效的持续提升
4	传递性	安全信息可在时间上或空间上从一点传递至另一点。由于安全信息具有脱离母体（即安全信源）而相对独立的能力，所以它可在时间上或空间上进行传递。在时间上的传递称为存储；在空间的传递称为传播（交流）	安全信息可传递至安全管理者，这为基于安全信息的安全管理改善提供了可能
5	相对性	对于同一具体系统，不同的认识主体（即安全信宿）所获得的安全信息可能不同。由于不同人有着不同的观察能力、认识能力、理解能力与目的，这必然会使他们从同一具体系统中所获得的安全信息存在差异	安全管理中的安全信息收集、分析、处理和利用应集思广益，以期实现安全信的最佳效用
6	变换性	安全信息可由一种形态转换成另一种形态，即可由不同载体用不同的方法进行承载。安全信息可负载在一切可能的物质载体和能量形式上，如声、光、电，或数字、文本、图表、与视频等	在安全管理中，可根据实际情况采用适宜的载体承载（存储或传递）安全信息
7	动态性	一切"活"的安全信息随着时间而发生变化。安全信息是系统呈现的安全状态及其变化方式，系统本身的安全状态在不断发展变化，所以"附着于系统的安全信息（即"活"的安全信息）"也会随之发生变化	安全管理的基础要素之安全信息是动态变化的，所以安全管理工作也应采用动态管理方式
8	时效性	安全信息的效用具有时效性。安全信息的动态性决定安全信息具有时效性，这是因为，脱离了母体（系统）的安全信息由于不能再反映母体新的安全状态及其变化方式，它的效用就会逐渐降低，以至完全失去	安全管理中应及时收集、分析、处理和利用安全信息，以便在最短的时间内改善安全管理

（续）

序号	性质	性 质 说 明	安全管理意义
9	转化性	从潜在意义上讲，安全信息与"安全物质、安全能量与安全行为"间可进行相互转化。细言之，安全信息可表征"安全物质、安全能量与安全行为"，而"安全物质、安全能量与安全行为"又可负载安全信息	基于安全信息的安全物质、安全能量与安全行为管控是可能的、可行的
10	共享性	安全信息可被多个认识主体（安全信宿）所共享。安全信息在一定的时空范围内可同时被多个认识主体接收、感知和利用，安全信息的传递性和相对性就可体现安全信息的共享性这一性质	安全信息可被多个主体所共享，以提高他们的安全素养，进而提升组织安全绩效水平

2.2.2 安全信息的特有属性

安全信息是关于"安全"的信息，或称为与"安全"相关的信息。因此，安全信息除具备信息的一般性性质外，还应具有与"安全（特别是安全管理）"相关的独特性质，主要包括安全性、不完全性、公共性、统一性、情境性、价值性和预测性（表2-2）。此外，为保障安全信息能够很好地为安全管理服务，安全信息还应具有科学性、针对性、指导性、符号通用与易懂等特点，这里不再详述。

表 2-2 安全信息的特有属性及其安全管理意义

序号	性质	性 质 说 明	安全管理意义
1	安全性	安全信息可用来表征和反映系统的安全状态及其变化方式。因此，安全管理者可利用安全信息消除自身对系统安全性的不确定性，进而增加系统的安全性	安全信息对于安全管理具有重要价值，一个系统要想维持安全状态，就必须获取安全信息
2	不完全性	系统的客观安全信息是不可能全部被人获得的，若安全管理者可获得安全管理所需的全部信息，他的安全管理肯定成功。简言之，安全管理者的安全信息缺失情况始终存在，无法根除，这就决定安全管理失败事件是难以避免的	安全信息充分是相对的，安全信息缺失是绝对的，只能通过尽可能无限降低安全管理者的安全信息缺失程度，来提升安全管理的成功率
3	公共性	从公共资源角度看，安全是一种最基本的公共资源（产品）。显然，就安全信息而言，其作为实现安全的基础保障要素，其本质就是一种典型的安全资源，亦具有显著的公共性特征	安全信息供给是实现公民安全权与知情权的基本要求。在安全管理工作中，要做到有效的安全信息供给
4	统一性	安全信息的"可转化性"决定安全信息可统一所有系统安全影响因素，即系统安全影响因素可统一归为安全信息	系统安全管理失败的根源原因可统一归为安全信息缺失
5	情境性	安全信息是在某一特定情境中由多因素（如人、机器、环境、条件与管理等）耦合生成的，并非来自单一安全信源，而是来自于情境中的多个安全信源、多维度的安全信息集合体	在安全管理工作中，安全信息的收集、分析和利用要限定在某一特定情境中进行才有意义

（续）

序号	性质	性 质 说 明	安全管理意义
6	价值性	从经济学角度看，安全信息是一种资源，它具有价值。细言之，安全信息是安全管理的基础资源，它对于安全管理至关重要，这也是研究安全信息的意义和价值所在	安全信息是进行安全管理的基本依据，安全管理过程是安全信息效用的实现过程
7	预测性	安全信息可用来表征和反映系统的安全状态及其变化方式。由此观之，安全信息可预测系统未来的安全状态及其变化趋势。因此，安全信息具有预测性	安全预测是安全管理的逻辑起点，是实现"事前预防"的核心手段，安全信息是实现精准安全预测的前提

2.3 安全信息的功能

【本节提要】

从安全管理的角度出发，介绍安全信息的安全信息可为安全预测或预警提供支持、安全信息可为安全决策提供支持、安全信息可为安全执行提供支持、安全信息是最重要的安全学习资源等八大重要功能。

安全信息具有诸多功能。例如，安全信息是系统维持安全状态的导向资源；安全信息是安全知识与安全情报的来源；安全信息是安全思维的材料；等等。安全信息是开展安全管理工作的依据和基础，安全管理失败的根本原因是安全信息缺失。因此，就安全管理而言，安全信息的功能是一定程度上缓解和解决安全管理过程中的安全信息缺失问题。若更深入地看，就安全管理而言，最为重要的安全信息的功能是：运用一定的方法和手段可将安全信息加工成为安全管理知识和安全情报，并针对给定的安全管理目标被激活成为解决安全问题的安全管理策略，按照安全管理策略解决实际的安全问题。这是安全信息的最为核心最为本质的功能，它对安全管理至关重要。只要能够充分发挥安全信息的这一功能，安全管理者就可从安全信息中受益无穷。这里，根据主要的安全管理活动和目标，可概括出安全信息的八项安全管理方面的重要功能。

（1）安全信息可为安全预测或预警提供支持

"发现得了，发现得准，发现得早"是掌握安全管理主动权的先决条件。所谓"发现得了，发现得准，发现得早"，是指成功的安全预测或预警，即在充分收集、了解与掌握各种安全信息的基础上，并依赖于安全信息的"预测性"和通过分析安全信息做出超前、正确、科学而精准的安全预测或预警。换言之，安全信息有助于发现组织的安全威胁与安全促进机会，并通过增加超前安全预警时间而增加安全管理者的反应时间，进而获得安全风险管控优势，做到防患未然，真正做到有效的事前预防。

（2）安全信息可为安全决策提供支持

"决定得好，决定得快，决定得省"是制定安全管理方案的基本要求和终极目标。所谓"决定得好，决定得快，决定得省"，是指成功的安全决策，即在综合研判各类安全预测信息的基础上，基于安全预测信息快速做出最佳（即科学、可靠、有效且经济）的安全决策；

再者，有关安全决策问题的信息可被提炼成安全管理知识，而安全管理知识与安全决策目标结合在一起才可能形成合理的安全决策。

（3）安全信息可为安全执行提供支持

"防控得早，防控得实，防控得住"是安全管理控制和响应的终极目标。所谓"防控得早，防控得实，防控得住"，是指成功的安全执行，即根据安全决策信息，通过及时、有效而到位地实施安全决策方案（主要指各类安全措施，包括应急管理措施），尽力防控各类不安全事件发生，或通过有效的应急管理措施使不安全事件的不良后果及影响降至最低。换言之，安全信息是安全执行的灵魂，这是因为，安全执行是依据安全决策信息来干预和调节安全管理对象的安全状态，若无安全决策信息，安全执行系统便不知所措。

（4）安全信息是最重要的安全学习资源

安全信息能够提供隐性安全知识，而知识与学习密不可分。因此，安全信息是组织的重要安全学习资源。安全信息不仅能帮助安全管理者不断接触新的安全思想及先进的安全管理方法，并能组织安全管理者及其他成员学习安全经验教训等，可从安全信息中挖掘出安全管理改革与创新的机遇，从而帮助组织找到最佳的安全管理提升方案，不断推出安全管理新策略和新技术，为组织带来更高的安全管理绩效。

（5）安全信息是开展安全培训教育与安全文化建设的基础

首先，以信息（包括知识）传播为主的 IEC 培训教育模式或策略，即开展信息（Information）、教育（Education）与传播（Communication）活动，是一种有效的和已被普遍使用的培训教育模式。安全培训教育的本质是施教者与受教者之间的安全信息传播与沟通过程（例如，安全法律法规标准本身就是一种安全信息，对安全法律法规标准的宣贯的本质就是安全信息传播与沟通），同样，IEC 培训教育模式或策略也适用于安全培训教育。其次，信息与文化是一种双向建构的关系。信息的全部价值和意义就在于形成文化，而文化形成的本质就是人工信息的积淀。就安全文化而言，精神安全文化直接就是安全信息，物质安全文化中也包含着安全信息。同时，安全信息可为安全文化提供表达（传播）工具。总之，在信息时代，安全信息与安全培训教育及安全文化很难隔离开来，安全培训教育及安全文化信息化日益成为一种不可阻挡的趋势。

（6）安全信息是安全管理咨询服务的基础

近年来，安全管理咨询服务已逐步成为全球安全领域的重要支柱性产业之一。安全管理咨询服务是以安全信息收集、分析与利用为基础的。因此，不管何种形式的安全管理咨询服务，其本质都是对安全信息收集、分析与利用。安全管理咨询服务机构为用户提供安全管理咨询服务，归根结底是对安全信息的收集和分析整合，并有针对性地为用户提供系统化的安全管理方案和知识。以安全信息收集、分析与利用为基础的安全管理咨询服务是一种利用、传递和扩散安全管理知识，并促进安全管理知识增殖的行为，它能帮助用户提高安全管理水平。

（7）安全信息是安全管理信息化发展的基础

信息化以成为当今时代的安全管理发展的主流，也是安全管理能力水平的重要体现。所谓安全管理信息化，是指运用信息管理的一般理论与方法，以现代信息技术为核心技术工具与支撑，充分考虑与收集组织内外部的安全信息，并有效组织与配置安全信息资源而进行信息化安全管理活动，以期使安全管理者能够及时掌握组织总体的安全状态并进行及时制定和实施有效的安全管理策略。由此可见，安全管理信息化的发展从一开始就离不开安全信息的有效支持，安全信息资源对安全管理信息化发展具有决定性作用和推动作用，对安全信息的恰当认识和利用有助于组织找准安全管理信息化发展目标，进而促进安全管理工作。

（8）安全信息可创造出不可估量的社会经济效益

首先，安全信息对社会安全发展至关重要（例如：安全信息是安全立法及规划的基础；安全信息关系到全社会每位成员的利益，特别是安全利益；安全信息是安全宣教和安全文化发展的必要条件；安全信息是社会安定的保障之一；等等），因此安全信息具有明显的社会效益。其次，安全信息是一种重要的生产安全要素，对保护和发展生产力具有重要意义（即安全信息对保障生产过程正常运行、预防和减少安全事件的发生，以及降低安全事件所造成的损失至关重要），这体现了安全信息潜在的无法估量的经济效益。

2.4 安全信息的分类

【本节提要】

面向安全管理，结合安全管理特色和实际，根据安全管理外延、安全管理环节、安全管理领域、安全管理主体、安全管理对象、安全管理行为、安全管理目的、安全信息来源、安全信息形式，以及安全信息对安全管理的影响的不同，讨论安全信息的分类。

安全信息作为一种信息，可根据信息的一般类型对它进行分类。例如：①从安全信息的性质划分，安全信息可分为语法安全信息、语义安全信息和语用安全信息；②从观察的过程划分，安全信息可分为实在安全信息、先验安全信息与实得安全信息；③从安全信息的地位划分，安全信息可分为客观安全信息与主观安全信息；④从安全信息的逻辑意义划分，安全信息可分为真实安全信息、虚假安全信息与不定安全信息；⑤从安全信息的载体性质划分，安全信息可分为电子安全信息、光学安全信息和生物安全信息等；⑥从安全信息的形态划分，安全信息包括静态安全信息（如人口、地理区位与时间等相关的安全信息）和动态安全信息（如安全事件的演化轨迹、安全风险的发展变化、安全因素的相互关联关系与安全形势的变化趋势等）；⑦从安全信源的性质划分，安全信息可分为语音安全信息、图像安全信息、文字安全信息、数据安全信息与计算安全信息等；等等。

显然，上述关于安全信息的分类均尚未突出安全信息的特殊性，它们的安全管理意义不显著。鉴于此，这里，结合安全管理特色和实际，根据安全管理外延、安全管理环节、安全管理领域、安全管理主体、安全管理对象、安全管理行为、安全管理目的、安全信息来源、安全信息形式，以及安全信息对安全管理的影响的不同，对安全信息进行分类（表2-3）。需说明的是，安全信息的分类方式并非是唯一的，随着安全信息学和安全管理学的研究与实践发展，还会可能产生其他分类方式，以满足不同的安全管理需要。

表2-3 面向安全管理的安全信息分类

序号	分类依据	具体类型	具体解释或举例
1	安全管理外延	Safety 信息	与 Safety 相关的信息（如事故灾难信息），是服务于 Safety 管理的安全信息
		Security 信息	与 Security 相关的信息（如恐怖袭击信息），是服务于 Security 管理的安全信息
2	安全管理环节	常态安全信息	从安全信息所服务的具体安全管理环节（包括常态安全管理与非常态安全管理）看，安全信息包括常态安全信息和非常态安全信息（或称为应急信息）
		应急信息	
3	安全管理领域	国土安全信息	领土安全信息、领海安全信息、领空安全信息、国家关键基础设施安全信息等
		军事安全信息	军队安全信息、军备安全信息、军事设施安全信息、军事秘密安全信息、军事活动安全信息等
		经济安全信息	金融安全信息、财政安全信息、经济战略资源危机信息与产业安全信息等
		社会安全信息	社会治安信息、交通安全信息、生活安全信息与生产安全信息等
		科技安全信息	科技成果安全信息、科技人员安全信息、科技产品安全信息、科技设施安全信息等
		信息安全信息	物理安全信息、网络安全信息、主机（系统）安全信息、应用安全信息、数据安全信息等
		生态安全信息	自然生态系统安全信息、人工生态系统安全信息、生态风险信息与生态脆弱性信息等
		资源安全信息	水资源安全信息、能源资源安全信息、土地资源安全信息、矿产资源安全信息等
		核安全信息	核设施安全信息、核活动安全信息、核材料安全信息、放射性物质安全信息、核事故信息等
		……	……
4	安全管理主体	企业安全信息	表征企业安全状况的安全信息，如企业安全隐患、安全文化水平、应急能力等方面的安全信息
		社区安全信息	表征社区安全状况的安全信息，如社区危险源、治安、事故伤害、应急等方面的安全信息
		城市安全信息	表征城市安全状况的安全信息，如城市危险源、治安、交通安全、自然灾害等方面的安全信息
		国家安全信息	表征国家安全状况的安全信息，包括国土安全、政治安全、经济安全等领域的安全信息
		政府安全信息	政府安全监管部门留存与发布的安全信息，如安全法律、法规及安全行政处罚等信息
		……	……

（续）

序号	分类依据	具体类型	具体解释或举例
5	安全管理对象	人的安全信息	表征人的安全能力、心理、行为、人性等状态的安全信息，如表征人的安全素养的信息
		物的安全信息	表征物的安全状态的安全信息，如设施设备的可靠度、故障率、安全等级等信息
		事的安全信息	表征安全事件发生特征、规律与趋势的安全信息，如安全事件的原因、类别、演变过程等信息
6	安全管理行为	安全预测行为信息	可为安全信息用户的安全预测行为提供支撑与服务的安全信息
		安全决策行为信息	可为安全信息用户的安全决策行为提供支撑与服务的安全信息
		安全执行行为信息	可为安全信息用户的安全执行行为提供支撑与服务的安全信息
7	安全管理目的	事件预防信息	为预防安全事件发生而所需的安全信息，如危险有害因素信息与安全事件预防对策信息等
		安全促进信息	为不断促进与提升系统安全水平（包括事故预防）而所需的安全信息
		应急恢复信息	可为突发事件应急恢复工作提供支撑的安全信息，如安全预警信息与突发事件调查信息等
8	安全信息来源	自系统的安全信息	来源于系统内部的安全信息，如某一具体系统自身的安全管理信息记录等信息
		他系统的安全信息	来源于系统内部的安全信息，如来自安监部门的安全信息（包括安全政策、法律、法规等）
9	安全信息形式	安全数据信息	以安全数据（是安全信息的一种原始表现形式）形式存储与传输的安全信息
		安全指令信息	以安全指令形式（如安全政策、法律、法规等）表现的安全信息。显然，其实则是由安全数据信息转化而来的
10	对安全管理的影响	有用安全信息	对安全管理（主要包括安全预测、安全决策和安全执行）有用的安全信息（如安全风险信息）
		无用安全信息	对安全管理无用的安全信息
		干扰安全信息	对安全管理产生干扰的安全信息（如虚假安全信息）

本章参考文献

[1] 王秉，吴超，孙胜. 面向安全管理的安全信息基本问题思辨——内涵、性质及功能 [J]. 情报杂志，2019，38（5）：22-28.

3
第3章
安全信息学学科建设理论

3.1 安全信息学形成与发展的安全科学动力

【本节提要】

　　基于学科建设高度，探讨安全信息学形成与发展的安全科学动力，依次分析安全1.0（经验安全科学）、安全2.0（技术安全科学）、安全3.0（系统安全科学）和安全4.0（计算安全科学）与安全信息学之间的关系。

　　从安全科学本身看，安全信息学产生与形成的根本驱动力应是安全科学研究实践范式与体系的转变。当然，安全信息学发展也会反作用于安全科学研究实践范式与体系并促使其发展，两者是相互作用的。概括讲，安全信息学是安全科学发展的必然阶段和产物。本节主要从"安全科学的学科模式转变与安全信息学的形成与发展"方面出发，详细探讨安全信息学形成与发展的安全科学动力。

　　安全作为人类的基本需求之一，是人类生产、生活及发展最不可或缺的保障，是一个有着深厚内涵与巨大探索空间的科学领域，是一个蓄势待发的朝阳行业。其实，安全是一个古老而永恒的话题，从 Swuste 等[1,2] 对20世纪欧美国家安全科学理论的系统综述可以看出，工业安全（生产安全）问题真正得到研究始于工业革命时期。但从科学的层面将安全作为一门科学来研究，至今仍很难准确说出始于何时。一些学者（如 Swuste[3]、Hollagel[4]、Stoop[5] 等）考证指出，从20世纪70年代中期开始，安全科学问题在学界才成为一个专门的研究领域，也可以说是安全研究步入科学殿堂的初始时期。特别是从20世纪80年代开始，安全科学得到了快速发展与广泛研究及关注。经过近半个世纪的发展，安全科学已基本形成了自身特定的研究对象、研究领域与研究范式等，随之逐渐成为一门独立的新学科，为社会安全发展与科学技术进步做出了巨大贡献[6-8]。

　　据考证，安全科学滥觞于工业领域（更具体地讲，应是工业安全问题），安全科学随着工业发展变革而发展变革。从世界工业化发展的视角看，18世纪以来，人类社会发展史可以说是一部工业化的发展史，安全科学与工业相伴相生，并随着工业的发展逐渐变革。

根据人们对工业发展阶段的划分[9]，即工业 1.0（18 世纪末引入机械制造设备的工业）、工业 2.0（19 世纪初的电气化与自动化）、工业 3.0（20 世纪 70 年代开始的信息化）、工业 4.0（21 世纪初的实体物理世界和虚拟网络世界融合的时代）及工业 5.0（已有学者提出，但具体内涵和特征尚不明确）。本书著者认为，近代安全科学发展先后经历了 4 次大的变革，即"安全 1.0——经验安全科学（时间约为：18 世纪末至 20 世纪初）、安全 2.0——技术安全科学（时间约为：20 世纪初至 20 世纪 70 年代）、安全 3.0——系统安全科学（时间约为：20 世纪 70 年代至 21 世纪初）与安全 4.0——计算安全科学（时间约为：21 世纪初起）"，如图 3-1 所示。

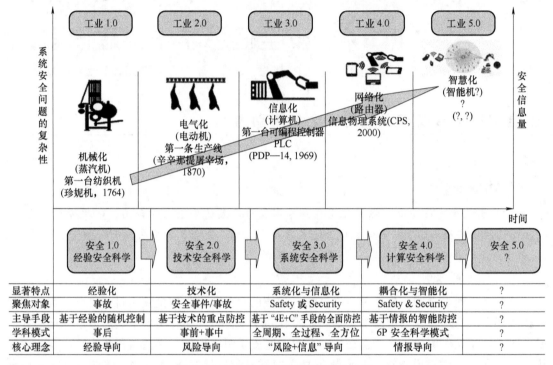

图 3-1　近代安全科学发展与演化阶段

3.1.1　安全 1.0（经验安全科学）与安全信息学

安全 1.0（经验安全科学）主要以"经验化（模糊的个人或团体安全经验）"为显著特征，以事故（Safety 领域对"不期望事件"的常见称谓）为聚焦对象，以基于经验的随机防控为主导手段，以事后被动防控为主要学科模式，以经验导向为核心安全管理理念[10,11]。

在安全 1.0 阶段，普通人主要以自身安全经验防控事故，而安全管理者或安全管理组织主要以自身的安全管理实践经验、资深安全管理者的指导，及零散的安全科学研究文献资料为依据来发现与处理各种安全问题。显然，经验安全科学阶段的主要缺陷是安全信息占有量少，安全决策中的安全信息缺失程度严重[11]。

3.1.2　安全 2.0（技术安全科学）与安全信息学

随着安全科学与自然科学（如物理学、化学与信息科学等学科）及工程技术科学的交叉与融合，产生了诸多先进的安全技术与相应的安全设施设备（安全监测检测技术、安全预测预警技术、安全决策技术、安全信息技术、安全防护技术、检测与报警设施设备、设备安全防护设施、劳动防护用品和装备及应急救援设施等），上述安全技术的应用使安全科学发生了革命性的改变，进而促使安全科学进入安全 2.0（技术安全科学）阶段[10,11]。

安全 2.0 主要以"技术化"为显著特征，以事故（Safety 领域对"不期望事件"的称谓）或安全事件（Security 领域对"不期望事件"的常见称谓）为聚焦对象，以基于技术的重点防控为主导手段，以"事前＋事中"防控为主要学科模式，以"风险"导向为核心安全管理理念。

在安全 2.0 阶段，多种现代化安全技术手段的运用，拓展了安全信息的来源，并一定程度上提升了人们获取、分析与利用安全信息的能力，从而促进了安全管理的信息化程度，使安全科学领域的不确定性（安全信息缺失程度）有所改观。正因如此，在这一阶段，人们的安全预测与决策能力也得到了显著提升，且安全科学逐渐趋于一门真正意义上的科学[11]。

3.1.3　安全 3.0（系统安全科学）与安全信息学

进入 21 世纪，随着全球人口不断膨胀，地区发展更加不平衡，人类贫富差距加大；自然环境不断恶化，自然灾害频发，不可再生资源越来越少，市场竞争日趋激烈；科技不断创新和发展，人造工程不断复杂化和巨型化，信息爆炸和网络传播技术飞速发展，人们生活方式在不断改变；传统文化逐渐弱化，社会文化更加多元化和新潮化；系统越来越趋于复杂化，牵一发而动全身，各部门互相依赖性极强。因此，安全的内涵、范畴、外延等发生了诸多变化，安全的新问题、新动态、新领域等不断出现，安全科学研究除了继续解决第一、第二次工业化变革所带来的安全问题之外，其研究的侧重点将逐渐转向反社会行为、信息化安全、生命科学和人工智能等关系人类未来命运的新安全问题，而上述问题将使安全科学发展迎来第 3 次大变革[10]。

当面对同时受多种因素影响的各种复杂多变的安全问题时，人们发现，单纯地运用安全技术手段并不能从根本上解决绝大多数安全问题。由此，安全研究与实践人员开始运用"系统、整体、相互联系以及发展"的观点看待安全问题，强调综合考虑各类安全影响因素，进而提出应运用系统论方法指导安全科学研究与实践。随之，安全科学进入安全 3.0（系统安全科学）阶段[10,11]。

安全 3.0 阶段以现代系统论的理论、原则与方法为指导，在科学与实践层面同时实现了新突破：①在科学层面，逐渐探索提出安全科学发展的新模式，即"自然—生命—技术—社会"系统安全科学模式；②在实践层面，提倡运用集安全"4E＋C"手段，即"工程技术（Engineering）"对策、"教育（Education）"对策、"强制（Enforcement）"对策、"经济（Economics）"对策与"文化（Culture）"对策为一体的综合安全对策解决安全问题[11]。

在安全 3.0 阶段，由于安全信息可统一与整合所有系统安全影响因素（具体包括安全物质因素、安全能量与安全行为因素），所以系统安全管理失败的根源原因可统一归为安全信息缺失。在这种情况下，安全信息及安全管理信息化就显得尤为重要。正因如此，在系统安全科学阶段，安全管理信息化是系统安全科学的基础设施与主要表现形式，也是系统安全科学的最显著特点之一[11]。

概括而言，安全 3.0 主要以"系统化与信息化"为显著特征，以"Safety"或"Security"

（多将"Safety"和"Security"作为相互对立的研究对象）为聚焦对象，以基于"4E + C"手段的全面防控为主导手段，以"全周期、全过程、全方位"防控为主要学科模式，以"风险 + 安全信息"导向为核心安全管理理念。

3.1.4 安全4.0（计算安全科学）与安全信息学

2010年以来，信息技术、人工智能技术、大数据技术与认知技术等逐渐催生了一系列新的安全技术，进而促使安全管理逐步趋向智能化。例如，在社会治安方面，人工智能技术的应用将无处不在，这些安全技术包括可以检测到指向一个潜在犯罪的异常现象的监控摄像机、无人机和预测警务设备等。可见，智能化是信息化的高级阶段，更加强调信息与知识的价值。当前，人类社会已从信息化时代迈向智能化时代。在智能化时代，新的安全科学学科模式，即安全4.0（计算安全科学）正式诞生。

与安全3.0（系统安全科学）相比，安全4.0更加强调安全信息（包括安全数据与安全知识）的价值，更加强调安全管理的智能化和耦合化。为最大限度发挥安全信息的价值，智能化时代的安全科学（安全4.0）具有以下3个显著特征与趋向：

1）在思维层面，强调七融合安全思维，即对策融合、过程融合、内涵融合（"Safety"与"Security"两者内涵的融合）[11]、信息融合、知识融合、大数据融合与智能融合。

2）在实践层面，积极践行以"情报"导向为核心安全管理理念，充分运用各种基于信息（包括数据与知识）与信息技术的手段开展基于安全情报的安全实践。这些手段主要包括：安全管理信息系统（Safety & Security Management Information System，SMIS）、安全决策支持系统（Safety & Security Decision Support System，SDSS）、安全虚拟现实（Safety & Security Virtual Reality，SVR）、安全管理路径（Safety & Security Management Pathway，SMP）、循证安全（Evidence-Based Safety & Security，EBS）、安全知识管理（Safety & Security-Knowledge Management，SKM）、安全事件模式识别（Safety & Security Event Pattern Recognition，SEPR）与计算机辅助安全（Computer-Aided Safety & Security，CAS）[11]。

3）强调安全情报（Safety & Security Intelligence）的重要性[12-13]。安全情报是安全信息（包括安全数据）经分析和处理（主要依赖于计算方法）获得的，它能够直接影响安全决策，是实现智能安全管理的基础。因此，安全4.0阶段的智能化的实现，必须重点关注和利用安全情报。

正因如此，智能化时代催生了系统安全科学的高级阶段，即以安全信息（包括安全数据与安全知识）为基础，以计算方法为主要工具方法，以情报为主导的安全4.0阶段，如图3-2所示。

由图3-2可知，6P安全科学模式是集预见性（Predictive）、预防性（Preventive）、个性化（Personalized）、参与性（Participatory）、精准性（Precision）与公共性（Public）6种特征、要求与目标为一体的一种全新的安全科学体系，是系统安全科学的高级阶段，是智能化时代主流的安全科学范式[11]。显然，6P安全科学模式对安全管理信息化工作提出了更高的要求，这是因为其所强调的安全实践的6P特征、要求与目标均需依赖于安全管理领域的高度信息化。若从安全信息的最原始形式，即安全数据角度，6P安全科学模式是指通过飞速发展的信息技术，快速科学地收集各类安全数据，构成每一个组织的安全数据云，利用尖端的数据分析技术与安全数据平台将这些复杂安全数据进行有效归纳分析，进行精准安全预测

图 3-2　智能化时代（安全 4.0 阶段）的 6P 安全科学模式示意图

预警和安全干预，提供个性化组织安全管理方案。这一理念注重安全管理的高度信息化，提倡全员参与，体现安全共享，实现安全管理手段的创新与安全管理决策的最优化，从而为组织带来更便捷、更有效、更透明、更完善的全流程安全管理。

概括而言，安全4.0（计算安全科学）主要以"耦合化与智能化"为显著特征，以"Safety & Security（安全一体化）"为聚焦对象，以基于情报（Intelligence）的智能防控为主导手段，以6P安全科学模式为主要学科模式，以"情报"导向为核心安全管理理念。

综上，就安全科学的学科内涵而言，21世纪的安全科学将从"事故/安全事件型安全科学（其以事故/安全事件防控为安全科学研究实践的终极目标）"向"安全（Safety & Security）型安全科学"发展，从"重事后与事中控制"的安全管理模式向"重事前预防"的"全周期、全过程、全方位"安全管理模式发展，最终形成以"耦合化与智能化"为显著特征的6P安全科学模式。此外，近代安全科学发展与演化具有三大趋势：①从系统安全角度看，系统安全问题的复杂程度逐渐增加；②从安全信息角度看，系统所产生的安全信息量逐渐增加，安全科学的"信息化"程度日益凸显；③从安全科学角度看，安全科学的科学化程度日益深化。

由上可知，随着安全科学的发展，特别是安全4.0阶段，既促使安全信息的内容与种类变得更为丰富，也促使安全管理所需的安全信息变得更多而杂。与此同时，安全信息在安全管理中的作用也会变得越来越重要（如安全信息收集、处理与利用是伤害的早期识别与预防关键）。显然，它们都会显著促使加快安全管理的信息化进程，促进安全信息学发展。换言之，唯有提升安全管理的信息化程度，唯有推进安全信息学发展，才能有效助推现代安全科学健康发展，才能为现代安全管理做好信息服务，才能满足现代安全科学研究与实践模式之需。总之，在安全4.0（计算安全科学）阶段，安全信息学的内涵、外延和研究内容都将不断拓展，安全信息学的重要性更加凸显。

3.2 安全信息学形成与发展过程

【本节提要】

系统梳理与分析安全信息学的形成及发展过程，提出安全信息学形成及发展的4个典型时期，即萌芽阶段、初兴阶段、形成阶段与深化发展阶段。

安全信息学是一门信息科学与安全科学的新兴交叉学科，还极其年轻。据考证，信息科学的正式诞生时间是20世纪50年代。20世纪40年代，以香农创立"信息论"为标志，表明信息理论研究的正式开始。20世纪50年代是信息科学的形成时期，代表性的研究成果是：①欧洲文献计量学家关于文献信息储存与检索科学原理的研究成果；②美国军事领域的"指令、控制与通信系统"的研究成果；③计算机技术和应用研究成果等。由3.1节可知，安全科学的正式诞生时间是20世纪70年代中期。由此推断，安全信息学最早也就诞生于20世纪70年代中期。

据考证，安全信息学诞生于20世纪中叶，最初主要被应用于安全数据（特别是事故数据）的规范化管理。随着信息科学与安全科学研究的不断突破，安全信息学的形式和内容在不断发生着质的飞跃。其实，安全信息学发展具有阶段性。经查阅文献发现，可将安全信息学发展划分为 4 个典型时期：萌芽阶段（1940 年至 1980 年）、初兴阶段（1980 年至 1990 年）、形成阶段（1990 年至 2010 年）与深化发展阶段（2010 年至今，乃至未来）。安全信息学的发展与演进过程如图 3-3 所示。

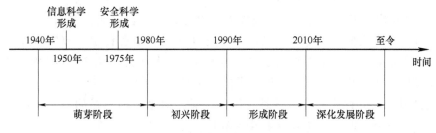

图 3-3　安全信息学的发展与演进过程

3.2.1　萌芽阶段（1940 年至 1980 年）

安全信息学的起源可以追溯至早期的事故数据信息统计研究。早期的典型事故数据信息统计研究成果有：

1）事故频发倾向理论（Accident Proneness Theory）。在 1919 年，英国的 Greenwood 与 Wood 两位研究者通过统计分析许多工伤事故发生的次数与有关数据，发现工人中的某些人较其他工人更容易发生事故[14]。后经 1926 年 Newboid 与 1939 年 Fanner 等研究，逐步提出事故频发倾向理论[14]。

2）美国安全工程师海因里希（Herbert William Heinrich）所提出的 "1∶29∶300" 安全法则（又称为 "海因里希法则"）。1941 年，海因里希对 55 万起机械事故数据信息进行了统计分析。经分析，得出一条重要结论，即重大伤亡事故次数∶轻微伤害事故次数∶无伤害事故次数 = 1∶29∶300，这就是 "1∶29∶300" 安全法则[14]。至此，即 20 世纪 40 年代以来，统计学和数学方法被用于分析安全数据信息，特别是事故数据信息。例如，早在 1948 年召开的国际劳工组织会议就将伤亡事故频率与伤害严重率作为事故统计指标[15]。

20 世纪 60 年代中期开始，安全信息（特别危险物质或高危行业的安全信息）逐渐得到安全界（特别是美国安全界）关注。例如，根据 Robert[16] 的研究，国际职业安全与健康信息中心（International Occupational Safety and Health information Centre）在 1958 年左右已经建立。

20 世纪 70 年代初开始，安全信息方面的研究与实践得到国外安全学者、实践者和相关机构的普遍关注，并初步开展一些具有学理性的研究。例如：

1）从 1974 年 1 月开始，国际职业安全与健康信息中心（CIS）为改进安全信息服务开展了一系列研究，如 CIS 数据库的计算机化和包含主题索引的摘要公报的制作，以及一些用户可用的附加服务[16]。

2）1979 年，Conder[17] 发表文章描述了一家世界著名化学公司，即美国的陶氏化学公司（The Dow Chemical Company）如何管理监管机构对安全与健康信息日益增长的需求，具体探讨了由安全与健康信息资源和通信网络连接的跨学科组织、评估安全与健康信息需求并建立响应优先级的方法以及与监管机构进行信息沟通 3 个重要问题。

此外，加拿大于 1978 年成立加拿大职业健康与安全中心（Canadian Centre for Occupational Health and Safety，CCOHS），它是加拿大的国家职业健康安全信息资源中心，也是世界上较早建立的国家级大型职业健康安全信息资源中心[18]。

3.2.2 初兴阶段（1980 年至 1990 年）

20 世纪 80 年代以来，信息技术快速发展并在各领域（包括安全领域）得到广泛应用。由此，国内外不断出现信息科学及信息科学分支（如遥感信息科学、地球信息科学、医学信息科学与生物信息科学等）等新的学科和学术名词。鉴于此，从 20 世纪 80 年代初开始，安全信息学方面的研究与实践工作也得到了国内外安全界的广泛关注，特别是开始重点关注安全信息（尤其是高危行业的安全信息，如化工安全信息）的供给问题。在这一阶段，一些典型的安全信息方面的研究实践成果具体如下：

1）1983 年，Beck 与 Feldman[19]对来自美国农业、科学与教育管理局（The U. S. Department of Agriculture，Science and Education Administration）的 574 名安全与健康管理人员进行了一项调查，旨在了解他们对与工作有关的安全与健康信息的需求问题。研究表明，管理者对自身安全防护能力的信念、需要信息的严重性、需要额外信息的可能性以及这些信息的有用性是安全和健康信息寻求的重要预测因子。

2）1983 年，我国研究者武殿奎[20]开展安全信息的反馈处理研究。他指出，安全信息的反馈处理是保证企业安全生产的重要方面。他的具体描述是："企业的安全技术科应是企业的安全信息处理中心，根据事故发生规律模型和防范措施系统的基本理论，不断发现和消除劳动生产过程中的事故隐患，采取防范措施，使安全信息反馈循环不已，安全工作也就不断地向前推进。"他的主要研究成果是提出了企业安全信息反馈图（图 3-4）[20]。

3）1985 年，Nicholson[21]对来自电信、电气和建筑业的可报告的事故数据信息进行详细分析，研究表明，事故数据的使用及其局限性与危险因素的识别有关。

20 世纪 80 年代后期，计算机被用来分析和管理各类安全信息，安全管理信息系统应运而生。据考证，从 1987 年开始，人们开始关于安全管理信息系统研发的研究及实践探索[22]。例如，1987 年，有一家名为"TÜV NORD"的公司（其是一家为全球企业提供技术服务的第三方认证机构，成立于 1869 年的德国汉诺威，现已拥有 150 余年的悠久历史）与

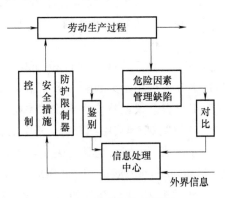

图 3-4　安全信息反馈图

柏林工业大学就开始合作并规划一个名为"安全分析与信息系统（Safety Analysis and Information System，SAIS）"的安全管理信息系统，以期构建一个安全决策支持系统。同年，还有研究者[23]开展酒精、药品和交通安全综合信息系统方面的研发研究工作。

这一时期，我国也开始开展安全管理信息系统方面的研发与应用工作。例如：①1988 年，胡代清[24]开展大坝安全监控信息的管理与分析系统研究；②1989 年，金德心等[25]开展安全检查表及隐患整改信息微机管理系统研究；③中国地质大学 20 世纪 80 年代承担并完成的事故管理与分析系统软件开发项目[26]。

同时，在 20 世纪 80 年代后期，安全信息服务（包括安全信息供给）和安全信息管理也被引起广泛关注。在安全信息服务方面，例如：1987 年，Abeytunga[18] 介绍了加拿大职业健康与安全中心（CCOHS）的电子安全信息服务情况；1989 年，Pantry[27] 探讨职业健康与安全信息服务问题。在安全信息管理方面，例如，1988 年，俞蓓华[28] 探讨电厂安全信息的管理和数据通信问题。

3.2.3　形成阶段（1990 年至 2010 年）

从 20 世纪 90 年代开始，信息高速公路成为国际上高新技术领域内的一个热点话题。世界上越来越多的人意识到，21 世纪将是一个信息化世纪。20 世纪 90 年代开始，安全信息方面的研究成果层出不穷。在我国虽然安全信息研究起步较晚，安全信息研究成果也在这一时期进入快速增长期。例如，在中国知网，以"'篇名＝安全信息'＋'发表时间＝1990-01-01 到 1995-12-31'"为条件检索，共检索到 23 篇相关文献信息。

单就我国而言，20 世纪 90 年代开始，安全信息方面的实践工作也得到了快速发展[26]。例如，20 世纪 90 年代劳动部开展"安全信息管理系统"软件开发项目，在国家有关部门得到了应用。1992 年，全国总工会建立职业安全与卫生信息培训中心。1999 年，在国家经贸委安全生产局的主持下，国家事故中心开发推广网络事故信息管理，在政府首先使用计算机网络技术进行事故信息的管理；相关部门开发了劳动法规数据库和安全信息处理系统。

2000 年以后，我国开始大力推进安全生产信息化工作[26]。例如：①国家安全生产监督管理局于 2001 年 8 月组建以来召开了第一次全国安全生产信息化工作会议；②在 2003 年 12 月发布的《国家安全生产发展规划纲要（2004 年—2010 年)》中，主要任务的第 5 项是"加快安全生产信息化建设"，规划实施的重大工程的第 7 项是"安全生产信息化建设工程"；③2004 年 6 月 6 日，经中央编办批准，安全生产信息研究院正式成立；④2005 年"国家安全生产信息系统建设项目"经国家批准立项审批通过，并全面开展了项目建设；⑤2007 年 8 月 8 日，国家安全监管总局印发《国家安全生产信息化"十一五"专项规划》；等等。同时，在这一时期，我国的航空、冶金、煤矿、化工和石油天然气等行业，逐步开发了事故管理系统、安全培训系统和安全管理系统等安全信息软件。

查阅相关文献发现，尽管国外开展安全信息学方面的研究与实践工作较早，但就安全信息学学科建设而言，我国的探索先于国外，这也许是因为我国比较重视学科建设工作。1990 年—2010 年，在助推安全信息学成为独立学科方面，除表 1-1 中列出的我国学者何天荣，以及王飞跃与王珏在安全信息学学科建设方面的早期探索外，我国还开展了以下两项重要工作：

1）1992 年 11 月 1 日，国家技术监督局批准《中华人民共和国国家标准学科分类与代码》（GB/T 13745—1992）（1993 年 7 月 1 日起实施）。该标准将"安全信息工程（6205010）"列为一级学科"安全科学技术（620）"下的二级学科"安全管理工程（62050）"下的一门三级学科。这是我国官方首次正式提出安全信息学相关学科，有助于推动安全信息学在我国形成独立学科。需注意的是，安全信息工程不同于安全信息学，安全信息工程是指人类有组织的运用信息科学技术进行大规模的安全实践活动，一般着重解决"做了什么安全工程"的问题，而安全信息学是关于研究安全信息现象及其运动普遍规律的系统理论知识。

2）2009 年 5 月 6 日，修订后的《中华人民共和国国家标准学科分类与代码》（GB/T 13745—2009）发布，于 2009 年 11 月 1 日起实施。在此标准中，涉及 2 门安全信息学相关学科：①将"安全信息论（6202720）"列为一级学科"安全科学技术（620）"下的二级学科"安全系统学（62027）"下的一门三级学科，安全信息论（它不同于"安全信息学"）的提出，标志着安全信息理论研究的正式开始，安全信息理论研究可为安全信息学形成奠定理论基础；②将"公共安全信息工程（6208010）"列为一级学科"安全科学技术（620）"下的二级学科"公共安全（62080）"下的一门三级学科，从学理角度看，"公共安全信息工程"仍停留在"工程"层面，尚未上升至"学科"，即"公共安全信息学（安全信息学的一个学科分支）"高度。

由上可知，在这一阶段，学界还尚未明确提出"安全信息学"这一学科名称和学术术语。但检索国内外安全信息学研究文献发现，在这一阶段，人们逐渐从安全信息研究的某一方面发展到安全信息一般规律的研究。安全信息学以安全信息及其运动规律作为自身的研究对象，安全信息学研究者广泛探索安全信息及其运动的普遍规律，并以控制安全信息运动为己任。这一时期的安全信息研究涉及安全信息的发生、转换、传递、接受、演变和安全信息的探索、收集、获取、存储、处理、开发和利用等综合安全信息问题。由此可见，在这一阶段，安全信息学已初步成为一门专门的学科领域。

3.2.4 深化发展阶段（2010 年至今）

由上可知，现代的安全科学发展已经离不开信息科学技术，信息科学技术也已经渗透到安全科学领域的各个方面，从而有了各种安全科学与信息科学技术结合的产物，同时也产生了安全信息学——信息科学与安全科学的交叉科学。特别是在高度信息化和智能化的今天，安全信息在安全科学研究与实践中的地位日趋重要。正因如此，安全信息学便应运而生。

总之，近年来，特别是步入信息时代和大数据时代，安全科学的信息科学化特征也日趋显得更加明显。显然，安全信息学是信息时代安全科学发展产生的标志性分支学科，是 21 世纪，乃至今后很长一段时间里最具生命力的安全科学新分支。

目前，"信息就是安全，安全就是信息"已成为信息时代的一条最基本和最重要的现代安全管理思想和理念。由此表明，"I（Information）"安全管理时代已经到来，且全面实施"I"安全管理手段已是大势所趋和安全科学研究实践所需。正因如此，安全信息学的深化和发展已成为安全科学与信息科学拓展的历史必然。自 2010 年以来，安全信息学（特别是安全信息学学科建设层面）的研究成果不断涌现，研究的学理性、深度和广度均在不断深化，这有力推动了安全信息学的深化发展。

近年来，安全信息学的成果已广泛应用于安全监测检测、安全预测预警、安全培训教育、安全监督管理和应急救援处置等领域。随着新的安全信息技术、方法和软件进入安全专业人员的日常工作，安全专业人员必须不断学习新的知识和技能，并将其用于安全管理。在安全管理工作中，安全专业人员需要详细记录各类安全信息，并与相关安全参与者和利益相关者进行高效沟通。在过去，满足这些要求较为困难，因为系统化采集、存储和检索安全信息的标准尚未确定。而今，信息技术，特别是计算机系统、大数据技术和智能技术的发展，可有效帮助安全专业人员应对这些挑战。

最后，不得不提的是，安全信息学是一门快速发展的科学，随着信息技术的迅猛发展，安全信息学也日新月异。在未来，安全信息学研究不仅有可为，而且大有可为。同时，安全信息学的未来发展也充满机遇和挑战，需要众多安全信息学同仁共同努力，推动安全信息学健康发展。

3.3 | 安全信息学学科基本问题

【本节提要】

提炼和分析安全信息学的学科基本问题，主要包括学科合法性、学科属性、学科基础、学科外延、学科任务、研究对象与研究内容，旨在明晰安全信息学学科基本问题。

明确一门学科的学科基本问题是建构这门学科并推动其发展的首要问题。因此，极有必要基于安全信息学的定义与内涵，系统阐释并明晰安全信息学的学科基本问题。本节内容主要选自本书著者发表的题为"安全信息学论纲"[29]的研究论文。

3.3.1　学科合法性

由 1.1 节可知，创立安全信息学具备坚实的理论与实践基础。但是，就科学层面而言，建立一门学科需讨论它的学科合法性。细言之，学科具备充分的学科普适性与独立性及极强的学科必要性重要性是创立一门新学科的基本前提条件。这里，扼要论证安全信息学的学科普适性与独立性。

根据安全信息的定义及其释义，可得出以下重要结论：①安全信息普遍存在于安全科学研究之中，细言之，在安全科学领域，安全信息是无处不在，无时不有的一类研究对象；②安全信息不等同于安全物质、安全能量与安全行为任意一种；③安全信息作用巨大，安全信息是一切安全工作的基础，研究安全信息是所有安全科学研究的起始点。其实，以往的安全科学，尤其是系统安全学研究与实践对安全信息的广泛关注也可反证这一结论的正确性。此外，随着现代社会逐步进入信息时代和大数据时代，安全科学的"信息学化"特征会日趋变得更加明显，安全信息的作用会日趋变得更加凸显）。由此，运用严密的逻辑推理方法，可得出以下重要推论：

1)［**推论 1**］：安全信息普遍存在于安全科学研究之中⇒在安全科学领域，对安全信息现象及其运动规律的研究具有普适性意义与价值⇒安全信息学的学科普适性成立。

2)［**推论 2**］：安全信息不等同于安全物质、安全能量与安全行为任意一种。概括而言，传统安全科学的特定研究对象可统一概括为安全物质、安全能量与安全行为 3 种（传统安全自然科学的特定研究对象是安全物质和安全能量，传统安全社会科学的特定研究对象是安全行为）⇒在安全科学领域，对安全信息现象及其运动规律的研究自然应当成为一门独立的安全科学分支学科（换言之，在安全科学领域，以安全信息为基本研究对象的安全信息学本身就是传统安全科学学科分支无法替代的一门独立的学科）⇒安全信息学的学科独立性成立。

3)［**推论 3**］：安全信息作用巨大⇒为了能够更好地实现与利用安全信息的巨大价值，

就极有必要，也亟须深入地研究安全信息⇒安全信息学的学科必要性与重要性成立。

经论证，创立安全信息具备充分的学科普适性与独立性及极强的学科必要性和重要性。此外，安全信息学的设立在国内外学术界已达成基本共识。因而，开展安全信息学的创建研究具有重要的学术与实践价值，极有必要对其开展研究和探索。

3.3.2 学科属性

随着信息技术在各个学科领域的应用普及，各个学科均在形成一个关于本学科信息问题的系统性知识体系。因而，与安全管理学、安全文化学与安全经济学等一样，安全信息学既是安全科学"信息化"的产物，也是信息科学本身发展的必然趋势。细言之，安全信息学是信息科学理论与方法在安全科学领域的渗透与应用，其介于安全学科与信息学科的交叉处，属安全学科与信息学科通过交叉与综合而派生出的边缘性学科。同时，安全基础科学研究安全事物运动的一般规律，信息科学研究信息运动过程的一般规律，而安全信息学研究安全信息运动过程的专门规律。因而，安全信息学与安全科学、信息科学的关系也是一般与特殊的关系和共性与个性的关系。此外，安全信息学隶属安全系统学，具体重要原因如下：

1）安全信息学与系统安全学的基本性质（综合性、基础性、普遍性与媒介性）完全一致。安全科学、信息科学同属交叉综合性学科，安全信息学研究与实践必然涉及安全科学二级学科分支（如安全自然科学、安全社会科学、安全生命科学及安全工程技术科学等）多学科知识，安全信息学类属于上述各安全科学分支学科的交叉范畴，具有高度的综合性。与此同时，鉴于安全信息是一切安全工作的基础，研究安全信息是所有安全科学研究的起始点，每一门安全科学的分支学科必然离不开安全信息学的支持与影响。由此观之，安全信息学是安全科学内部各分支学科进行交叉融合的产物，也是安全科学各分支学科间的媒介科学。其实，就安全科学二级学科分支而言，唯有系统安全学也完全具备安全信息学的上述性质。

2）信息科学方法是一种系统安全学研究的重要方法论。所谓信息科学方法，就是基于信息视角对某一复杂系统运动过程的规律性认识的一种研究方法。细言之，信息科学方法是指运用信息的观点，把系统的有目的性的运动抽象为一个信息传递和变换（主要包括输入、存储、处理、输出、反馈）过程，通过对信息流程的分析和处理，获得对某一复杂系统运动过程的规律性认识的一种研究方法。由此可知，信息科学方法是一种系统安全学研究的重要方法论。

3）系统安全学研究与实践离不开安全信息。"安全信息"一词的最早出现于系统安全学，安全信息一直被视为一种必要而重要的系统安全要素，是系统安全学的最基本和最重要概念之一，安全信息的经典定义也是从系统安全学角度出发定义的。

总上可知，相关学者及我国现行的学科划分标准将安全信息学相关研究划归为安全科学二级学科分支之系统安全学的一个分支学科，是具有充分的理论依据和现实基础的，是科学而合理的，本书著者也持这一观点。此外，根据学科结合的不同形式，可将学科结合的类型划分为线性（即将一门学科的原理与方法应用至另一门学科之中）、结构性（即2门或2门以上的学科融合生成一门新学科）、约束性（即在一个具体目标要求的约束下，进行多学科的协调与融合）。显然，安全信息学是安全科学与信息科学2门学科通过"线性"与"结构性"学科结合形式形成的一门新兴学科。再加上安全信息学本身具有基础性与普遍性。因而，在安全科学学科体系中，将信息科学定位为一门安全科学基础学科分支更为科学而合理

（尽管过去不少学者单纯从"线性"学科结合形式角度，将安全信息学误解为应用型科学或安全工程技术科学）。

3.3.3 学科基础

对动态现象的运动规律的认识是安全科学与信息科学的共同理论基础。由安全信息学的定义，及上文对安全信息学的交叉综合属性的分析可知，从狭义角度看，安全信息学的直接理论基础是安全科学和信息科学原理与方法。此外，由安全信息学的综合性、基础性、普遍性与媒介性性质可知，从广义角度看，安全信息学研究与实践必然会涉及其他安全科学分支学科，乃至其他一般性学科的原理与方法。换言之，安全信息学的理论基础应是安全信息学研究和实践所涉及的各学科理论的交叉、渗透与互融。由此，根据各学科与安全信息学间的联系的紧密程度，构建安全信息学的学科基础体系，如图3-5所示。需说明的是，图3-5中仅罗列一些与信息科学（安全信息学）研究和实践较为密切的学科，其余学科不再一一列出。

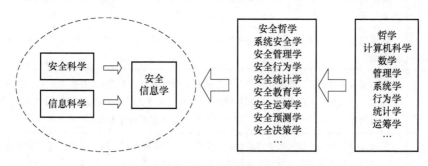

图 3-5 安全信息学的学科基础体系

3.3.4 学科外延

就安全信息学的外延而言，其主要体现在信息技术在系统安全管理、安全产品研发、安全科学相关文献与情报研究，以及安全科学教育与科研等方面的应用，具体主要内容如图3-6所示。

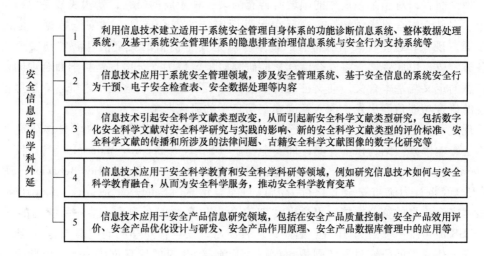

图 3-6 安全信息学的学科外延

3.3.5 学科任务

由安全信息学的定义可知，安全信息学的侧重点是解决系统安全管理过程中的安全信息缺失问题，其直接研究目标是实现与拓展系统安全行为主体的安全信息功能为，其最终研究目的是实现基于安全信息的系统安全行为干预。基于此，可得出安全信息学的基本任务：通过对安全信息的有效研究与组织、管理与控制及开发与应用，从而实现安全信息（包括安全知识）的充分利用与共享，提高系统安全行为（即系统安全管理）的效率和质量。此外，从实践的角度看，安全信息学手段与方法的应用与更新具有 4 项基本功能（表 3-1）。因而，从实践角度看，安全信息学的基本任务是实现安全信息学手段与方法的重要功能。

表 3-1　安全信息学手段与方法的 4 项基本功能

功能名称	具 体 释 义
整合功能	安全信息产生与发展的基本规律对安全科学实践及系统安全管理领域中的相关流程、职能与要素等进行整合
辅助功能	使系统安全管理技术向现代化与智能化发展，不仅能帮助安全管理者"看"，还可帮助安全管理者"想"
拓展功能	利用安全信息规律，增强与扩展人（包括安全管理者）的信息/智力功能，主要包括增强人的感觉功能（即安全信息的提取、检测与传递等功能），拓展人的思维功能（即安全信息的转化、存储、识别与处理等）及安全行为功能（即利用安全信息进行调整与优化人的安全行为）
支撑功能	系统安全行为支持系统的应用将为系统安全行为主体提供更好的系统安全管理和系统安全促进支持，尽可能避免系统安全行为出现失误，从而极大地提高系统安全管理水平与质量

3.3.6 学科研究对象

一门新学科唯有确定自身明确而特有的研究对象，才可确定其理论体系和研究内容等，才可在整个科学体系中占据应有的地位。顾名思义，安全信息学的研究对象是安全信息。细言之，安全信息学的研究对象是客观存在着的安全现象相关信息与整个安全信息运动过程。此外，理论而言，对于某一现象的领域所特有的某一种矛盾的研究，就构成某一门科学的研究对象。在各个安全科学领域，普遍存在大量而庞杂的安全信息（如安全数据、标准规范与文献等）现象，这些现象中所特有的基本矛盾是安全信宿的安全信息需求与安全信息供给的各类矛盾。由此观之，将安全信息学的研究对象定位为安全信息是科学而合理的。对于安全信息的定义与基本含义，前文已从科学层面做了详细探讨，这里不再赘述。这里仅从安全信息的整合功能角度出发，深入解读安全信息学的研究对象。

从现代科学意义上讲，从系统安全和"流"的角度看，可将安全科学具体研究对象及系统安全影响因素归纳为以下 4 类，即安全物质（Safety & Security Material，SM）流、安全能量（Safety & Security Energy，SE）流、安全行为（Safety & Security Behavior，SB）流（包括安全经济行为流与安全文化行为流）与安全信息（Safety & Security Information，SI）流。根据安全信息的整合功能，可提出"四流合一"系统安全理论：某一系统内的 SM 流、SE 流与 SB 流可统一整合为 SI 流。因而，从表面看，安全信息学的研究对象是 SI 流；从深层看，安全信息学的研究对象实则是 SM 流、SE 流与 SB 流的信息化统一体。由此也不难发现，现代系统安全管理所利用的表征性安全资源是安全信息资源，这是安全信息学为什么在当今时代问世的根本原因。

综上可知，"四流合一"系统安全理论是从安全信息视角对系统安全问题的深层次认识，其理应是系统安全学与安全信息学的核心理论之一。此外，由于安全信息学逐渐被安全科学理论界与实践界所广泛关注和重视，以"SM-SE-SB"为中心观念的传统安全科学（系统安全学）研究与实践逐渐必然会被以"SM-SE-SB-SI"为中心观念的现代安全科学（系统安全学）研究与实践所替代。

3.3.7　学科研究内容

一般而言，一门学科的研究内容可划分为上游研究（学科基础理论研究）、中游研究（应用基础研究）与下游研究（实践应用研究）3个不同层次。以下分别论述安全信息学的上游研究内容、中游研究内容与下游研究内容。

1. 上游研究（学科基础理论研究）**内容**

安全信息学的上游研究内容是安全信息学基础理论，主要是研究安全信息的性质及其运动规律，总结和提炼安全信息学的方法论，以及研究安全信息学的学科框架。其中，就研究安全信息的性质及安全信息学方法论与学科框架研究而言，比较容易理解（所谓安全信息的性质研究，主要是指研究安全信息的定性本质与定量测度方法；所谓安全信息学方法论研究，主要是指从哲学高度，基于哲学、信息科学方法论与安全科学方法论等理论，以安全信息学研究为主体，总结并提炼对安全信息学的研究方法与范式体系等内容起宏观指导作用的研究方法；所谓安全信息学的学科框架研究，主要指研究安全信息学的学科基本问题，本研究就隶属于安全信息学学科框架研究）；就研究安全信息的运动规律而言，其相对抽象，需从安全信息运动过程模型着手才可准确理解和把握。

根据安全信息认知通用模型及安全信息处理的"3-3-1"通用模型，借鉴我国著名信息科学学者钟义信提出的信息过程的基本模型，可构建安全信息运动过程的基本模型，如图3-7所示。该模型是由对象系统、认识主体（系统安全行为主体）、安全信息、安全信息行为与安全行为5个核心要素所构成的抽象安全信息系统。根据该模型，可将安全信息运动过程最直观简明地描述为：对象系统产生本体论安全信息作用于认识主体→认识主体产生安全信息行为，同时产生两类认识论安全信息→认识主体基于策略型安全信息产生主体安全行为反作用于对象系统。细言之，安全信息运动过程是：对象系统产生本体论安全信息→本体论安全信息通过主体的感知功能转换为第一类认识论安全信息→第一类认识论安全信息通过主体的认知功能生成安全知识→在目标引导下通过再生功能把安全知识转换为第二类认识论安全信息（策略型安全信息）→策略型安全信息指导主体发出相应的主体安全行为反作用于对象系统，且安全信息传递贯穿于上述安全信息运动过程。

由图3-7可知，安全信息学所研究的安全信息运动规律主要包括本体论安全信息生成规律、安全信息行为规律（包括安全信息获取（感知）规律、安全信息认知规律与安全信息再生规律等）、基于安全信息的安全行为生成（干预）规律（安全信息行为与安全行为两者间的互动规律）、安全信息传递规律、安全信息运动过程中的安全信息缺失规律及其解决方法，以及安全信息系统（安全信息运动过程的基本模型本身是一个抽象的安全信息系统）的组织与优化规律。

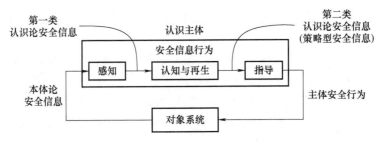

图 3-7　安全信息运动过程的基本模型

2. 中游研究（应用基础研究）内容

根据的上游研究（学科基础理论研究）内容及已有的安全信息学的中游研究（应用基础研究）成果，经分析归纳，可概括归纳出安全信息学的中游研究（应用基础研究）的具体研究内容，具体如图 3-8 所示。

序号	研究内容名称	具体解释
1	安全信息技术 (Safety-IT)研究	安全信息输入技术、安全信息输出技术、安全信息存储技术、自动标引与检索技术、安全信息门户技术及安全信息可视化技术等
2	安全信息 标准化研究	安全信息表达的标准化、安全信息供给的标准化、安全信息交换的标准化及安全信息处理与流程的标准化
3	安全信息 有序化研究	通过安全信息整合，可减少系统安全信息流的混乱程度，提升安全信息资源的质量和价值，提高安全信息资源开发利用的针对性，降低系统安全信息活动的总成本
4	安全信息 供给与获取研究	安全信源研究、安全信息资源库(包括安全数据库)建设研究、安全信息供给与选择理论研究、安全信息供给与获取方法研究、安全信息供给与获取技术研究及安全信息用户的安全信息素养提升研究
5	安全信息 交流研究	安全信息的传递与交流是系统安全管理不可缺少的安全管理活动，系统安全行为主体一刻也离不开安全信息传递和交流
6	安全数据分析 与处理技术研究	安全数据获取、存储、分析和可视化等研究内容，以及安全大数据技术研究
7	专门安全 信息系统研究	生产安全信息系统、公共安全信息系统、职业健康信息系统、企业安全信息系统、城市安全信息系统、政府安全监管信息系统与安全科学文献系统等研究
8	系统安全行为 支持系统研究	靠智能化的系统安全行为支持系统；依赖于安全信息资源，辅助系统安全行为工具为系统安全行为主体提供所需的安全信息；研究系统安全行为支持的方法与技术，如情报学方法与科学计量学方法等
9	安全科学知识体系 计算机表示与 模拟研究	安全科学理论的计算机建模研究、数字安全科学理论实现方法研究、事故发生过程模拟与仿真研究、安全专家系统研究、系统安全管理信息可视化和虚拟技术等
10	安全知识管理研究	安全知识素养研究、安全知识学习研究、安全知识创造研究、安全知识支撑和安全知识工程研究
11	安全科学文献 信息资源研究	安全科学文献信息资源的获取、保护、存储、处理与传播研究
12	人工智能安全问题 及其解决方法研究	人工智能技术作为典型的现代信息技术，近年来已被广泛应用于人们的生产与生活领域。但令人遗憾的是，人工智能技术所引发的安全问题(如机器人伤人安全事件)时有发生。因此，人工智能安全问题及其解决方法研究亦是安全信息学的主要研究内容

安全信息学的中游研究
(应用基础研究)内容体系

图 3-8　安全信息学的中游研究（应用基础研究）内容体系

3. 下游研究（实践应用研究）内容

由于安全信息学的下游研究内容是在安全信息学的上游研究内容与中游研究内容基础之上的进一步拓展，极为广泛，很难进行逐一罗列。鉴于此，从理论思辨层面出发，本书著者仅对安全信息学的下游研究内容的分类方法进行扼要分析，以期指导安全信息学的具体下游研究。根据安全科学的一般应用实践内容，可从安全信息学应用层面、安全信息学应用领域、典型行业安全信息与具体对象系统等角度出发，构建安全信息学的下游研究（实践应用研究）内容分类体系（图3-9）。此外，需指出的是，图3-9中给出的各安全信息学的下游研究（实践应用研究）内容还可进一步细分出更多的研究内容。

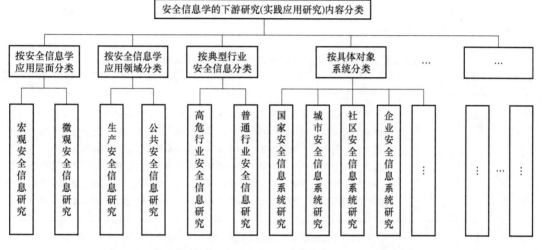

图3-9　安全信息学的下游研究（实践应用研究）内容分类体系

3.4 安全信息学方法论

【本节提要】

从3个基本层次的要素（即科学观、主体研究方法与研究准则）出发，探讨安全信息学研究方法论。在此基础上，构建安全信息学方法论体系结构。

本节内容主要选自本书著者发表的题为"安全信息学论纲"[29]的研究论文。

由于安全信息学具有特有的研究对象和全新的研究内容，尤其是安全信息学在安全科学学科体系中所具有的基础性、普遍性与媒介性，决定安全信息学必然要形成自身独特的科学观、主体方法与研究准则，统称为安全信息学方法论。也正是因为安全信息学具有全新的研究对象和研究内容，安全信息学就不能完全依靠传统的安全科学方法论来解决问题，而需开创一套与安全信息研究对象和研究内容相适应的新的科学方法论。

毋庸讳言，传统安全科学的研究对象主要集中在安全物质、安全能量和安全行为3个领域，弱化甚至忽视了安全信息现象与观念。对于相对简单的系统安全问题，忽略安全信息对解决系统安全问题的影响不大，例如，在静态或动态机械系统安全设计时，只要把机械系统的安全物质结构、安全能量（主要涉及力学问题）与人机交互关系研究清楚，就可解决该系统的相关安全问题，但在涉及复杂系统安全问题研究时往往会显得力不从心，即仅用安全物质与安全能量的观点是不可能真正揭示所有系统安全规律的。由此可知，建构安全信息学也是安全科学方法论发展之需，安全信息学必然要问世的理由是极为明显而明确的。此外，需特别说明的是，安全信息学方法论并非与原有的传统安全科学方法论无关，恰恰相反，安全信息方法论是原有安全科学方法论的重要补充与发展。

综上可知，安全信息学方法具有自身相对独立而完整的体系结构。这里，根据安全信息学的定义、特点及已有安全信息学相关研究文献，提出安全信息学方法论体系结构的构成要素。就理论而言，完整的安全信息学方法论体系结构由相互紧密联系的 3 个基本层次的要素（即科学观、主体研究方法与研究准则）构成。这里，对安全信息学方法论体系结构的构成要素进行具体阐释（表 3-2）。

表 3-2　安全信息学方法论体系结构的构成要素

层次名称	具体要素名称	具体释义
科学观	信息观	①从安全信息视角出发考察和研究系统安全问题，把系统内安全相关事物的运动过程抽象为安全信息的传递与转换过程；②研究者在研究以安全信息为主导影响因素的系统安全问题时，为便于观察、研究和揭示主导系统安全影响因素的运动规律，应暂且撇开系统中的安全物质因素、安全能量因素与安全行为因素或运用"四流合一"系统安全理论将上述因素统一为安全信息因素，从而准确地抓住主导系统安全影响因素（即安全信息因素），深入观察、分析和研究系统的安全信息运动过程及其规律
	系统观	为确保对于开放复杂安全信息系统的安全信息运动规律进行全面研究和准确把握，研究者在研究开放复杂安全信息系统时，应当强调系统地、整体地把握安全信息现象及其运动规律。所谓系统地、整体地把握安全信息现象及其运动规律，是指在"全时空"条件下研究整个安全信息运动过程
	机制观	为深刻明晰开放复杂安全信息系统的本质，安全信息学研究需将开放复杂安全信息系统的工作机制作为研究的根本目标，而非仅仅满足于追求阐明安全信息系统的具体结构、功能、行为或其他表面性现象
主体方法	信息科学研究方法	在其他安全科学分支学科中，信息科学研究方法尚未突出体现。显然，信息科学研究方法是安全信息学研究方法的核心，是安全信息学的主体研究方法。信息科学的主体研究方法是信息转换方法。有鉴于此，安全信息学的主体方法应是安全信息转换方法，具体包括安全信息系统分析法（其主要解决高级、复杂、开放的安全信息系统的工作机制认识问题）、安全信息系统综合法（其主要解决高级、复杂、开放的安全信息系统的工作机制的实现问题）与安全信息系统进化法（其主要解决高级、复杂、开放的安全信息系统的优化与完善问题）
	安全科学研究方法	安全信息学作为安全科学与信息科学共同的主要学科分支之一，除信息科学研究方法外，安全科学研究方法论（如安全科学研究的"正向（从安全出发）路径——中间（从风险出发）路径——逆向（从事故出发）路径"研究方法论理应也是开展安全信息学相关研究的主体研究方法

（续）

层次名称	具体要素名称	具体释义
研究准则	整体准则	系统安全学研究强调整体准则。安全信息学作为系统安全学的分支学科，其研究理应遵守整体准则。细言之，信息科学方法运用于系统安全问题研究，并非是割断系统内各系统安全影响因素之间的联系，用孤立的、局部的、静止的方法研究系统安全问题，而是需直接从整体出发，尝试用关联的、系统的、转化的观点去综合分析系统内安全要素的运动过程
	"四流合一"准则	为实现安全信息学研究的整体准则，安全信息学理应遵循"四流合一"准则，即"安全物质流—安全能量流—安全行为流—安全信息流"四流一体准则（已在前文对"四流合一"系统安全理论做了详细探讨，此处不再赘述）

此外，需指出不同层次的安全信息学方法论体系结构的构成要素之间的关系。从安全信息学方法论体系结构的内部看，安全信息学的科学观、主体研究方法与研究准则构成了一个完整而科学的安全信息学方法论体系结构。其中，3个基本的安全信息学的科学观是整个安全信息学方法论体系的根基和灵魂；2个主体研究方法是安全信息学方法论体系的主干和本体，安全信息学研究所涉及的其他学科（如安全管理学、情报科学与数据科学等）的具体研究方法是安全信息学方法论体系的分支；2个基本研究准则是保证安全信息学方法论体系正确而有效实施的法则和标准。

3.5 安全信息学核心概念

【本节提要】

从安全信息视角出发，给出安全、危险、损害（或危害）、风险、安全事件（事故）、隐患、安全信息缺失、必要安全信息、安全管理与系统安全行为10个概念所对应的定义，并给出部分概念的逻辑（或函数）表达式，旨在构建面向安全管理的安全信息学核心概念体系。

就理论研究而言，通常应始于基本概念的科学界定。因而，就面向安全管理的安全信息学理论研究而言，根据1.3节给出的安全信息及系统的定义，从安全信息入手，重新界定安全信息学所涉及的基本概念，理应是开展面向安全管理的安全信息学理论研究的首要问题。

尽管安全信息学所涉及的概念多到不胜枚举，但经提炼与分析发现，具有基础性的核心基本概念仅有6个：安全、危险、损害（或危害）、风险、安全事件（事故）与隐患。此外，还有4个概念（除安全信息与系统）与安全信息学及安面向安全管理的安全信息学研究密切相关，依次是：安全信息缺失、必要安全信息、安全管理与系统安全行为。

在此，主要根据文献［30—32］，尝试从安全信息视角出发，给出上述10个概念所对应的定义，并给出部分概念的逻辑（或函数）表达式。

【定义 安全信息缺失】 为维持系统安全，系统安全信宿主观上所需的安全信息集合与其实际所获取的安全信息集合之间的差异。函数表达式为：

$$I_1 - I_2 = \Delta I = f(x_1, x_2, x_3) \tag{3-1}$$

式中，ΔI 表示缺失的安全信息集合；I_1 表示主观上所需的安全信息集合；I_2 表示实际所获取的安全信息集合；x_1 表示安全信息不对称；x_2 表示安全信息失真；x_3 表示安全信息不充分。

【释义】 系统安全信宿的安全行为活动直接决定系统的安全状态。为维持系统安全，就需避免系统安全信宿的安全行为出现失误。而系统安全信宿的安全行为又开始于安全信息（即以安全信息为基础），但实际中系统安全信宿主观上所需的安全信息集合与其实际所获取的安全信息集合之间往往存在差异，即系统安全信宿存在安全信息缺失情况。此外，理论而言，导致安全信息缺失的主要因素无外乎 3 个，即安全信息不对称、安全信息失真和安全信息不充分。

【定义 必要安全信息】 为维持系统安全，系统安全信宿理论上所需的安全信息集合。

【释义】 由于不同系统安全信宿间的差异，为维持系统安全，系统安全信宿主观上所需的安全信息集合往往存在差异。鉴于此，为研究与实践方便，极有必要从理论层面出发，设定一个安全信息集合（其可由具体领域的安全专家确定）来统一衡量系统安全信宿主观上所需的安全信息集合，不妨将其称为必要安全信息（其本质是安全的相对性的体现）。因而，在实际的安全信息视阈下的系统安全学研究实践中，关注的侧重点应是如何避免必要安全信息缺失。

【定义 安全（系统安全的简称）】 系统安全信宿存在的安全信息缺失程度处于可接受区间的状态。逻辑表达式为：

$$S = (0, \Delta I_0] \tag{3-2}$$

式中，S 表示系统安全度；ΔI_0 表示临界点。

【释义】 由 1.3 节可知，尽管安全存在众多定义，目前学界就其尚未达成共识，但绝大多数学者一致认为，安全是一个主客观复合型概念。鉴于此，1.3 节给出的安全定义，即"安全是指系统免受不可接受的内外因素不利影响的状态"，理应科学合理，且其在实践层面的具有较强可操作性。显然，基于这一安全经典定义，并结合"安全信息缺失"的定义，易提出本定义。换言之，上述 2 个安全定义的内涵则是完全相互吻合的。

【定义 危险】 系统安全信宿存在的安全信息缺失程度超出可接受区间的状态。逻辑表达式为：

$$\Delta I \not\subset (0, \Delta I_0] \tag{3-3}$$

【释义】 "危险"是"安全"的反义词，两者词性完全一致（即危险也是一个主客观复合型概念）。根据"安全"的定义，可推出本定义，这里不再赘述。

【定义 损害（或危害）】 因系统安全信宿存在安全信息缺失而引发的人的身心受到伤害或财产受到损失的结果。逻辑及函数表达式为：

$$(\Delta I \neq 0) \wedge (a_1 \vee a_2) \Rightarrow L = f(x_1, x_2, x_3) \tag{3-4}$$

式中，a_1 表示人的身心受到伤害；a_2 表示财产受到损失；L 表示损害；x_1 表示伤亡人数；x_2 表示财产损失；x_3 表示其他损失。

【释义】 ①在安全科学领域，一般将损害（或危害）理解为"人的身心受到伤害或财产受到损失的结果"；②就安全信息视角而言，可将造成损害的原因定位为系统安全信宿的安全信息缺失。将以上两点结合，可推出本定义。此外，损害包括生命损失（即伤亡人数）、财产损失与其他损失（如心理创伤与形象损失等）。

【定义 风险】 系统安全信宿的安全信息缺失程度与由此产生的损害的严重程度的乘积。逻辑表达式为：

$$R = \Delta I \times C_L \tag{3-5}$$

式中，R 表示系统风险度；C_L 表示损害的严重度。

【释义】 ①在安全科学领域，风险被定义为"发生损害的可能性与后果的乘积"；②就安全信息视角而言，可用系统安全信宿的安全信息缺失程度来衡量发生损害的可能性。将以上两点结合，就可推出本定义。

【定义 安全事件（包括事故）】 因系统安全信宿存在安全信息缺失而造成损害的事件。逻辑表达式为：

$$(\Delta I \neq 0) \wedge L \Rightarrow A \tag{3-6}$$

式中，A 表示事故；L 表示损害。

【释义】 ①在安全科学领域，安全事件（事故）被理解为"造成损害的事件"；②就安全信息视角而言，可将安全事件（事故）原因定位为系统安全信宿的安全信息缺失。将以上两点结合，就可推出本定义。

【定义 隐患】 可能造成事故的系统安全信宿的安全信息缺失部分。逻辑表达式为：

$$D = G(\Delta I) \Rightarrow \forall A \tag{3-7}$$

式中，D 表示隐患；$G(\Delta I)$ 表示母函数（生成函数）。

【释义】 ①在安全科学领域，隐患被理解为"可能触发事故的因素"；②就安全信息视角而言，可将事故触发因素归为系统安全信宿的安全信息缺失。将以上两点结合，就可推出本定义。

【定义 系统安全行为】 系统安全信宿在安全信息的刺激影响下所产生的，并可对系统安全绩效产生影响的行为活动，具体包括安全预测行为、安全决策行为与安全执行行为。

$$\begin{cases} B_i = f(I) & (i = 1, 2, 3) \\ B = \{B_1, B_2, B_3\} \end{cases} \tag{3-8}$$

式中，B 表示系统安全行为；B_i（$i = 1, 2, 3$）表示安全预测行为、安全决策行为与安全执行行为。

【释义】 ①系统安全信宿的安全行为开始于安全信息，即安全信息的刺激影响；②以"对系统安全绩效产生影响"为结果事件，可限定系统安全信宿的行为。系统安全行为的定义的含义完全有别于传统的"安全/不安全行为（不会/有可能造成事故的行为）"之意。此外，可将系统安全信宿的安全行为划分为安全预测行为、安全决策行为与安全执行行为。就时间先后逻辑顺序而言，它们按"安全预测行为→安全决策行为→安全执行行为"的顺序依次排列，环环相扣，并依次贯穿于安全信宿的安全信息处理过程之中。

【定义 安全管理（系统安全管理的简称）】 以系统安全为目标，系统安全信宿所开展的一系列系统安全行为活动过程。函数表达式为：

$$M = f(B) = f(B_1, B_2, B_3) \tag{3-9}$$

式中，M 表示安全管理。

【释义】 ①在管理科学中，绩效导向是管理的基本属性，而在系统安全管理中，系统安全导向是系统安全管理的根本属性，也是其根本目标；②系统安全管理的主体是系统安全信宿（包括组织人和个体人，主要是组织人）；③系统安全管理是一个持续过程，该过程包括一系列系统安全行为活动，具体为安全预测行为、安全决策行为与安全执行行为；④系统安全行为开始于安全信息，本定义可间接阐明系统安全管理的实质，即系统安全管理实则是基于安全信息的安全管理。

本章参考文献

［1］SWUSTE P，VAN GULIJK C，ZWAARD W．Safety metaphors and theories：a review of the occupational safety literature of the US，UK and the Netherlands，till the first part of the 20th century［J］．Safety Science，2010，48（8）：1000-1018．

［2］SWUSTE P，VAN GULIJK C，et al．Occupational safety theories，models and metaphors in the three decades since World War II，in the United States，Britain and the Netherlands：a literature review［J］．Safety Science，2014，62：16-27．

［3］SWUSTE P，SILLEM S．The quality of the post academic course management of safety，health and environment（MoSHE）of Delft University of Technology［J］．Safety Science，2018，102：26-37．

［4］HOLLAGEL E．Is safety a subject for science？［J］．Safety Science，2014，67（8）：21-24．

［5］STOOP J，KROES J D，HALE A．Safety science，a founding fathers' retrospection［J］．Safety Science，2017，94（4）：103-115．

［6］中国职业安全健康协会．安全科学与工程学科发展报告：2007—2008［M］．北京：中国科学技术出版社，2008．

［7］国家自然科学基金委员会工程与材料学部．安全科学与工程学科发展战略研究报告（2015—2030）［M］．北京：科学出版社，2016．

［8］WANG B，WU C，KANG L，et al．Work safety in China's Thirteenth Five- Year plan period（2016—2020）：current status，new challenges and future tasks［J］．Safety Science，2018，104（4）：164-178．

［9］王飞跃．情报5.0：平行时代的平行情报体系［J］．情报学报，2015，34（6）：563-574．

［10］吴超，王秉．近年安全科学研究动态及理论进展［J］．安全与环境学报，2018，18（2）：588-594．

［11］王秉，吴超．科学层面的安全管理信息化关键问题思辨——基本内涵、理论动因及焦点转变［J］．情报杂志，2018，37（7）：588-594．

［12］王秉，吴超．安全情报学建设的背景与基础分析［J］．情报杂志，2018，37（10）：28-36．

［13］王秉，吴超．安全情报概念的由来、演进趋势及涵义［J］．图书情报工作，2018，42（11）：35-41．

［14］覃容，彭冬芝．事故致因理论探讨［J］．华北科技学院学报，2005，2（3）：1-10．

［15］吴超，王婷．安全统计学［M］．北京：机械工业出版社，2014．

［16］ROBERT M．The international occupational safety and health information centre：the CIS［J］．Annals of Occupational Hygiene，1973，16（3）：267-272．

［17］CONDER J W．Health and safety information for regulatory purposes—an industrial point of view［J］．Journal of Chemical Information and Computer Science，1979，19（4）：205-208．

［18］ABEYTUNGA P K．CCOHS—a national resource for information on occupational health and safety．Canadian Centre for Occupational Health and Safety［J］．Dimensions in Health Service，1987，64（2）：43-44．

［19］BECK K H，FELDMAN R H．Information seeking among safety and health managers［J］．Journal of Psychology，1983，115（1）：23-31．

［20］武殿奎. 安全信息的反馈处理 ［J］. 劳动保护，1983（9）：14.

［21］NICHOLSON A S. Accident information from four British industries ［J］. Ergonomics，1985，28（1）：31-43.

［22］BALFANZ H P，DINSMORE S，HUSSELS U，et al. Safety analysis and information system（SAIS）—A living PSA computer system to support NPP-safety management and operators ［J］. Reliability Engineering & System Safety，1992，38（1）：181-191.

［23］VALVERIUS M R，VALVERIUS S S. An integrated information and documentation system on alcohol，drugs and traffic safety ［J］. Blutalkohol，1987，24（2）：91-99.

［24］胡代清. 大坝安全监控信息的管理与分析系统 ［J］. 水力发电，1988（5）：34-36.

［25］金德心，李建川，邓建. 安全检查表及隐患整改信息微机管理系统 ［J］. 工业安全与防尘，1989（3）：14-17.

［26］陈国华. 安全管理信息系统 ［M］. 北京：国防工业大学出版社，2007.

［27］PANTRY S. Occupational health and safety information services ［J］. Occupational Health：a Journal for Occupational Health Nurses，1989，41（9）：249-251.

［28］俞蓓华. 电厂安全信息的管理和数据通信 ［J］. 电力技术，1988（5）：73-74.

［29］王秉，吴超. 安全信息学论纲 ［J］. 情报杂志，2018，37（2）：88-96.

［30］吴超. 安全信息认知通用模型及其启示 ［J］. 中国安全生产科学技术，2017，13（3）：59-65.

［31］杨冕，吴超. 安全学演绎逻辑体系的构造 ［J］. 系统工程理论与实践，2016，36（10）：2712-2720.

［32］王秉，吴超. 安全信息视阈下的系统安全学研究论纲 ［J］. 情报杂志，2017，36（10）：48-55；35.

第4章

安全信息学核心原理

4.1 安全信息学基本公理

【本节提要】

　　提炼7条面向安全管理的安全信息学基本公理，具体包括：安全信息的统一性公理、安全管理失败原因的安全信息缺失公理、安全信息的相对充分性公理、安全信息缺失必有因公理、安全信息认知的有限性公理、安全信息的效用实现公理与安全信息的无限性公理。

　　本节内容主要选自本书著者发表的题为"安全信息视阈下的系统安全学研究论纲"[1]的研究论文。

　　公理，是指依据人类理性的不证自明的基本事实，经过人类长期反复实践的考验，不需再加证明的基本命题。就面向安全管理的安全信息学研究而言，经推理分析，至少具有7条符合公理标准的基本命题，具体包括：安全信息的统一性公理、安全管理失败原因的安全信息缺失公理、安全信息的相对充分性公理、安全信息缺失必有因公理、安全信息认知的有限性公理、安全信息的效用实现公理与安全信息的无限性公理。

4.1.1 安全信息的统一性公理

　　【公理：安全信息的统一性公理】　安全信息可统一所有系统安全影响因素，即系统安全影响因素可统一归为安全信息。

　　【释义】　一般而言，一个复杂系统的安全问题往往涉及大量复杂的变量。换言之，系统安全影响因素多而杂，往往来源于人、机、环等多种系统的子系统或系统要素，但安全信息正好可使系统的各子系统和系统要素间建立关联（即可统一系统的各子系统和系统要素）。因而，安全信息可统一所有系统安全影响因素，可将系统安全影响因素统一归为安全信息。

4.1.2 安全管理失败原因的安全信息缺失公理

【公理：安全管理失败原因之安全信息缺失公理】 系统内发生安全事件的根源原因可统一归为安全信息缺失，即系统安全管理失败的根源原因可统一归为安全信息缺失。

【释义】 根据典型的基于安全信息视角的安全事件致因模型（如瑟利模型），及安全信息认知通用模型，可给出安全信息角度的系统内的安全事件的基本发生模式，即"安全信宿所需的安全信息缺失→系统安全行为失误→安全事件"。简言之，就理性人而言，系统内发生的安全事件的根源原因可统一归为安全信息缺失。

4.1.3 安全信息的相对充分性公理

【公理：安全信息的相对充分性公理】 系统安全信息相对充分（即无缺失）是必要的。

【释义】 理论而言，系统安全信宿的安全信息缺失始终存在，无法根除，只能尽可能无限降低系统安全信宿的安全信息缺失程度（即 $\Delta I \to 0$）。为实际研究实践需要，有必要提出必要安全信息（见 3.5 节的定义），即当"系统安全信宿实际所获取的安全信息集合≥必要安全信息集合"时，此时认为系统安全信息充分（即无缺失）。简言之，必要安全信息实则隐含"系统安全信息相对充分（即无缺失）是必要的"这一公理。若究其根本依据，"系统安全信息相对充分（即无缺失）是必要的"是根据安全学公理之"相对安全是必要的"提出的，这 2 条公理的实质完全相互吻合，均是安全的必要性与相对性的体现。

4.1.4 安全信息缺失必有因公理

【公理：安全信息缺失必有因公理】 系统安全信息缺失是有原因的。

【释义】 由式（3-1）可知，因果性是系统安全信息缺失的显著特征，即系统安全信息缺失是由诸多原因（主要是安全信息不对称、安全信息失真与安全信息不充分）引起的。简言之，系统安全信息缺失是有原因的（类似于安全学公理之"事故是有原因的"）。也正是因为如此，才有必要开展安全信息视阈下的系统安全学研究，即其研究重点就是确定造成系统安全信息缺失原因，进而避免系统安全信息出现缺失（即避免系统内发生事故）。

4.1.5 安全信息认知的有限性公理

【公理：安全信息认知的有限性公理】 人对系统安全信息的认知是局限（有限）的。

【释义】 从哲学角度而言，在某一特定时期，人类的知识范畴和认知能力总是有限的，人们所认识的真理也是相对的，因此，被认识的真理仅仅是一种对事物的相对合理性的发现。同理，人们所认知的系统安全信息，仅是基于人们自身（包括借助工具）所能够获取、理解和接受的那部分系统安全信息，还存在一些尚未被人们所认知的系统安全信息，这就是人对系统安全信息的认知是局限的（这类似于安全学公理之"安全认识是局限的"）。也正是因为人对系统安全信息的认知具有局限性，决定系统安全信宿必然存在安全信息缺失（理论而言，安全信息是客观存在的）。但有一点是可以肯定的，那就是随着安全信息视阈下的安全系统学研究与实践的发展，必然会推动人对系统安全信息的认知不断进步，进而不断降低系统安全信宿的安全信息缺失程度。

4.1.6　安全信息的效用实现公理

【公理：安全信息的效用实现公理】　系统安全管理过程是系统安全信息效用的实现过程。

【释义】　信息是一切管理活动的基础和依据，系统安全管理的实质是基于系统安全信息的安全管理。因而，系统安全管理过程实则是系统安全信息效用的实现过程。所谓系统安全信息效用，是指系统安全信息在系统安全管理中的使用价值。要实现系统安全信息的价值，就需将其运用于系统安全管理。细言之，系统安全信息效用作为系统安全管理者与系统安全信息相互作用的过程和结果，是系统安全管理者在系统安全管理活动中利用系统安全信息之所得，它贯穿于系统安全管理者的系统安全管理活动的全过程，而非整个系统安全管理活动的最后才实现。因而，简言之，系统安全管理过程是系统安全信息效用的实现过程。

4.1.7　安全信息的无限性公理

【公理：安全信息的无限性公理】　系统安全信息是无限的。

【释义】　根据系统安全信息的来源，可将系统安全信息划分为安全事件（事故）型系统安全信息和非安全事件（事故）型系统安全信息两大类。显然，理论而言，在某一具体系统内，安全事件（事故）型系统安全信息是有限的，而非安全事件（事故）型系统安全信息（如险兆事件安全信息、隐患排查安全信息、安全教育培训信息与安全奖励信息等）是无限的。就安全信息量而言，两者的关系可用数学表达式表示为：

$$I_A : \neg I_A = a : \infty \quad （a\,为常数，且\,a>0） \tag{4-1}$$

式中，I_A 表示安全事件（事故）型系统安全信息；$\neg I_A$ 表示非安全事件（事故）型系统安全信息。

由式（4-1）可知，由于非安全事件（事故）型系统安全信息是无限的，因而，系统安全信息也是无限的。且需指出是，非安全事件（事故）型系统安全信息的有效度（安全信息有效度指单位安全信息中的有用安全管理信息量的占比，是对安全信息与实际系统安全管理需要的相符合程度的一种评价）显著低于安全事件（事故）型系统安全信息的有效度。此外，就安全信息角度而言，系统安全管理绩效可用式"系统安全管理绩效＝行为安全信息的有效度×行为安全信量"来衡量）。综上分析，提出系统安全信息的"长尾"理论（图 4-1）。

由图 4-1 可知，基于安全事件（事故）型系统安全信息所获得系统安全管理绩效（图 4-1 阴影部分的面积，不妨设为 S_1）是极其有限的，而基于非安全事件（事故）型系统安全信息所获得系统安全管理绩效（图 4-1 非阴影部分的面积，不妨设为 S_2）是无限的，具有巨大的追求空间。简言之，$S_1 : S_2 = \xi : \infty$（ξ 为常数，且 $\xi>0$），这是系统安全信息的"长尾"理论和基本公理"系统安全信息是无限的"的深层次内涵。显然，非安全事件（事故）型系统安全信息可为系统安全绩效持续提升提供源源不断的动力，最大化发挥非事故型系统安全信息的系统安全管理绩效，应是突破当前系统所面临的提升安全绩效的瓶颈的有效思路和方法。

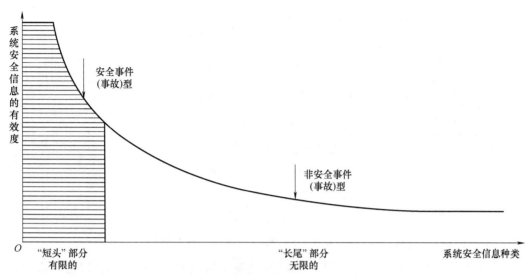

图 4-1　系统安全信息的"长尾"模型

4.2 安全信息处理的"3-3-1"通用模型

【本节提要】

　　综合参考信宿处理信息的一般步骤（即"感知/记忆-计划/决策-操作/执行"）及其模型，构建和解析安全信息处理的"3-3-1"通用模型，旨在明晰安全信宿处理安全信息的过程和机理。

　　本节内容主要选自本书著者发表的题为"基于安全信息处理与事件链原理的系统安全行为模型"[2]的研究论文。

4.2.1　模型的构造

　　构造某模型的基本思路是保障所构建的模型科学而适用的前提。在此，以某一具体系统（如企业及其子部门）为对象，以安全信息为切入点，以探求安全信息对系统之中的安全信宿（指安全信息的接受者，这里指个体人或组织人。需说明的是，这里的组织人是相对于个体人而言的，在安全科学领域，其源于我国学者田水承提出的第三类危险源理论，如组织及其子组织均可视为是组织人，其与个体人一样，也是具有安全信息处理能力的生命体）的安全行为的影响机理为目的，以系统之中的安全信宿为安全信息处理的主体，综合参考信宿处理信息的一般步骤（即"感知/记忆-计划/决策-操作/执行"）及其模型，构造安全信息处理的"3-3-1"通用模型，如图4-2所示。

　　需指出的是，为进一步明晰所构造的安全信息处理的"3-3-1"通用模型的科学性和适用性，有必要对"选取以某一具体系统为对象"和"选取以安全信息为切入点"的原因进行详细说明，具体如下：

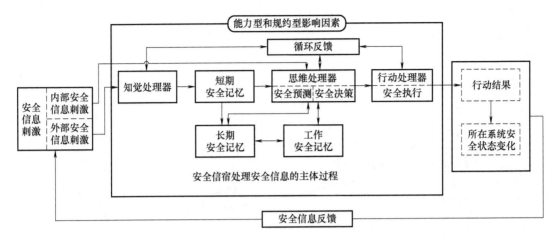

图 4-2 安全信息处理的 "3-3-1" 通用模型

1）以某一具体系统为对象的原因：①限定或圈定研究和讨论的范围，以便于具体问题的分析与探讨；②就发生学角度而言，任何安全事件（事故）均发生在系统（包括所有社会组织）之中，故须将安全事件（事故）置于某一具体系统之中来分析其人为原因；③就（安全）管理学角度而言，人的所有安全行为活动都在系统之中进行。

2）以安全信息为切入点的原因：①复杂系统的安全问题一般均涉及人、机和环等诸多要素，而以安全信息为纽带，正好可使系统所有要素（包括子系统）建立联系；②个体或组织的行为开始于信息，故其安全行为也开始于安全信息；③就信息论角度而言，个体或组织的安全行为活动过程就是安全信息的流动过程。

4.2.2 模型的构成要素

由图 4-2 可知，安全信息处理的 "3-3-1" 通用模型的主体部分是系统之中的安全信宿处理安全信息的主体过程，其主要由 3 种安全信息处理器（即知觉处理器、思维处理器与行动处理器）和 3 种安全信息记忆形式（即短期安全记忆、长期安全记忆与工作安全记忆）构成，且重点考虑 1 种综合影响因素（即能力型与规约型影响因素）对安全信宿的安全信息处理过程的影响。此外，该模型同时涵盖某一具体系统中的两大类安全信宿，即个体人和组织人，故该模型所表达的安全信宿的安全信息处理机理具有通用性。综上易知，为揭示和表达模型的主旨，以及方便和简单起见，不妨可将该模型命名为安全信息处理的 "3-3-1" 通用模型。这里，对此模型的若干关键构成要素的含义进行扼要说明。具体如下：

（1）安全信息刺激

在该模型中，安全信息是指系统安全状态及其变化方式的自身显示，其价值是为预测、优化与控制系统安全状态服务。所谓安全信息刺激，是指安全信息作用于安全信宿并使其发生反应。此外，若以安全信宿为主体，可将安全信息划分为安全信宿的内部安全信息与外部安全信息（以外部安全信息为主）：①内部安全信息指产生于安全信宿自身内部的直接作用于安全信宿的安全信息处理器之思维处理器的安全信息，如个体人的疲劳信息或组织人的自身安全管理工作状态不佳信息等；②外部安全信息指安全信宿通过安全信息处理器之知觉处理器接收到的安全信息。因而，基于此，也可将安全信息刺激划分为内部安全信息刺激与外部安全信息刺激。

（2）安全信息处理器

安全信息处理器指安全信宿处理安全信息的功能单元或机构。根据信宿处理信息的一般步骤（即"感知/记忆-计划/决策-操作/执行"），可将安全信息处理器依次划分为知觉处理器（其主要功能是"感知登记＋记忆加工"）、思维处理器（其主要功能是"安全预测/判断/评价＋安全决策"）与行动处理器（其主要功能是安全反应执行）。

（3）安全信息记忆

安全信息记忆指安全信宿所具有的安全信息存储能力。记忆包括编码、保持和检索 3 个阶段，其受时间和容量的限制，也受安全信宿的自身状态的影响。在一般的信宿的信息处理研究中，均设置 3 种信息记忆形式，即短期记忆、工作记忆和长期记忆，就记忆时长和容量而言，短期记忆＜工作记忆＜长期记忆。有鉴于此，也可将信息记忆形式设置为短期安全记忆、工作安全记忆和长期安全记忆 3 种：①短期安全记忆的容量极其有限，安全信息存储时间短（一般不超过 30s），经短暂时间间隔后就因存储的安全信息衰退而变得无法检索；②工作安全记忆中存有思维处理器的安全预测信息、安全决策信息、安全信息处理过程的中间值，以及长期安全记忆中被激活的安全信息；③长期安全记忆可长时间容纳存储大量安全信息（主要包括安全知识、技能及经验等）。此外，它们三者间的相互转化关系可表示为"短期安全记忆→工作安全记忆↔长期安全记忆"。

（4）能力型和规约型影响因素

安全信宿的安全信息处理过程同时受诸多影响因素的影响，概括而言，可将其划分为两大类，即能力型和规约型影响因素。前者指影响安全信宿的安全信息处理能力的因素，后者指规约安全信宿的安全信息处理过程的因素。

1）就个体人而言，能力型影响因素主要包括心理状态、生理状态、注意力、安全知识技能储备与身体位置等，而约束型影响因素可统一为个体人的安全准则，其主要由内外环境、安全文化、安全伦理道德与安全法律规范等众多因素决定。

2）就组织人而言，能力型影响因素主要包括安全信息处理的软硬件技术支撑与自身工作状态等，而约束型影响因素也可统一为组织人的安全准则，其主要由安全法律法规、组织安全文化、组织安全管理制度及组织内外环境等因素决定。

（5）安全信宿的安全行为

在该模型中，将安全信宿的安全预测行为、安全决策行为与安全执行行为统称为安全信宿的安全行为。根据安全行为定义（即安全行为指个体在任务执行过程中为实现安全目标而做出的现实反应，其主要包括安全遵从行为和安全参与行为），本书给出安全信息处理视角的安全行为定义：安全行为指安全信宿在安全信息的刺激影响下所产生并可对系统安全绩效产生影响的行为活动）。显然，上述所定义的"安全行为"的含义完全有别于传统的"安全/不安全行为（不会/有可能造成事故的行为）"之意。就时间先后逻辑顺序而言，安全信宿的安全预测行为、安全决策行为与安全执行行为按"安全预测行为→安全决策行为→安全执行行为"的顺序依次排列，环环相扣，并依次贯穿于安全信宿的安全信息处理过程之中。此外，显然，就系统安全行为而言，其包括个体人的安全行为和组织人的安全行为。

4.2.3 模型的内涵解析

显而易见，安全信息处理的"3-3-1"通用模型旨在阐明系统内的安全信宿的安全信息处理机理（即框架）。由图 4-2 可知，安全信宿的内部安全信息处理过程与外部安全信息处理过程有所不同，即内部安全信息刺激不经过知觉处理器的处理，而是直接传递至思维处理器，它的其他处理过程与外部安全信息处理过程完全相同。因而，这里仅详细解释安全信宿的外部安全信息处理的完整过程，对安全信宿的内部安全信息处理过程不再进行赘述。安全信宿的外部安全信息处理过程主要包括如下 3 个相互循环反馈的阶段：

（1）知觉处理阶段——对安全信息的感知登记和记忆存储

知觉处理器接收到外部安全信息刺激，并将安全信息通过短期安全记忆传递至思维处理器。在此阶段，设系统未来安全状态的集合为 Ω，当安全信宿接收到外部安全信息刺激时，实则是将系统未来的部分安全状态通过输入函数 $\xi: \Omega \to \Theta$ 转变为对它的输入（其中，ξ 反映安全信宿对安全信息的知觉处理能力），即当实际的外部安全信息集合为 w 时，安全信宿所接受到的安全信息输入为 $\xi(w)$。

（2）思维处理阶段——基于安全信息做出安全预测和安全决策

思维处理器根据经过短期安全记忆、工作安全记忆所获得的安全信息，以及长期安全记忆中被激活的安全信息来对系统未来安全状态进行安全预测（认知、解释、诊断、推理与评价等），并根据安全预测信息做出安全决策。在此阶段，知觉处理器在接收到安全信息输入 $\xi(w)$ 并传至思维处理器，思维处理器需对其进行修正处理（安全预测 + 安全决策），定义修正函数为 $\beta: \Theta \to \Delta$（其中，Δ 为在 Ω 上定义的所有概率分布的集合，即安全决策信息集合；β 反映安全信宿对安全信息的思维处理能力）。

（3）行动处理阶段——基于安全决策信息做出安全反应执行

行动处理器依据思维处理器的指令（即安全决策信息）发出安全反应执行行动。在此阶段，行动处理器根据安全决策信息集合 Δ 做出行动响应，定义行动输出函数为 $f: \Delta \to R$（其中，R 表示安全信宿输入的安全执行行动集合，f 反映安全信宿对安全信息的行动处理能力）。此外，显然，安全信宿的行动结果是使其所在系统的安全状态发生变化（如安全绩效增长或降低、发生未遂事故或伤害事故与应急失败等），两者可对安全信息刺激输入进行安全信息反馈。

综上可知，若定义安全信宿的外部安全信息处理函数为 $\eta: \Omega \to \Theta \to \Delta \to R$（其中，$\eta$ 反映安全信宿的整体安全信息处理能力），可表示安全信宿的外部安全信息处理的完整过程。需特别说明的是，模型中的能力型和规约型影响因素影响安全信宿的整个安全信息处理过程，因此，上述定义的输入函数 ξ、修正函数 β、行动输出函数 f 及安全信宿的外部安全信息处理函数 η 均已考虑它们带来的影响。

4.3 安全信息-安全行为（SI-SB）系统安全模型

【本节提要】

选取从系统与系统安全信息传播相结合的角度，根据香农（Shannon）通信模型与主要的系统安全行为活动，构造安全信息-安全行为（SI-SB）系统安全模型，并解释其关键构成要素的含义。同时，深入分析 SI-SB 系统安全模型的基本内涵与延伸内涵。

本节内容主要选自本书著者发表的题为"安全信息—安全行为（SI-SB）系统安全模型的构造与演绎"[3]的研究论文。

从系统与系统安全信息传播相结合的角度，基于典型的香农通信模型与系统主要的安全行为活动，构造 SI-SB（Safety & Security-related Information—Safety & Security-related Behavior 的简称）系统安全模型，并深入剖析其基本内涵、延伸内涵与应用前景，以期明晰系统安全信息传播机理及系统安全信息缺失形成机理（包括系统安全信息缺失导致事故的内在机理），从而为更好地开展现代系统安全管理工作提供指导，并促进安全科学，特别是安全管理学与系统安全学（特别是系统安全管理学）研究发展。

4.3.1 模型的构造

首先，在构建 SI-SB 系统安全模型之前，有必要明确安全信息及其相关概念。在 2.1 节与 3.5 节已经明确了安全信息、安全信源、安全信宿、安全信道与安全信息缺失的定义。这里，为下文讨论的需要，还需明确安全信息不对称的定义。所谓安全信息不对称，是指在系统安全行为活动中，各类人员拥有的系统安全信息不同。

其次，构造某一模型的基本思路是保障所构建的模型科学适用的前提。在此，选取从系统与系统安全信息传播相结合的角度构造 SI-SB 系统安全模型，这是因为：

1）选取系统视角的原因。①从发生学角度看，任何事故均发生在系统（包括所有社会组织）中，分析事故致因须将事故置于系统之中进行；②从（安全）管理学角度看，任何安全管理活动都在系统（包括所有社会组织）中进行。

2）选取系统安全信息传播角度的原因。从信息论角度看，系统安全行为活动过程就是系统安全信息的流动与转换的过程，即系统安全信息与系统安全行为间存在必然的重要联系。因而，从系统安全信息传播角度，可有效而清晰地分析系统安全信息对系统安全的影响。

基于此，从系统与系统安全信息传播相结合的角度，根据香农通信模型与主要的系统安全行为活动（根据系统安全行为的逻辑顺序，系统安全行为活动依次包括安全预测行为活动、安全决策行为活动与安全执行行为活动 3 种），构建 SI-SB 系统安全模型，如图 4-3所示。

4.3.2 模型关键构成要素的含义

由图 4-3 可知，SI-SB 系统安全模型的主体由系统安全信息空间与系统安全行为空间两大部分（即子模型）构成。为揭示模型的主旨，以及方便和简单起见，不妨分别选取安全信息（SI）与安全行为（Safety & Security Behavior，SB）的英文简称，将该模型命名为"SI-SB 系统安全模型"。这里，对它的一些关键构成要素的含义进行扼要说明。具体如下：

1）系统安全信息（SI）空间表示系统安全信息的整个传播过程：①其关键节点依次为安全信源、安全信道 A、安全信宿Ⅰ（安全预测者）、安全信道 B、安全信宿Ⅱ（安全决策者）、安全信道 C 和安全信宿Ⅲ（安全执行者）；②其主体为支持系统安全行为的安全信息，涉及 7 类安全信息，在图 4-3 中，I_b、I_g、I_s、I_f、I_k、I_d 与 I_y。

2）系统安全行为（SB）空间表示系统安全行为（包括安全预测行为、安全决策行为与安全执行行为，由于从时间先后逻辑顺序看，它们三者按"安全预测行为→安全决策

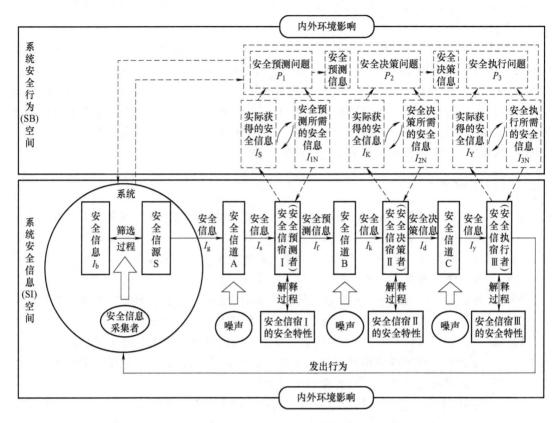

图 4-3 SI-SB 系统安全模型

行为→安全执行行为"的顺序依次排列,并环环相扣,故图 4-3 中按此顺序依次排列)主体主观面对系统安全行为问题时,对系统安全信息的认知和处理过程。假设系统安全行为主体所面临的系统安全行为问题域为 P,则 $P = \{P_j | j = 1,2,3\}$,这里不妨设安全预测问题、安全决策问题与安全执行问题域分别为 P_1、P_2 与 P_3。假定安全信息集合 $I_j = \{I_{ji} | j = 1,2,3; i = 1,2,\cdots,n\}$ 能解决系统安全行为问题 P_j 的能力记作 $CE_P(I_j)$,取值满足 $CE_P(I_j) \in [0,1]$,$CE_P(I_j) = \{CE_P(I_{ji})\}$,当 $CE_P(I_j) = 1$ 时,称此时安全信息为解决系统安全行为问题的安全信息集合,记为 I_{jN},满足 $CE_P(I_{jN}) = 1$。需特别指出的是,从理论而言,系统安全信息缺失问题无法完全克服。因此,为便于在现实中的实际操作,极有必要假定一种系统安全信息充分(即无缺失)的情况(这与学界和实践界较为推崇的安全的定义,即"安全是免除了不可接受的损害风险的状态"的实质内涵也完全相吻合)。基于此,不妨将满足 $CE_P(I_{jN}) = \lambda$ 时(λ 的取值可由各安全科学领域专家确定)的安全信息 I_{jN} 称为必要(关键)系统安全信息,此时认为系统安全信息充分(即无缺失)。

4.3.3 模型的内涵解析

1. 基本内涵

概括而言,SI-SB 系统安全模型主要包含两层基本内涵,即系统安全信息传播机理和系统安全信息缺失形成机理(包括系统安全信息缺失导致事故的内在机理)。换言之,基于

SI-SB 系统安全模型，可完整阐释系统安全信息传播机理和系统安全信息缺失形成机理。

（1）系统安全信息的传播机理

系统安全信息传播机理主要指系统安全信息传播过程及其影响因素。显而易见，系统安全信息（SI）空间模型可表示安全信息双向传播的一个完整过程，即其可说明系统中的安全信息的整个传播过程，且可说明影响系统安全信息传播效率和质量的因素。具体解释如下：

1）宏观而言，安全信源就是系统本身。但严格与实际而言，根据香农通信模型（信源并非单纯是一个包含任何信息的信息集合，而是一个经筛选的有意义的且可被人理解的信息集合），安全信源并非将系统所有安全信息（包括系统安全数据）直接进行发送，而是有选择性的进行发送，即应具有一个双向筛选过程，以实现系统安全信息可被多次筛选和传输的目的，这一筛选过程主要由安全信息采集者完成。因而，图 4-3 中将安全信源 S 作为系统安全信息传播的真正信源。

2）安全信息 I_b（包括系统安全数据）是系统所表现出的客观现实的系统安全状态（即系统表现出的总的安全信息集合），其包括安全信息采集者能够感知和不能感知的系统安全信息。为尽可能采集到系统安全行为问题域 P 所需的安全信息，系统安全行为者可对安全信息采集者加以指导。这里，不妨可将安全信息 I_b 用客观状态集 E 表示为：

$$I_b = E = \{e_1, e_2, e_3, \cdots, e_n\} \tag{4-2}$$

3）安全信息 I_g 是指通过安全信息采集者可获取的系统安全信息，一般是在现有条件下可被人们感知和检测到的系统安全信息（显然，$I_g < I_b$），这类系统安全信息绝大多数可通过安全传感器或安全统计等方式获得，系统内存在一个安全信源 S 将安全信息 I_b 中的部分系统安全信息转换为可被感知的安全信息 I_g，不妨可将其用安全信息集 S 表示为：

$$I_g = S = \{s_1, s_2, s_3, \cdots, s_m\} \quad (S \subset E) \tag{4-3}$$

4）安全信息 I_s 是指已传递至安全信宿 I（安全预测者）的关于系统安全状态状况的安全信息（显然，$I_s \leqslant I_g$），是解决系统安全预测问题 P_I（即开展系统安全预测行为）的重要依据，其可用数学表达式表示为：

$$I_s = f(S, x^I) \tag{4-4}$$

式中，x^I 表示影响安全信宿 I（安全预测者）获取安全信息 I_s 的影响因素。理论而言，安全信宿 I（安全预测者）获取安全信息 I_s 的影响因素来源于安全信道 A 和安全信宿 I（安全预测者），因此有：

$$x^I = f(x_I, x_A) \tag{4-5}$$

式中，x_I 表示安全信宿 I（安全预测者）自身的影响因素，即自身的安全特性（如安全知识、安全经验、安全意识、安全态度与安全意愿等），x_A 表示安全信道 A 的影响因素。其中，x_I 还可进一步表示为：

$$x_I = f(x_{I1}, x_{I2}) \tag{4-6}$$

式中，x_{I1} 表示安全信宿 I（安全预测者）的安全心理智力因素（如安全意识、安全态度与安全意愿等），x_{I2} 表示安全信宿 I（安全预测者）的安全预测方面的知识与经验等因素。

5）安全预测信息 I_f 是指安全预测者对系统未来安全状态所做出的预测信息（如系统风险度、系统主要危险有害因素与系统安全防范重点等），不妨可将其用安全信息集 F 表示为：

$$I_f = F = \{f_1, f_2, f_3, \cdots, f_m\} \tag{4-7}$$

6）安全信息 I_k 是指已传递至安全信宿 II（安全决策者）的对系统未来安全状态的安全预测信息（显然，$I_k \leqslant I_f$），是解决系统安全决策问题 P_2（即开展系统安全决策行为）的重要现实依据，其可用数学表达式表示为

$$I_k = f(F, x^{II}) \tag{4-8}$$

式中，x^{II} 表示影响安全信宿 II（安全决策者）获取安全预测信息 I_f 的影响因素。理论而言，安全信宿 II（安全决策者）获取安全预测信息 I_f 的影响因素来源于安全信道 B 和安全信宿 II（安全决策者），因此有：

$$x^{II} = f(x_{II}, x_B) \tag{4-9}$$

式中，x_{II} 表示安全信宿 II（安全决策者）自身的因素，即自身的安全特性（如安全知识、安全经验、安全意识、安全态度与安全意愿等），x_B 表示安全信道 B 的影响因素。其中，x_{II} 还可进一步表示为：

$$x_{II} = f(x_{II1}, x_{II2}) \tag{4-10}$$

式中，x_{II1} 表示安全信宿 II（安全决策者）的安全心理智力因素（如安全意识、安全态度与安全意愿等），x_{II2} 表示安全信宿 II（安全决策者）的安全决策方面的知识与经验等因素。

7）安全决策信息 I_d 是指安全决策者对优化与控制系统未来安全状态所做出的决策信息（如所要采取的安全措施、安全方案与安全计划等），不妨可将其用安全信息集 D 表示为：

$$I_d = D = \{d_1, d_2, d_3, \cdots, d_m\} \tag{4-11}$$

8）安全信息 I_y 是指已传递至安全信宿 III（安全执行者）的对系统未来安全状态进行优化与控制方面的安全信息（显然，$I_y \leqslant I_d$），是解决系统安全执行问题 P_3（即开展系统安全决策行为）的重要现实依据，其可用数学表达式表示为：

$$I_y = f(D, x^{III}) \tag{4-12}$$

式中，x^{III} 表示影响安全信宿 III（安全执行者）获取安全决策信息 I_d 的影响因素。理论而言，安全信宿 III（安全执行者）获取安全决策信息 I_d 的影响因素来源于安全信道 C 和安全信宿 III（安全执行者），因此有：

$$x^{III} = f(x_{III}, x_C) \tag{4-13}$$

式中，x_{III} 表示安全信宿 III（安全执行者）自身的安全执行能力，即自身的安全特性（如安全知识、安全经验、安全意识、安全态度与安全意愿等），x_C 表示安全信道 C 的影响因素。其中，x_{III} 还可进一步表示为：

$$x_{III} = f(x_{III1}, x_{III2}) \tag{4-14}$$

式中，x_{III1} 表示安全信宿 III（安全执行者）的安全心理智力因素（如安全意识、安全态度与安全意愿等），x_{III2} 表示安全信宿 III（安全执行者）在实际安全执行过程中的安全知识、安全技能与安全经验等。

9）系统安全信息传播形成的最终结果是安全执行者发出相应的行为，其对系统安全所造成的影响可大致分为两方面：①安全型行为（如正确的安全指挥、科学的安全管理、及时整改系统安全隐患、正确操作机械设备与科学有效的应急救援等）对保障系统安全（包括避免事故负面影响扩大）产生积极影响；②不安全型行为（如违章指挥、错误指令、冒险作业、违章作业、盲目施救和未按安全方案开展工作等）对保障系统安全产生消极影响，甚至导致系统发生事故（或使事故负面影响扩大），进而降低系统安全绩效。

此外，需特别补充说明几点：①由上分析可知，安全信道 A、安全信道 B 与安全信道 C

本身的通畅程度会对系统安全信息传播产生显著影响，这是因为它们在传播安全信息时会受到诸多干扰因素的影响，根据香农通信模型的要素的命名方式，图 4-3 中也将诸多干扰因素统一为"噪声"；②显然，安全信息采集者、安全信宿Ⅰ（安全预测者）、安全信宿Ⅱ（安全决策者）与安全信宿Ⅲ（安全执行者）可以是同一或不同的个体或组织（包括自系统或他系统，以企业为例，包括企业整体、企业各部门或政府安监部门等）；③安全信宿获取相关系统安全信息的自身影响因素可简单概括为其自身的安全特性，且安全信息传至安全信宿后，系统安全信息传播过程并未终结，安全信宿接收到的安全信息会通过解释过程，对安全信宿的安全特性（主要是安全知识结构）产生一定程度的作用，反过来，安全信宿的安全特性也会对其获取相关系统安全信息产生作用；④系统安全信息的传播必然受系统内外环境因素（如系统内外的安全文化环境）的影响，同样，系统安全行为活动亦是如此。

（2）系统安全信息缺失的形成机理

综上所述可知，在系统安全信息传播（或系统安全行为活动）的整个过程中，主要涉及 7 类安全信息（I_b、I_g、I_s、I_f、I_k、I_d 与 I_y）及其相互作用关系。显然，系统安全信息缺失的形成机理就体现于系统安全行为（SI）空间中的安全信息的相互作用、系统安全信息空间（SB）中的安全信息的相互作用，以及系统安全行为（SI）空间与系统安全信息空间（SB）之间的安全信息的交互作用之中。在此，对系统安全信息缺失的形成机理进行深入分析，具体如下：

1）系统安全信息（SI）空间中的系统安全信息缺失现象：①就系统安全行为主体（即安全信宿）而言，由于系统安全信道的不畅通、系统安全行为主体的自身安全特性或系统安全行为主体间的安全信息不对称因素，导致系统安全行为主体无法有效获取、识别或理解相关系统安全信息，即 $I_s \leq I_g$、$I_k \leq I_f$ 与 $I_y \leq I_d$，表示系统安全行为主体一般均未能成功获取和理解传至其的全部系统安全信息。因此，保障系统安全信道畅通、完善系统安全行为主体的安全特性（如提升安全意识与扩展安全知识结构等）、加强系统安全行为主体间的沟通交流或采用群体（联合）系统安全行为（其可有效弥补单一系统安全行为主体的个体安全认知、安全心理与安全知识结构局限等因素带来的不良影响），可有效克服这部分系统安全信息缺失；②就安全信息采集者而言，当 $I_g < I_b$ 时，表示安全信息采集者未能获取客观系统所显示出的所有安全信息，存在系统安全信息缺失，这主要是由于人们对系统的安全认识程度决定的，因此，只有不断提升人们对系统的安全认识程度，才可克服部分这种系统安全信息缺失，但从理论而言，这种系统安全信息缺失又是客观存在的，是无法彻底避免的。

2）系统安全行为（SB）空间中的系统安全信息缺失现象：系统安全行为主体，即安全预测者、安全决策者与安全执行者分别实际获得的系统安全信息集合分别为 I_S、I_K 与 I_Y（一般而言，$I_S = I_s$，$I_K = I_k$，$I_Y = I_y$），若 $CE_{P_1}(I_S) < 1$，$CE_{P_2}(I_K) < 1$，$CE_{P_3}(I_Y) < 1$，则称系统安全行为主体面对系统安全行为问题 P 存在安全信息缺失，即系统安全行为问题域的安全信息缺失。采用群体（联合）系统安全行为可有效克服这部分系统安全信息缺失。

（3）系统安全信息缺失的分类

由上分析可知，可有效克服的系统安全信息缺失情况及其所造成的负面影响主要在系统安全行为活动之中。换言之，主要的系统安全信息缺失是系统安全行为主体的安全信息缺失，其形成的机理应体现于系统安全行为（SB）空间与系统安全信息（SI）空间之间的安全信息的交互作用之中。显然，系统安全行为主体的安全信息缺失现象可分为系统安全行为

（SB）空间的安全信息缺失与系统安全信息（SI）空间的安全信息缺失。基于此，还可分别对上述系统安全信息缺失再次细分，具体见表4-1。

表4-1 系统安全信息缺失的分类

大类	小类	具体解释
系统安全行为（SB）空间的安全信息缺失	安全信息内容缺失	系统安全行为主体面对某一系统安全行为问题 P 时，知道针对问题 P 所需的系统安全信息（即 I_{jN} 已知），但这些系统安全信息的具体内容在实际中未知，即 $CE_P(I_{jN}) < 1$
	安全信息认知缺失	系统安全行为主体面对某一系统安全行为问题 P 时，不知针对问题 P 所需哪些系统安全信息（即 I_{jN} 未知），例如：安全专业人员与普通人员在对待安全专业问题时，有时反应差异巨大
	安全信息识别缺失	系统安全行为主体面对某一系统安全行为问题 P 时，本应知道针对问题 P 所需的系统安全信息，但因内外环境影响，导致其暂时性不知所需哪些系统安全信息，随后才可逐渐恢复（即 I_{jN} 暂时未知）。如一般人面对紧急情况或过大的外界压力（最为典型的如应急决策与危险紧急处置等）时，就会出现此情况
系统安全信息（SI）空间的安全信息缺失	永久性安全信息缺失	理论而言，在现有技术条件下，一定存在系统安全信息采集者还无法获取的系统安全信息，这是客观存在的，无法彻底克服，即 $I_g < I_b$ 恒定满足
	暂时性安全信息缺失	指在开展系统安全行为活动初期未能及时获得的系统安全信息（一般是无意的），随着时间推移与方法改进等，在系统安全行为活动中后期可逐步获得的系统关键（必要）安全信息，即 $I_S = I_s = \int_{T_0}^{T} I(t)\,dt \geq I_{1N}$、$I_K = I_k = \int_{T_0}^{T} I(t)\,dt \geq I_{2N}$ 与 $I_Y = I_y = \int_{T_0}^{T} I(t)\,dt \geq I_{3N}$ 同时满足
	有意性安全信息缺失	指因多种原因导致的系统安全行为主体所获得的系统安全信息存在虚假情况，真实性偏低，即 I_s、I_k 与 I_y 不真实。究其根本原因，这主要是由于系统安全信息传递过程中的人为的有意欺骗因素所致（如安全信息瞒报与迟报等），使相关系统安全行为主体无法及时、迅速获得真实的关键（必要）系统安全信息

此外，显然，还可根据3种主要的系统安全行为（即系统安全预测行为、系统安全决策行为与系统安全执行行为），大致将系统安全信息缺失分为系统安全预测行为活动、系统安全决策行为活动与系统安全执行活动3方面的安全信息缺失。基于此，可根据系统总的安全信息缺失程度来度量系统安全风险（即对系统进行安全评价）。显然，系统总的安全信息缺失程度约为系统安全行为活动中的安全信息缺失之和，可用数学表达式表示为：

$$\Delta I = \Delta I_{\mathrm{I}} + \Delta I_{\mathrm{II}} + \Delta I_{\mathrm{III}} = (I_{1N} - I_S) + (I_{2N} - I_K) + (I_{3N} - I_Y) \tag{4-15}$$

式中，ΔI 为系统总的安全信息缺失程度，ΔI_{I}、ΔI_{II} 和 ΔI_{III} 分别表示系统安全预测行为活动、系统安全决策行为活动与系统安全执行活动的系统安全信息缺失程度；I_S、I_K 与 I_Y（一般而言，$I_S = I_s$，$I_K = I_k$，$I_Y = I_y$）分别表示系统安全预测行为活动、系统安全决策行为活动与系统安全执行行为活动的实际获得的系统安全信息；I_{1N}、I_{2N} 与 I_{3N} 分别表示系统安全预测行为活动、系统安全决策行为活动与系统安全执行行为活动所需的必要（关键）系统安全信息。

（4）系统安全信息缺失的成因

根据系统安全信息缺失的形成机理与分类，概括而言，系统安全信息缺失的直接原因主要有系统安全信息无法获取、系统安全信息监测监控不足、系统安全信息挖掘不够、系统安全信息管理不当与系统安全信息利用不充分等，若究其根本原因，就可归结至系统安全行为主体、系统安全信息采集者与系统本身的一些主客观因素。鱼骨图分析法作为一种分析与表达问题原因的简单而有效方法（其基本步骤包括分析问题原因与绘制鱼骨图两步），基于鱼骨图分析法，可提炼并表示出系统安全信息缺失的主要的深层次原因（系统安全信息缺失原因的鱼骨图如图 4-4 所示）。

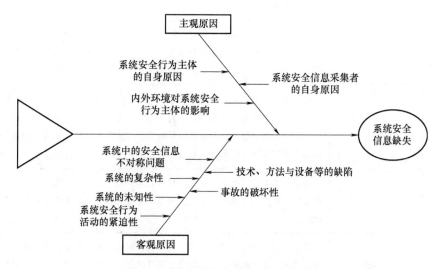

图 4-4　系统安全信息缺失原因的鱼骨图

由图 4-4 可知，系统安全信息缺失的原因主要包括主观原因与客观原因，每一方面原因又可细分为若干具体原因，具体原因解释见表 4-2。

表 4-2　系统安全信息缺失的主要原因

大类	小类	具 体 解 释
主观原因	系统安全行为主体的自身原因	①系统安全行为主体的安全心智因素，如安全意识、安全态度与安全意愿等偏低；②系统安全行为主体的有限意识（人们在开展某行为活动时，有限意识会导致人们忽略关键信息，妨碍人们收集到高度相关的信息，进而可导致认知障碍），如系统安全预测者是否可正确识别出 I_{IN} 及 I_{S} 中是否存在 I_{IN} 所需的系统安全信息元素；③系统安全行为主体的自身安全知识、技能与经验等的局限性
	系统安全信息采集者的自身原因	指系统安全信息采集不足，具体原因是：①系统安全信息采集者的安全心智因素，如安全意识、安全态度与安全意愿等偏低；②系统安全信息采集者的安全信息采集能力不足（如信息采集技术与方法等掌握不足）；③系统安全信息采集者的自身安全知识、技能与经验等的局限性
	内外环境对系统安全行为主体的影响	复杂的系统内外环境会影响系统安全行为主体的开展相关系统安全行为的能力。例如：系统安全行为主体需具备敏锐的观察力和思维能力，但当急需做出系统安全行为（如系统发生突发事件）反应时，鉴于时间的紧迫性与系统内外环境的高压力等，极有可能出现暂时性安全信息缺失情况

（续）

大类	小类	具体解释
客观原因	系统中的安全信息不对称问题	若安全信息采集者与系统安全行为主体不同（或部分不同），则它们之间必然存在安全信息不对称（即这是客观存在的），这也是系统安全信息缺失的一个关键原因。因此，为避免这部分系统安全信息缺失，应加强它们之间的有效安全信息沟通和交流
	系统的复杂性	系统的复杂性（如系统各子系统或元素间的复杂的相关性与系统本身的动态性等）会导致系统安全信息具有高度不确定性，而安全信息缺失正是安全信息不确定的一种表现形式
	系统的未知性	尽管理论而言，系统未来安全状态是可预测的，但系统未来安全状态本身又是未知的（如系统安全状态的发展与演化规律等），而安全信息作为系统未来安全状态的自身显示，其同样也具有未知性，由此导致系统安全信息必然存在缺失
	系统安全行为活动的紧迫性	当需迅速做出系统安全行为（如系统发生突发事件）反应时，鉴于时间的紧迫性，往往无法给系统安全信息采集者与系统安全行为主体充足的时间做准备和反应等，系统安全信息获取难度明显加大，这就会导致暂时性安全信息缺失或安全信息识别缺失等情况出现
	技术、方法与设备等缺陷	现有的安全信息采集、安全预测与安全决策等技术、方法与设备等，以及安全信息传播渠道（技术与设备等）的缺陷，也是导致系统安全信息存在缺失的客观原因之一
	事故的破坏性	事故往往具有巨大的破坏力，其必然会对系统安全信息采集与传输设施与设备等造成不同程度的损坏，这就会造成系统安全信息无法及时采集和传输，严重影响事故的应急救援效果，甚至还会导致二次事故发生，进而扩大事故的负面影响

（5）系统安全信息缺失的负面影响

显然，根据 SI-SB 系统安全模型（即系统安全信息传播过程，及系统安全信息缺失的形成机理、分类与原因），并结合系统（一般指组织）安全管理实际，易得出系统安全信息缺失的负面影响作用（即后果）。系统安全信息缺失的所有负面影响间的逻辑关系如图 4-5 所示。

由图 4-5 可知，概括而言，系统安全信息缺失的直接负面影响主要是影响系统安全行为活动（即安全预测、安全决策与安全执行）的效率与质量，其最终负面影响是导致系统发生事故或事故扩大和系统既定安全目标的不能按时完成，进而影响系统安全绩效。需特别说明的一点是，安全执行失误，即个体或群体（组织）发出不利于保障系统安全的行为，这些行为并非全会导致系统发生事故或事故扩大，而部分不安全型行为仅会对完成系统既定安全目标产生负面影响，如安全投入使用不当就会阻碍系统既定安全目标的完成质量和效率。

2. 延伸内涵

基于 SI-SB 系统安全模型的基本内涵，可推理并拓展出诸多它的延伸内涵及应用价值。本书仅从 SI-SB 系统安全模型的主要优点与价值（包括理论价值与实践价值）两方面，扼要探讨 SI-SB 系统安全模型的延伸内涵及应用前景。

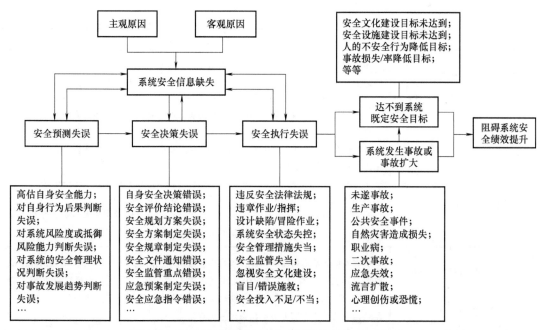

图 4-5 系统安全信息缺失的负面影响的逻辑结构体系

（1）SI-SB 系统安全模型的主要优点

由 SI-SB 系统安全模型的构造思路与基本内涵易知，其至少具有以下几方面优点：

1）该模型可基本统一已有所有事故致因理论模型。从安全信息角度，可将所有事故致因因素有机统一起来。换言之，从安全信息角度构造的事故致因理论模型，具有统一已有事故致因理论模型的优点。同样，SI-SB 系统安全模型也具有这一优点。

2）该模型可基本统一系统所有安全（风险）管理要素。从信息论的角度看，系统安全行为活动过程就是系统安全信息的流动与转换的过程。换言之，系统安全行为活动过程中涉及的各种要素都可用安全信息表达，而系统安全行为活动过程作为系统安全（风险）管理活动的实际表现形式，有鉴于此，从安全信息角度，可用系统安全信息基本统一系统所有安全（风险）管理要素，这可有效降低系统安全（风险）管理的维度，从而降低系统安全（风险）管理的冗杂性。

3）该模型可基本统一各涉事者（与导致事故发生相关的个体或组织）的事故致因因素。各涉事者因素均可用安全信息来表达。该模型通过转换不同的安全信息采集者和安全信宿，可分析各涉事者，即组织或个体，及自组织与他组织（如政府安监部门与安全评价机构等）的事故致因因素。简言之，运用该模型可基本分析出所有涉事者的事故致因因素。

4）该模型可实现 6 方面有机结合（表 4-3），这可显著提升该模型的科学性、准确性、创新性、适用性与普适性。

表 4-3 SI-SB 系统安全模型实现的 6 方面有机结合

结合方面	具体解释
过去与现在的有机结合	该模型从安全信息这一新视角（更为契合现代安全管理模式），实现了对已有所有事故致因理论模型的有效统一，取其优点，避其缺陷，实现了过去研究成果与此模型研究视角的有机融合

（续）

结 合 方 面	具 体 解 释
理论与实践的有机结合	该模型是根据从系统与安全信息相结合的角度研究系统安全问题的优势，并结合实际的系统安全行为活动构建的，即其实现了理论与实践的有机结合
宏观与微观的有机结合	该模型是以系统及其系统内的安全信息流为基本切入点构建的，而系统具有"可大（宏观）可小（微观）"这一重要优势（如大到某一国家或地区等，小至具体企业及其部门与班组等），因此，该模型可实现宏观与微观的有机结合（传统的事故致因模型大多仅可解释微观层面的具体事故）
定性描述与定量表达的有机结合	从该模型的基本内涵的分析过程与结果易知，该模型可同时实现对系统安全管理（包括事故致因）的定性描述与定量表达（已有的事故致因模型大多是定性和半定量的，可实现定量化表达是该模型的突出优点）
逆向、中间（风险）与正向（安全）3条安全科学研究（或实践）路径的有机结合	从该模型的基本内涵易知，该模型不仅可基于逆向（事故）路径，单纯阐释事故致因及其发生过程，且可基于中间（风险）或正向（安全）路径阐释系统安全（风险）管理机理与模式（传统的事故致因模型大多均是基于"事故发生"的单一路径构建的，故它们大多不具备这一优势）
系统安全信息流与系统安全行为活动的有机结合	若该模型仅单纯探讨系统安全信息的传播过程，而无法表达系统安全信息流与系统安全行为活动的交互作用，实则就不能从根本上明晰因系统安全信息缺失所致事故的发生机理，也就无法有效指导系统实际安全管理工作。显然，该模型可实现系统安全信息流与系统安全行为活动的有机结合

5）该模型基本适用于解释所有系统中发生的事故（包括生产事故、职业病、公共安全事件、自然灾害所造成的损失或伤亡事件、一次事故与二次事故，甚至是信息安全事件）的致因与本质。

① 绝大多数传统的事故致因理论仅适用于解释生产事故与一次事故的致因，但很难适用于解释一些公共安全事件、自然灾害所造成的损失或伤亡事件与二次事故（即一次事故扩大）的致因，由该模型的基本内涵可知，该模型基本可解释上述所有事故。此外，需特别指出的是，由"安全信息"与"信息安全"间的关系易知，若将信息安全事件当作事故，该模型同样可解释信息安全事件的致因。

② 根据该模型的基本内涵，严格地讲，事故的本质是：系统内的事故是因必要（关键）系统安全信息缺失而引发的人们不期望发生的并造成损失的意外事件。

6）该模型适用于解释系统（组织）未能达到系统（组织）既定安全目标的原因。通过对系统安全信息缺失的负面影响的分析易知，尽管部分安全执行失误并非会直接引发事故，但会直接影响系统（组织）既定安全目标的完成质量和效率。因此，显然，以安全执行失误为分析起点，可分析得出系统（组织）未能达到系统（组织）既定安全目标的一系列深层原因。

7）该模型符合安全数据、安全信息与安全知识间的递进逻辑关系：①系统安全信息（SI）空间的安全信息 I_b 主要指系统安全数据集合，其经筛选与整合，才可表达出具体的系统安全信息；②安全信宿在感知和理解安全信息时，安全信息与安全信宿的安全特性（安全信宿的安全知识是其主要的安全特性之一）存在一个互为解释过程，这与"安全信息与安全知识间的互为作用关系"也相吻合。

（2）SI-SB 系统安全模型的主要价值

综上分析易知，SI-SB 系统安全模型具有重要的理论与实践价值。在此，仅从宏观层面，选取其较为主要的理论与实践价值进行简析（表 4-4）。

表 4-4　SI-SB 系统安全模型的主要价值

大类	小类	具体解释
主要理论价值	指导系统安全学学科体系的构建	根据该模型的核心构成要素，可构建出完整的系统安全学学科体系。例如：①系统安全学的研究侧重点应是系统安全信息传播及系统安全信息缺失对系统安全的影响；②系统安全学至少具有 4 个主要学科分支，即安全信息论（学）、安全预测论（学）、安全决策论（学）与安全执行论（学）
	指导系统安全学分支学科体系的构建	针对模型的系统安全信息传播、系统安全预测行为、系统安全决策行为与系统安全执行行为这几方面重点内容，分别深入研究各自的内在机理，就可分别得出系统安全学分支学科，即安全信息论（学）、安全预测论（学）、安全决策论（学）与安全执行论（学）的定义，并可构建出它们各自的学科体系。例如，由该模型易知：①安全信息论（学）主要是研究系统安全信息传播及系统安全信息与系统安全行为活动交互作用的科学；②安全预测论（学）主要是基于系统安全信息，研究如何判断系统未来安全状态的科学；③安全决策论（学）主要是根据系统安全预测信息，研究如何寻找或选取最优的系统未来安全状态的控制与优化方案的科学；④安全执行论（学）主要是根据系统安全决策信息，研究如何落实系统安全决策信息（即指导或控制人发出安全型行为）的科学
	指导新的安全科学概念体系的构建	由上分析可知，从系统与安全信息（包括安全信息缺失）角度，可重新定义"安全（系统安全行为活动所需的安全信息集合与实际获取的安全信息集合之间的差异能被人们所接受的状态）"和"事故（事故是因必要系统安全信息缺失而引发的人们不期望发生的并造成损失的意外事件）"。同理，从该角度出发，基于安全信息（包括安全信息缺失）的定义，还可推理演绎"隐患"、"危险源"、"安全管理"、"安全知识"、"安全预测"与"安全决策"等的定义，从而构建新的安全科学概念体系，以促进安全科学研究与实践更为科学化与适用化，即使其摆脱学科危机
主要实践价值	指导开展系统安全评价工作	由上分析可知，基于该模型，不仅可对系统进行定性安全评价，且可根据式（4-15），对系统开展定量安全评价，这可谓是一种新的系统安全评价方法。本节已在理论层面，深入阐释了该模型在系统安全评价中的应用，其必会对实际的系统安全评价工作起到重要的理论指导作用
	指导开展事故调查分析工作	通过对该模型基本内涵的分析可知，根据该模型，可分析得出事故的整个发生过程及其关键节点、原因，及涉事者（包括组织或个体）的责任等，并可找出预防类似事故的关键节点或措施等
	指导系统安全（风险）管理工作	鉴于现代安全管理强调系统思维（即事故预防重点应是系统因素），强调预防事故或保障组织安全的责任应从普通组织成员转向设计者、管理者，从个人转向组织和政府，强调与计算机信息科学进行相结合（即安全管理者的信息素养），因此，该模型可有效指导系统安全（风险）管理工作开展

（续）

大类	小　类	具　体　解　释
主要 实践价值	指导企业或政府安全部门或人员的设置	根据该模型的系统安全信息（SI）空间（即系统安全信息传播的关键节点）与系统安全行为（SB）空间（即主要的系统安全行为活动），可有针对性地配置企业或政府安全部门或人员
	指导安全科学与工程类专业课程设置	系统安全学一直是安全科学与工程类专业学生的核心专业主干课程之一。根据该模型所构建的系统安全学及其分支学科的学科体系，不仅可使系统安全学的课程内容逐步完善而科学，而且可大大丰富安全科学与工程类专业课程的内容，更加适用于培养适合现代安全管理需求的安全专业人才

4.4　基于安全信息处理与事件链原理的系统安全行为模型

【本节提要】

　　基于安全信息处理（即安全信息处理的"3-3-1"通用模型）与事件链原理，构建系统安全行为模型，并分析其内涵。在基础上是，根据所构建的系统安全行为模型，运用回溯性分析方法，提出系统安全行为失误分析及防控方法，并分析其完整的实施步骤。

　　本节内容主要选自本书著者发表的题为"基于安全信息处理与事件链原理的系统安全行为模型"[2]的研究论文。

　　众多统计分析表明，绝大多数事故均是由人的不安全行为引发的。正因如此，近年来，安全管理学日趋更加"行为学化"。行为安全管理是近20年内安全管理学领域的研究热点，并广泛应用于诸多行业（如石油业、制造业、航空业、交通业与建筑业等）的安全管理，并已取得显著应用成效。此外，行为安全管理原理和方法可应用于安全科学研究实践的众多领域（包括安全人机工程学、人为差错预防、事故分析、危害识别和纠正措施及安全培训教育等）。因此，显而易见，行为安全管理是安全管理学领域颇具价值的研究方向之一。

　　管理模型作为管理理念、理论、方法与实践经验等的结构化、逻辑化、理论化和科学化表现形式，可为管理方案设计与实施提供有效理论依据和思路方法，历来深受管理学研究者和实践者的重视和青睐。换言之，管理模型化是现代管理学的主要特征和发展趋势之一。显然，这一特征与发展趋势也显现于现代安全管理（包括行为安全管理）研究实践中，如众多事故致因模型（粗略统计至今有50余种）实则就是典型的安全管理模型。其实，行为安全管理模型也层出不穷，较具代表性的已有行为安全管理模型可大致分为两大类：基于个体信息处理的人失误模型（如瑟利模型）与综合型（即同时涉及个体层面与组织层面的行为因素）行为安全模型（如瑞士奶酪模型、行为安全"2-4"模型与行为安全管理元模型等）。

　　但令人遗憾的是，上述模型至少存在如下几点值得进一步商榷和改进的方面：①均以事故为结果事件分析人因，这既不利于解决部分对组织安全绩效有负面影响但尚未导致事故发生的人因，也不利于从人因改善方面正面促进组织安全绩效的提升；②第一类模型以个体风险感知为主线，仅侧重于分析个体行为失误，但尚未涉及组织层面的人因，而诸多研究表明，安全管理失败的根本原因是组织层面的因素；③第二类模型虽同时涉及个体与组织两个层面的行为因素，但缺乏一条有效纽带使各行为因素间建立有序的关联。由此可见，已有的行为安全模型仍存在诸多不足之处，极有必要进一步探索构造新的行为安全管理模型。

　　此外，随着现代社会逐步进入信息时代和大数据时代，管理学（包括安全管理学）的信息学化特征日趋更加明显。鉴于此，本节针对安全管理学的行为学化和信息学化两大重要特征，以组织安全绩效变化为结果事件，以安全信息作为系统内各安全行为因素间的连接纽带，基于安全信息处理与事件链原理，统御个体与组织两个层面的安全行为因素，构造新的行为安全管理模型，即基于安全信息处理与事件链原理的系统安全行为模型，以期为现代系统行为安全管理研究实践提供新思路、新理论和新方法。

4.4.1　模型的构造

　　由 4.2 节的安全信息处理的"3-3-1"通用模型可知，安全信宿的安全信息处理过程实则是一系列事件的链式效应。细言之，就外部安全信息刺激而言，它主要是由信息感知、安全预测、安全决策与安全执行 4 个事件形成的链式效应；而就内部安全信息刺激而言，它主要是由安全预测、安全决策与安全执行 3 个事件形成的链式效应。此外，由事件链原理易知，一起人为不安全事件是因若干个安全行为环节在连续时间内出现失误，即由众多连续的安全行为失误构成形成不安全事件的事件链，反之人为不安全事件则不会发生。因而，运用严密的逻辑推理方法，基于安全信息处理过程（即安全信息处理的"3-3-1"通用模型）与事件链原理，可构建出同时涵盖个体人与组织人 2 个层面的系统安全行为模型（图 4-6）。

　　需指出的是，为简洁明晰起见，基于安全信息处理与事件链原理的安全行为模型，不再考虑安全信息处理的"3-3-1"通用模型中的"循环反馈"与"信息反馈"环节，仅阐释个体人与组织人两个层面的单向安全行为事件链。此外，根据该模型中的两个不同层面的安全信宿（即个体人与组织人）各自做出的安全预测行为、安全决策行为与安全执行行为的行为结果的正确与否，可将它们分别划分为两种基本情况，即行为正确或失误。模型中，Y 表示行为正确，N 表示行为失误。这里，为进一步清晰理解和把握上述 3 个系统安全行为及其行为结果的含义，不妨将它们概括为 3 个问题及其问题处理结果（即行为结果），见表 4-5。

表 4-5　安全行为及其行为结果的含义

系统安全行为名称	所对应问题	行为结果（处理结果）	
安全预测行为（F）	是否准确预测系统未来的安全状态	是 = 正确（Y）	否 = 失误（N）
安全决策行为（D）	是否决定采取安全型行动方案	是 = 正确（Y）	否 = 失误（N）
安全执行行为（A）	是否做出安全型行为	是 = 正确（Y）	否 = 失误（N）

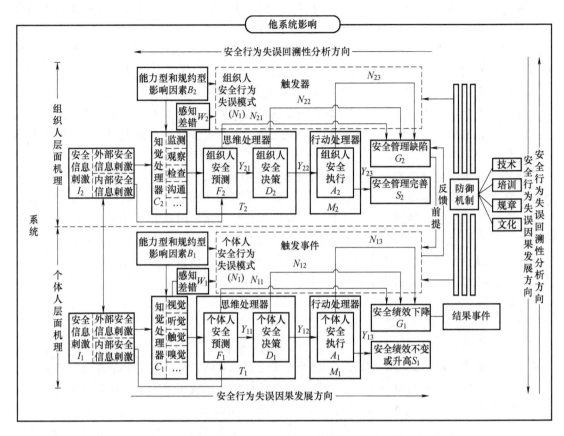

图 4-6　基于安全信息处理与事件链原理的系统安全行为模型

Y—行为正确；N—行为失误

4.4.2　模型的内涵

基于安全信息处理与事件链原理的系统安全行为模型的不仅逻辑清晰，且内涵丰富。概括而言，其主要内涵可归纳为如下 7 方面：

1）个体人层面的安全行为作用机理：就个体人层面而言，不安全事件的直接原因是个体人的安全执行行为失误（即不安全动作）。而事件安全与否可用系统安全绩效变化来判断，显然，不安全事件可使系统安全绩效下降，反之系统安全绩效则保持不变或升高。根据事件链原理，可将个体人层面的安全行为事件链用逻辑式表示为：

$$\left.\begin{aligned}
N_{11} \vee N_{12} \vee N_{13} &= N_1 \Rightarrow G_1 \\
Y_{11} \wedge Y_{12} \wedge Y_{13} &= Y_1 \Rightarrow S_1
\end{aligned}\right\} \tag{4-16}$$

式中，N_{11}、N_{12}、N_{13} 分别表示个体人安全预测行为（F_1）失误、安全决策行为（D_1）失误与安全执行行为（A_1）失误；N_1 表示个体人安全行为失误模式域；G_1 表示安全绩效下降；Y_{11}、Y_{12}、Y_{13} 分别表示 F_1 正确、D_1 正确与 D_1 正确；Y_1 表示个体人安全行为正确模式域；S_1 表示安全绩效保持不变或升高。其中，N_1 还可进一步表示为：

$$\left.\begin{aligned}
&\text{当受到外部安全信息刺激时：} N_1 = f(B_1, W_1) \\
&\text{当受到内部安全信息刺激时：} N_1 = f(B_1)
\end{aligned}\right\} \tag{4-17}$$

式中，B_1 表示能力型与规约型影响因素；W_1 表示感知差错。

2）组织人层面的安全行为作用机理：诸多研究表明，组织内发生不安全事件的根本原因是组织（即组织人）的安全管理缺陷。因此，可将组织人安全行为失误模式域 N_1 所致的后果统一归为造成安全管理缺陷 G_2。同理，根据事件链原理，可将组织人层面的安全行为事件链用逻辑式表示为：

$$\left.\begin{array}{l} N_{21} \vee N_{22} \vee N_{23} = N_2 \Rightarrow G_2 \\ Y_{21} \wedge Y_{22} \wedge Y_{23} = Y_2 \Rightarrow S_2 \end{array}\right\} \tag{4-18}$$

式中，N_{21}、N_{22}、N_{23} 分别表示组织人安全预测行为（F_2）失误、安全决策行为（D_2）失误与安全执行行为（A_2）失误；N_2 表示组织人安全行为失误模式域；G_2 表示安全管理缺陷；Y_{21}、Y_{22}、Y_{23} 分别表示 F_2 正确、D_2 正确与 A_2 正确；Y_2 表示组织人安全行为正确模式域；S_2 表示安全管理完善。其中，N_2 还可进一步表示为：

$$\left.\begin{array}{l} \text{当受到外部安全信息刺激时：} N_2 = f(B_2, W_2) \\ \text{当受到内部安全信息刺激时：} N_2 = f(B_2) \end{array}\right\} \tag{4-19}$$

式中，B_2 表示能力型与规约型影响因素；W_2 表示感知差错。

3）系统层面的安全行为作用机理：显然，系统内的完整安全行为事件链由个体人与组织人 2 个层面的安全行为事件链构成。综合诸多研究结果，可知，逆究（即逆向逻辑推理分析）影响个体人安全行为的因素，其根本影响因素源于组织人层面。细言之，导致个体人安全行为失误的根本原因是组织人的安全管理缺陷，而组织人的安全管理缺陷又是由组织人的安全行为失误造成的；反之，若保证组织人的安全行为均正确，即组织人的安全管理完善，方可保证个体人的安全行为正确。基于此，根据式（4-16）与式（4-18），可得出系统层面的安全行为事件链，即：

$$\left.\begin{array}{l} \text{链 1（系统安全行为失误及其作用结果事件链）：} N_2 \Rightarrow G_2 \Rightarrow N_1 \Rightarrow G_1 \\ \text{链 2（系统安全行为正确及其作用结果事件链）：} Y_2 \Rightarrow S_2 \Rightarrow Y_1 \Rightarrow S_1 \end{array}\right\} \tag{4-20}$$

在此，还需根据式（4-20）对链 1（系统安全行为失误及其作用结果事件链）的含义做进一步解释：①链 1（图 4-7）是系统层面的安全行为失误及其作用结果事件主链，其实则由个体人与组织人两个层面的安全行为失误事件子链构成；②若将（$N_2 \Rightarrow G_2$）看成一个事件，则其可视为是触发器（个体安全行为失误的前提），N_1 可视为是触发事件，从而共同作用导致 G_1，即结果事件发生；③若逆向观之，可根据 N_1 反馈导出 G_2，进而推理出 N_2，这对改善组织人的安全管理显得极为重要。

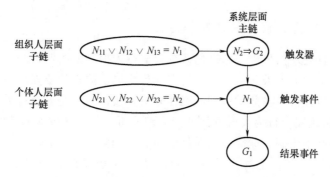

图 4-7　系统安全行为失误及其作用结果事件链简图

4）安全行为失误因果发展方向及其回溯性分析方向：①就个体人或组织人单一层面的安全行为失误因果发展方向而言，由式（4-16）与式（4-18）可知，其在模型中是自左至右（即"安全预测行为→安全决策行为→安全执行行为"）的。而就个体人与组织人的安全行为失误因果发展方向而言，由式（4-20）易知，其在模型中是自上至下（即"组织人安全行为失误→个体人安全行为失误"）的。②由模型中的系统安全行为失误因果发展方向可知，若要对安全行为失误进行回溯性分析，则需沿着安全行为失误因果发展方向的反方向进行剖析。因此，模型中的回溯性分析方向与安全行为失误因果发展方向恰恰相反。

5）系统行为安全管理的重点在于系统安全行为失误防控：系统安全行为防控指对尚未发生、正在发生或已发生的个体人或组织人的安全行为失误，及时采取相关对策措施使其安全行为失误得到纠正或恢复（即回归正确），以阻止造成不安全事件（包括未遂不安全事件）发生。其中，尚未发生的个体人或组织人的安全行为失误一般采用事前安全检查辨识方法预防；正在发生的个体人或组织人的安全行为失误一般采用事中安全报警与紧急制动等方法防控；已发生的个体人或组织人的安全行为失误一般采用事后惩戒方法预防。但概括而言，系统安全行为失误（包括个体人与组织人两个层面）的防控对策有4条，即安全技术、安全培训、安全规章和安全文化。

6）就某一具体系统而言，其系统安全行为必还受他系统的影响（如就企业而言，其安全行为受政府安监部门、安全中介机构与社会系统等影响），这里不再详述。

7）基于安全信息处理与事件链原理的系统安全行为模型具有广泛的应用价值，例如：①为系统内的人因事故原因调查与分析提供依据；②为人因事故预防的基本理论路线与方法框架的设计提供依据；③为系统行为安全管理或行为安全管理信息系统的设计与开发提供依据；④为安全管理学、安全系统学与安全行为学等研究实践提供新思路和新方法。

此外，由上分析易知，与已有同类模型相比，基于安全信息处理与事件链原理的系统安全行为模型至少具有以下主要优势：①以系统（组织）安全绩效变化为结果事件分析人因，可全面分析对组织安全绩效有负面影响的所有人因因素（包括对组织安全绩效有负面影响但尚未导致事故发生的人因因素），也有利于从人因改善方面正面促进系统安全绩效的提升；②可统御个体人与组织人2个层面的行为因素，有利于对系统安全行为失误因素进行系统剖析；③以安全信息作为系统内各安全行为因素间的连接纽带，使各行为因素间建立了有序的关联，有利于根据事件链原理对系统安全行为因素进行严密的逻辑分析。简言之，基于安全信息处理与事件链原理的系统安全行为模型能够很好地弥补已有的行为安全模型中的不足，其优势明显。

4.4.3 系统安全行为失误分析及防控方法

由基于安全信息处理与事件链原理的系统安全行为模型的内涵可知，系统行为安全管理的重点在于系统安全行为失误防控，而系统安全行为失误防控的要点在于对系统安全行为失误进行系统而准确地分析。在此，运用回溯性分析方法，对系统安全行为失误事件进行分析（细言之，就是对系统安全行为失误事件进行追踪分析，从系统安全行为失误事件为分析起点，分析其性质、产生机制、原因、失误程度与影响因素等），并提出相应的系统安全行为失误防控对策。概括而言，上述系统安全行为失误分析及防控方法的完整步骤如图4-8所示。

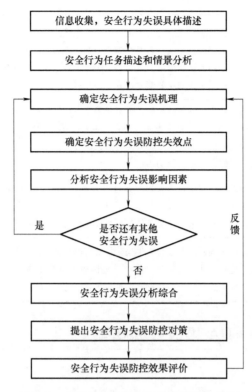

图 4-8 系统安全行为失误分析及防控步骤

显然，该方法以其明晰简洁的结构化与逻辑化的步骤形式，体现了其科学性与易操作性。为便于应用实践，对其各步骤的具体含义进行解释（表 4-6）。

表 4-6 系统安全行为失误分析及防控步骤具体解释

序号	步 骤 名 称	步 骤 含 义
1	信息收集，安全行为失误具体描述	全面收集系统安全行为失误事件（包括辨识出的潜在安全行为失误事件）的相关信息（如发生时间、节点、地点、安全信宿的状态与所处环境情况等），对事件所涉及的个体人、组织人及机器设备等各种要素进行系统分析整理，并依照一定的顺序做好详细的信息整理和记录
2	安全行为任务描述和情景分析	①确定系统安全行为失误的类型，是个体人安全行为失误还是组织人安全行为失误，其又可分别细分为安全预测行为失误、安全决策行为失误与安全执行行为失误；②根据安全行为失误类型与实际情况，确定具体的安全行为失误所对应安全行为需完成和执行的任务；③分析安全行为失误发生的情境条件（如安全信宿的状态、工作性质与环境特点等）
3	确定安全行为失误机理	根据系统安全行为失误的类型和发生的情境条件等，分析其形成机理，即安全行为失误模式，其主要包括：①分析个体人层面的安全行为失误机理；②分析组织人层面的安全行为失误机理；③综合分析系统层面的安全行为失误机理
4	确定安全行为失误防控失效点	根据系统本身已具有的安全行为失误防控措施，及时检查、核对并确定系统安全行为失误防控措施失效点，并分析系统安全行为失误防控措施失效点自身所存在的缺陷

（续）

序号	步骤名称	步骤含义
5	分析安全行为失误影响因素	基于上述分析，从众多系统安全行为失误影响因素中确定关键影响因子及其类型（能力型和规约型影响因素），并分别细化分析能力型和规约型影响因素，以便精确定位系统安全行为失误的主要影响因素
6	安全行为失误分析综合	综合前5步的分析结果，重点是确定系统安全行为的类型（个体人与组织人安全行为失误）与性质（尚未发生、正在发生或已发生的系统安全行为失误）、系统安全行为失误出现的情境条件、系统安全行为失误防控措施失效点自身所存在的缺陷和系统安全行为失误的具体关键影响因素
7	提出安全行为失误防控对策	根据系统安全行为失误综合分析结果，根据"事前预防"法、"事中控制"法、"事后惩戒"法，以及安全技术、安全培训、安全规章和安全文化等系统安全行为失误防控的宏观方法对策，针对具体的系统安全行为失误，提出具体的防控措施对策
8	安全行为失误防控效果评价	①对所提出的安全行为失误防控对策的防控效果进行预评价，以期进一步对其进行完善与优化；②所提出的安全行为失误防控对策实施一段时间后，对其防控效果进行评价，以期通过反馈对其进行完善与优化

4.5 安全信息视域下的 FDA 事故致因模型

【本节提要】

从安全信息角度出发，以管理科学与行为科学知识为基础，根据系统安全行为链和逻辑学理论，构造 FDA 事故致因模型。基于此，分别详述 FDA 事故致因模型的 3 个事故致因子模型的基本内涵，通过逻辑推导得出 FDA 事故致因定理与 FDA 系统行为安全定理，定位 FDA 事故致因模型中的事故原因构成，并扼要分析 FDA 事故致因模型的典型应用。

本节内容主要选自本书著者发表的题为"安全信息视域下 FDA 事故致因模型的构造与演绎"[4]的研究论文。

本节从安全信息角度出发，以管理科学与行为科学知识为基础，根据系统安全行为链，即"安全预测→安全决策→安全执行"和逻辑学理论，构造新的事故致因模型，以期弥补传统事故致因模型所存在的缺陷，例如：①传统的事故致因模型侧重于解释组织内部的事故致因因素，组织外部的事故致因因素涉及偏少，不利于解释完整的事故致因因素；②鲜有从安全信息角度构建的事故致因模型；③尚未有以安全信息流动与转换为主线的事故致因模型为安全管理或监管信息系统研发提供理论依据，导致其适用性、科学性与有效性等普遍偏低；④绝大多数传统的事故致因模型缺乏严密的逻辑性，即尚未明晰各事故致因因素间的逻辑关系；等等。

4.5.1 模型的构造

构造某模型的基本思路是保障所构建的模型科学而适用的前提。在此，以安全信息为基本切入点，以管理科学与行为科学知识为基础，根据系统安全行为链，即"安全预测→安全决策→安全执行"和逻辑学理论，建立 FDA（Forecast-Decision-Action）事故致因模型，如图 4-9 所示。需说明的是，本文选取以安全信息为切入点探求事故致因机理的主要原因包括：①复杂系统的事故致因因素一般均涉及人、机和环等诸多要素，而以安全信息为纽带，正好可使系统所有要素建立联系；②个体或组织的行为开始于信息，故其安全行为也开始于安全信息；③就信息论角度而言，组织内外，即组织内部和外部的安全行为活动过程均是安全信息的流动与转换的过程。

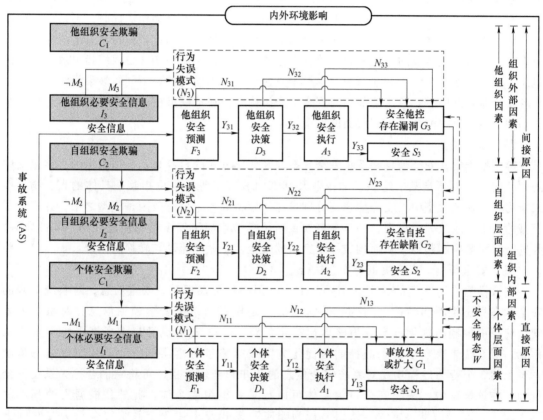

图 4-9　FDA 事故致因模型

Y—行为正确；N—行为失误；M—必要安全信息缺失；$\neg M$—必要安全信息充分

4.5.2　模型的构成要素

这里，对 FDA 事故致因模型的基本构成要素的含义进行简单解释。由图 4-9 可知，呈横纵向排列的事故致因因素构成一个完整的事故系统（Accident System，AS），它是由各种事故致因因素构成的一个系统，且存在于某一社会系统之中，受内外环境因素的影响：①从纵向看，FDA 事故致因模型的主体由个体、自组织与他组织 3 个不同层面的事故致因子模型构成；②从横向看，各事故致因子模型均又涉及 3 个相同的安全信息传播与转换的关键节点，即安全预测（Safety & Security Forecast，SF）、安全决策（Safety & Security Decision，SD）与安全执行（Safety & Security Action，SA）。为揭示模型的主旨与方便起见，根据上述

3 个事故致因子模型的共性，不妨分别选取安全预测、安全决策与安全执行的英文缩写，将该模型的全称命名为 SF-SD-SA 事故致因模型，并可将其简称为 FDA 事故致因模型，本书统一使用此称谓。此外，基于此，也不妨将 FDA 事故致因模型的 3 个事故致因子模型分别命名为 $F_1D_1A_1$ 事故致因模型、$F_2D_2A_2$ 事故致因模型与 $F_3D_3A_3$ 事故致因模型。在此，对 FDA 事故致因模型的关键构成要素的含义进行扼要解释：

（1）个体、自组织与他组织

在该模型中，它们的含义分别是：①个体指直接涉事者，即发出的不安全动作直接导致组织内发生事故的组织成员。需指出的是，直接涉事者一般是某一独立个体，但有时也会是由若干个体构成的一个组合整体，如若干人共同发出某一不安全动作。此时，不妨把这一组合群体也视为一个独立个体；②任何事故均发生在组织之中，因此，可将所有事故均称为组织事故，可将发生事故的组织称为事故发生主体组织。基于此易知，自组织指事故发生主体组织，即直接涉事组织；③他组织是相对于直接涉事组织而言的，指间接涉事组织，一般是政府安全监管部门、政府主管部门与安全中介机构等。在该模型中，个体、自组织与他组织分别构成该模型中的 3 个不同层面的安全信宿。

（2）安全信息

第 1 章指出，安全信息是系统安全状态及其变化方式的自身显示。需指出的，该定义中的"系统"一词可指某一组织，如企业及其部门或班组等，也可指某一具体的人、物、事或行为等。在该模型中，安全信息流分别贯穿于模型的 3 个事故致因子模型之中，并连通了模型的 3 个事故致因子模型，即 3 个事故致因子模型依赖于安全信息流建立相互间的联系，并进行互相影响和制约，从而构成一个完整的安全信息循环流动与转换的系统。

（3）安全预测、安全决策与安全执行

在该模型中，它们的含义分别是：①安全预测是指根据系统安全信息，对系统未来的安全状态做出推断和估计的行为；②安全决策是指根据系统安全预测信息，对系统未来安全状态的控制与优化方案或策略做出决定的行为；③安全执行是指根据系统安全决策信息，对系统未来安全状态的控制与优化方案或策略进行落实的行为。从安全信息角度看，上述 3 个行为过程均是对系统安全信息的认知和处理过程，可将它们合称为系统安全行为。在该模型中，系统安全行为主体可以是某一组织或个体。此外，根据人的基本的行为模式，即"信息→感觉→认识→行为响应"模式及上述 3 个系统安全行为在时间上的先后逻辑关系，它们三者应按"安全预测→安全决策→安全执行"的先后顺序依次排列，且环环相扣，故该模型中也按此顺序依次排列，分别构成 3 条不同层面的系统安全行为链。

（4）必要安全信息、必要安全信息缺失与安全欺骗

在该模型中，它们的含义分别是：①假定安全信息集合 I 能解决某一系统安全行为问题 P 的能力记作 $CE_P(I) \in [0,1]$，当 $CE_P(I) = 1$ 时，称此时的安全信息为解决系统安全行为问题的安全信息集合，记为 I_1，满足 $CE_P(I_1) = 1$。从理论而言，系统安全信息缺失问题无法完全克服。基于此，我们不妨将满足 $CE_P(I_2) = \delta$（δ 的取值可由各安全科学领域专家确定）的安全信息 I_2 称为"必要安全信息"，此时我们认为系统安全信息充分（即无缺失）；②假定系统安全行为主体在解决某一系统安全行为问题 P 时，实际获取的有效安全信息为 I_3，当 I_3 满足 $CE_P(I_3) < \delta$，即 $I_3 < I_2$ 时，此时认为必要安全信息缺失。简言之，必要安全信

息缺失指系统安全行为活动所需的必要安全信息集合与实际获取的有效安全信息集合之间的差异；③安全欺骗指在解决某一系统安全行为问题所需的必要安全信息充分（即无缺失）的情况下，系统安全行为主体仍做出错误系统安全行为的行为，最为典型的有意违章、违法或违规行为等。

（5）安全、事故发生或扩大、安全内控与安全外控

在该模型中，它们的含义分别是：①安全是指自组织内既无事故发生，也无事故隐患存在的状态；②事故发生或扩大包含两层含义，即一次事故发生，及因一次事故救援失效所致的次生事故或负面影响；③安全自控指自组织，即直接涉事组织内部自身的安全管管理；④安全他控指他组织，即间接涉事组织对自组织的安全状况的干扰作用，如安全监管与安全管理咨询建议等。

（6）Y（Yes）与 N（No）

根据该模型中的 3 个不同层面的安全信宿，即个体、自组织与他组织各自做出的安全预测行为、安全决策行为与安全执行行为的行为结果的正确与否，可将它们分别划分为两种基本情况，即行为正确或失误。其中，Y（Yes）表示行为正确，N（No）表示行为失误。这里，为进一步清晰理解和把握上述 3 个系统安全行为及其行为结果的含义，不妨将它们分别总结为 3 个问题及问题处理结果（即行为结果），见表 4-7。

表 4-7 系统安全行为及其行为结果的含义

系统安全行为名称	行为所对应问题	行为结果（处理结果）	
安全预测行为（F）	是否预测到危险	是＝正确（Y）	否＝失误（N）
安全决策行为（D）	是否决定采取安全型行为	是＝正确（Y）	否＝失误（N）
安全执行行为（A）	是否做出安全型行为	是＝正确（Y）	否＝失误（N）

此外，为方便后续论述，这里不妨将模型的一些关键要素做如下 5 点假设：

1）设该模型所涉及的系统安全行为域为 P，则 $P = \{P_j \mid j = 1, 2, 3\}$，$P_j = \{F_j, D_j, A_j \mid j = 1, 2, 3\}$。这里，不妨设个体、自组织与他组织的安全行为域分别为 P_1、P_2 与 P_3，则 $P_1 = \{F_1, D_1, A_1\}$，$P_2 = \{F_2, D_2, A_2\}$，$P_3 = \{F_3, D_3, A_3\}$。

2）设该模型所涉及的系统安全行为失误模式域为 N，则 $N = \{N_j \mid j = 1, 2, 3\}$，其中，$N_j = \{N_{ji} \mid j = 1, 2, 3; i = 1, 2, 3\}$。这里，不妨设个体、自组织与他组织的安全行为失误模式域分别为 N_1、N_2 与 N_3，设单独的安全预测行为、安全决策行为与安全执行行为的失误模式域分别为 N_{j1}、N_{j2} 与 N_{j3}。同理，设该模型所涉及的系统安全行为正确模式域为 Y，则 $Y = \{Y_j \mid j = 1, 2, 3\}$，其中，$Y_j = \{Y_{ji} \mid j = 1, 2, 3; i = 1, 2, 3\}$。这里，也不妨设个体、自组织与他组织的安全行为正确模式域分别为 Y_1、Y_2 与 Y_3，假设单独的安全预测行为、安全决策行为与安全执行行为的正确模式域分别为 Y_{j1}、Y_{j2} 与 Y_{j3}。

3）设该模型所涉及的安全行为失误模式域 N 所致的结果域为 G。这里，不妨设个体、自组织与他组织的安全行为失误模式域（即 N_1、N_2 与 N_3）分别直接所致的结果（即事故发生或扩大、安全自控存在缺陷与安全他控存在漏洞）依次为 G_1、G_2 与 G_3；同理，设该模型所涉及的安全行为正确模式域 Y 所致的结果域为 S。这里，不妨设个体、自组织与他组织的安全行为正确模式域（即 Y_1、Y_2 与 Y_3）分别直接所致的结果域（均为"安全"）分别为 S_1、S_2 与 S_3。

4）设该模型所涉及的必要安全信息域为 I，则 $I=\{I_j\,|\,j=1,2,3\}$。这里，不妨设个体、自组织与他组织的必要安全信息域分别为 I_1、I_2 与 I_3；设该模型所涉及的必要安全信息缺失域为 M，则 $N=\{N_j\,|\,j=1,2,3\}$。这里，不妨设个体、自组织与他组织的必要安全信息缺失域分别为 M_1、M_2 与 M_3，则它们各自的必要安全信息充分（即无缺失）域可分别表示为 $\neg M_1$、$\neg M_2$ 与 $\neg M_3$。

5）设该模型所涉及的安全欺骗行为域为 C，则 $C=\{C_j\,|\,j=1,2,3\}$。这里，不妨设个体、自组织与他组织的安全欺骗行为域分别为 C_1、C_2 与 C_3。此外，设不安全物态为 W。

4.5.3 模型的内涵

1. FDA 事故致因子模型的基本内涵

由 FDA 事故致因模型的构成要素可知，$F_1D_1A_1$ 事故致因模型、$F_2D_2A_2$ 事故致因模型与 $F_3D_3A_3$ 事故致因模型是 FDA 事故致因模型中的 3 条事故致因子链。在此，对它们各自的基本内涵进行扼要剖析。

（1）$F_1D_1A_1$ 事故致因模型

诸多研究表明，直接涉事者的不安全动作和直接涉事物的不安全状态是导致事故发生或扩大的直接原因。因此，从个体层面看，事故直接原因是直接涉事者的安全执行行为失误，即不安全动作。其次，由系统安全行为链，即"安全预测→安全决策→安全执行"和图 4-9 易知，安全预测行为、安全决策行为与安全执行行为之间环环相扣，对于个体而言，上述任一安全行为的失误均会导致结果域 G_1 的出现（换言之，从逻辑学角度看，个体导致事故发生或扩大的各安全行为环节的逻辑关系为逻辑或），而上述所有安全行为正确才会保证结果域 S_1 的出现（换言之，从逻辑学角度看，个体保证其做出安全动作的各安全行为环节的逻辑关系为逻辑与）。此外，由图 4-9 易知，个体安全行为出现失误的原因可归为：①个体解决某一安全行为问题所需的必要安全信息缺失；②个体解决某一安全行为问题所需的必要安全信息充分，但因个体的安全欺骗行为使其安全行为出现失误。

综上易知，就图 4-9 中的"个体层面因素"的事故致因子链，即 $F_1D_1A_1$ 事故致因模型而言，其可用逻辑式表示为：

$$\left.\begin{array}{c} N_1 \wedge W \Rightarrow G_1 \\ N_{11} \vee N_{12} \vee N_{13} = N_1 \end{array}\right\} \tag{4-21}$$

式中，N_{11}、N_{12}、N_{13} 分别表示个体安全预测行为失误、个体安全决策行为失误与个体安全执行行为失误；N_1 表示个体安全行为失误模式域；W 表示不安全物态；G_1 表示事故发生或扩大。其中，N_1 还可进一步表示为：

$$M_1 \vee (M_1 \wedge C_1) \Rightarrow N_1 \tag{4-22}$$

式中，M_1 表示个体安全行为问题所需的必要安全信息缺失；C_1 表示个体安全欺骗行为。其中，M_1 与 C_1 还可用数学表达式表示为：

$$\left.\begin{array}{l} M_1 = f(x_1, \neg x_1) \\ x_1 = f(x_{1a}, x_{1b}) \\ C_1 = f(x_{1a}, x_{1b}) \end{array}\right\} \tag{4-23}$$

式中，x_1 表示个体获取安全信息的自身影响因素，即自身的安全特性；$\neg x_1$ 表示个体获取安全信息的非自身影响因素；x_{1a} 表示个体的安全心理智力因素，如安全意识、安全态度与安全意愿等；x_{1b} 表示个体安全行为能力，即个体在安全行为活动方面的知识、习惯、技能与经验等因素。

而就个体层面的行为安全子链而言，其可用逻辑式表示为：

$$Y_{11} \wedge Y_{12} \wedge Y_{13} = Y_1 \Rightarrow S_1 \tag{4-24}$$

式中，Y_{11}、Y_{12}、Y_{13} 分别表示个体安全预测行为正确、个体安全决策行为正确与个体安全执行行为正确；Y_1 表示个体安全行为正确模式域；S_1 表示安全。

（2）$F_2D_2A_2$ 事故致因模型

诸多研究表明，组织内发生事故的根本原因是直接涉事组织的安全管理缺陷。因此，可将自组织安全行为失误模式域 N_1 所致的后果统一归为造成安全自控存在缺陷 G_2。同理，根据系统安全行为链及各系统安全行为间的逻辑关系，可将图 4-9 中的"自组织层面因素"的事故致因子链，即 $F_2D_2A_2$ 事故致因模型用逻辑式表示为：

$$N_{21} \vee N_{22} \vee N_{23} = N_2 \Rightarrow G_2 \tag{4-25}$$

式中，N_{21}、N_{22}、N_{23} 分别表示自组织安全预测行为失误、自组织安全决策行为失误与自组织安全执行行为失误；N_2 表示自组织安全行为失误模式域；G_2 表示安全自控存在缺陷。其中，N_2 还可进一步表示为：

$$M_2 \vee (M_2 \wedge C_2) \Rightarrow N_2 \tag{4-26}$$

式中，M_2 表示自组织安全行为问题所需的必要安全信息缺失；C_2 表示自组织安全欺骗行为。其中，M_2 与 C_2 还可用数学表达式表示为：

$$\left.\begin{array}{l} M_2 = f(x_2, \neg x_2) \\ x_2 = f(x_{2a}, x_{2b}) \\ C_2 = f(x_{2a}, x_{2b}) \end{array}\right\} \tag{4-27}$$

式中，x_2 表示自组织获取安全信息的自身影响因素，即自身的安全特性；$\neg x_2$ 表示自组织获取安全信息的非自身影响因素；x_{2a} 表示自组织的安全精神智力因素，主要指自组织的安全文化；x_{2b} 表示自组织安全行为能力，即自组织在安全行为活动方面的知识、习惯、技能与经验等因素。

同样，就自组织层面的行为安全子链而言，其可用逻辑式表示为：

$$Y_{21} \wedge Y_{22} \wedge Y_{23} = Y_2 \Rightarrow S_2 \tag{4-28}$$

式中，Y_{21}、Y_{22}、Y_{23} 分别表示自组织安全预测行为正确、自组织安全决策行为正确与自组织安全执行行为正确；Y_2 表示自组织安全行为正确模式域；S_2 表示安全。

（3）$F_3D_3A_3$ 事故致因模型

近年来，诸多研究或事故调查结果均表明，导致组织内发生事故的因素必然也涉及一些组织外部的因素，如政府安监部门的监管不到位或安全中介机构的违法违规等。而且，组织外部因素显著影响组织本身的安全管理水平。这里，将他组织安全行为失误模式域 N_3 所致的后果统一归为造成安全他控存在漏洞 G_3。同理，根据系统安全行为链及各系统安全行为间的逻辑关系，可将图 4-9 中的"他组织层面因素"的事故致因子链，即 $F_3D_3A_3$ 事故致因模型用逻辑式表示为：

$$N_{31} \vee N_{32} \vee N_{33} = N_3 \Rightarrow G_3 \tag{4-29}$$

式中，N_{31}、N_{32}、N_{33}分别表示他组织安全预测行为失误、他组织安全决策行为失误与他组织安全执行行为失误；N_3表示他组织安全行为失误模式域；G_3表示安全他控存在漏洞。其中，N_3还可进一步表示为：

$$M_3 \vee (M_3 \wedge C_3) \Rightarrow N_3 \qquad (4\text{-}30)$$

式中，M_3表示他组织安全行为问题所需的必要安全信息缺失；C_3表示他组织安全欺骗行为。其中，M_3与C_3还可用数学表达式表示为：

$$\left.\begin{array}{l} M_3 = f(x_3, \neg x_3) \\ x_3 = f(x_{3a}, x_{3b}) \\ C_3 = f(x_{3a}, x_{3b}) \end{array}\right\} \qquad (4\text{-}31)$$

式中，x_3表示他组织获取安全信息的自身影响因素，即自身的安全特性；$\neg x_3$表示他组织获取安全信息的非自身影响因素；x_{3a}表示自组织的安全精神智力因素，主要指他组织的安全文化；x_{3b}表示他组织安全行为能力，即他组织在安全行为活动方面的知识、习惯、技能与经验等因素。

同样，就他组织层面的行为安全子链而言，其可用逻辑式表示为：

$$Y_{31} \wedge Y_{32} \wedge Y_{33} = Y_3 \Rightarrow S_3 \qquad (4\text{-}32)$$

式中，Y_{31}、Y_{32}、Y_{33}分别表示他组织安全预测行为正确、他组织安全决策行为正确与他组织安全执行行为正确；Y_3表示他组织安全行为正确模式域；S_3表示安全。

2. FDA 事故致因定理

显然，个体、自组织与他组织3个不同层面的事故致因模型的组合才是完整的事故致因模式。通过综合分析诸多事故致因研究成果易知，若以个体层面的事故致因因素为分析起点，逆究（即逆向逻辑推理分析）自组织与他组织层面的事故致因因素，就可得出一条完整的事故致因主链，即直接的事故致因因素源于个体层面的事故致因因素，个体层面的事故致因因素源于自组织层面的安全自控缺陷，自组织层面的事故致因因素又源于他组织层面的安全他控漏洞。基于此，根据式（4-21）、式（4-25）与式（4-29），可得出整个事故致因主链，即：

$$\left.\begin{array}{l} N_3 \Rightarrow G_3 \Rightarrow N_2 \Rightarrow G_2 \Rightarrow N_1 \\ N_1 \wedge W \Rightarrow A_1 \end{array}\right\} \qquad (4\text{-}33)$$

在此基础上，通过组合式（4-22）、式（4-26）、式（4-30）与式（4-33），可得出更为详细的事故致因链（包括主链与子链），即：

$$\left.\begin{array}{l} N_3 \Rightarrow G_3 \Rightarrow N_2 \Rightarrow G_2 \Rightarrow N_1 \\ N_1 \wedge W \Rightarrow G_1 \\ M_3 \vee (M_3 \wedge C_3) \Rightarrow N_3 = N_{31} \vee N_{32} \vee N_{33} \\ M_2 \vee (M_2 \wedge C_2) \Rightarrow N_2 = N_{21} \vee N_{22} \vee N_{23} \\ M_1 \vee (M_1 \wedge C_1) \Rightarrow N_1 = N_{11} \vee N_{12} \vee N_{13} \end{array}\right\} \qquad (4\text{-}34)$$

显然，式（4-33）与式（4-34）均是经逻辑推理方法得到的真命题，因此，不妨将它们分别命名为"简易版 FDA 事故致因定理"与"扩充版 FDA 事故致因定理"。

3. FDA 系统行为安全定理

经上分析易知，根据 FDA 事故致因模型，从事故预防角度看，完整而具体的行为安全的定义应是：行为安全是指事故系统中的个体、自组织与他组织 3 个不同层面的系统安全行为，即安全预测行为、安全决策行为与安全执行行为均正确的状态。需指出的是，过去人们对行为安全的理解，侧重于指个体层面的行为安全，显然，上述行为安全的定义更为全面而准确，基于此，根据式（4-24）、式（4-28）与式（4-32），同样可得出系统行为安全主链，即：

$$Y_3 \Rightarrow S_3 \Rightarrow Y_2 \Rightarrow S_2 \Rightarrow Y_1 \Rightarrow S_1 \tag{4-35}$$

同样，在此基础上，通过组合式（4-24）、式（4-28）、式（4-32）与式（4-35），可得出更为详细的系统行为安全链（包括主链与子链），即：

$$\left.\begin{array}{l} Y_3 \Rightarrow S_3 \Rightarrow Y_2 \Rightarrow S_2 \Rightarrow Y_1 \Rightarrow S_1 \\ Y_{31} \wedge Y_{32} \wedge Y_{33} = Y_3 \\ Y_{21} \wedge Y_{22} \wedge Y_{23} = Y_2 \\ Y_{11} \wedge Y_{12} \wedge Y_{13} = Y_1 \end{array}\right\} \tag{4-36}$$

显然，式（4-35）与式（4-36）也均是经逻辑推理方法得到的真命题，因此，不妨将它们分别命名为"简易版 FDA 系统行为安全定理"与"扩充版 FDA 系统行为安全定理"。

4. 事故原因的构成

为寻找事故预防的最佳"位置"，人们习惯于根据事故原因的层次和主次，对其类型进行具体划分。概括而言，人们通常将事故原因划分为直接原因、间接原因、主要原因与根本原因（即根源原因），但目前还尚未明确给出各类事故原因的具体定义。综上分析，拟给出各类事故原因的一般定义，并基于此，根据 FDA 事故致因模型中的各事故致因因素在逻辑关系上与"事故发生或扩大"的紧密性与主次性差异，给出各类事故原因在 FDA 事故致因模型的对应定义（表4-8）。

表 4-8　各类事故原因的定义及其在 FDA 事故致因模型的对应定义

原因类型	一 般 定 义	模型中的定义
直接原因	不经过任何中间因素和环节，直接导致事故发生的事故致因因素。人的不安全动作与物的不安全状态是事故的直接原因已基本成为学界与实践界的研究共识	位于事故致因主链末端的事故致因因素
间接原因	通过第三者因素引发事故的事故致因因素。一般而言，自组织的安全自控缺陷与他组织的安全他控漏洞是事故发生的间接原因	位于事故致因主链非末端的事故致因因素
主要原因	在各种现实、具体事故致因因素中起主导作用的事故致因因素。一般而言，事故主要原因是自组织的安全自控缺陷	位于事故致因主链中间部分，并起关键衔接作用的事故致因因素
根本原因	在若干事故致因因素中，起最终决定作用，影响事故主链并带有必然性的事故致因因素。换言之，它是引发事故致因主链的关键节点的事故致因因素	位于各事故致因子链首端的共性事故致因因素

为清晰表达整个事故致因链（包括主链和子链），进而准确定位各类事故原因在 FDA 事故致因模型中所处的具体位置，根据表4-8 中给出的各类事故原因在 FDA 事故致因模型的对应定义及扩充版 FDA 事故致因定理，即式（4-34），绘制事故致因链简图（图4-10）。

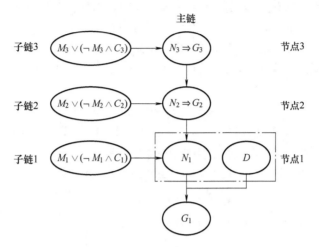

图 4-10　事故致因链简图

由图 4-10 可知，完整的事故致因链包括 1 条事故致因主链（即"节点 3（$N_3 \Rightarrow G_3$）→节点 2（$N_2 \Rightarrow G_2$）→节点 1（$N_1 \Rightarrow G_1$）"）与 3 条事故致因子链（即子链 3、子链 2 与子链 3）构成。其中，事故致因主链包括 3 个关键节点，显然，节点 1 位于事故致因主链的末端，其是事故直接原因；节点 2 与节点 3 位于事故致因主链的非末端，它们是事故间接原因；节点 2 位于事故致因主链中间部分，并起关键衔接作用，其是事故主要原因。此外，处于 3 条事故致因子链，即子链 3、子链 2 与子链 1 首端的事故致因因素分别是事故致因主链中的关键节点 3、节点 2 与节点 1 中的行为层面的事故致因因素形成的根本原因。换言之，若无它们存在，就不可能构成完整的事故致因主链，因此，各事故致因子链首端的共性事故致因因素，即必要安全信息缺失（M）或安全欺骗行为（C）是事故根本原因。

需指出的是，上述分析得出的事故根本原因仅是狭义层面的事故根本原因，若根据式（4-23）、式（4-27）与式（4-31），还可深究出广义层面的事故根本原因，可将它们概括为薄弱的组织安全文化（包括自组织安全文化与他组织安全文化），这是因为：①毋庸置疑，薄弱的自组织安全文化是事故根本原因，这已基本是学界、政界与企业界的研究共识；②薄弱的政府安全文化是政府安全监管存在漏洞的根本原因，显然，这里可将政府安全文化拓展至他组织安全文化；③个体的安全意识、安全意愿、安全态度、安全知识与安全行为习惯等均是自组织安全文化的重要体现，因此，也可将个体的上述事故致因因素也划归至薄弱的自组织安全文化；④安全欺骗行为是由薄弱安全诚信文化造成的。综上分析，可给出 FDA 事故致因模型中的事故原因构成，见表 4-9。

表 4-9　FDA 事故致因模型中的事故原因构成

原因类型	原因名称	原因符号
直接原因	个体安全行为失误（等同于个体的不安全动作）与不安全物态	N_1 与 F
间接原因	安全自控缺陷（包括自组织安全行为失误）与安全他控漏洞（包括他组织安全行为失误）	G_2、N_2、G_3 与 N_3
主要原因	安全自控缺陷（包括自组织安全行为失误）	G_2 与 N_2

（续）

原因类型		原 因 名 称	原因符号
根本原因	狭义	必要安全信息缺失与安全欺骗行为	M 与 C
	广义	薄弱的组织安全文化（包括自组织安全文化与他组织安全文化）	——

4.5.4 模型的应用简析

由 FDA 事故致因模型的内涵可知，其至少具有以下几方面主要应用价值，扼要分析如下：

1）为事故原因调查与分析（包括事故责任认定和处理）提供依据。FDA 事故致因模型作为融合了诸多事故致因因素的一个典型事故致因模型，根据 FDA 事故致因模型可分析出各类事故原因及事故责任者。就基于 FDA 事故致因模型的事故原因调查与分析（包括事故责任认定和处理）方法而言，应运用逆究法，以事故致因主链的末端，即个体的安全行为失误模式为分析起点，分析自组织与他组织层面的事故致因因素；或以各事故致因子链的末端，即个体、自组织或他组织的安全执行行为失误为分析起点，分析个体、自组织或他组织的安全行为出现失误的原因。显然，在上述事故原因调查与分析中，也可认定出对应的事故责任。

2）为事故预防的基本理论路线与方法框架的设计提供依据。FDA 事故致因模型表明，事故预防的基本理论路线是破坏事故致因主链的形成。理论而言，要实现这一目的，有 2 条基本方法论：

① （安全）管理学的核心是协调-控制，通过个体、自组织与他组织间的相互协调与控制，重点避免他组织的安全他控存在漏洞、自组织的安全自控存在缺陷或个体的安全行为出现失误，从而破坏事故致因主链的形成。若考虑社会因素，基于 FDA 事故致因模型，就可构建完整的"四位一体"，即"个体-自组织-他组织-社会"事故防控体系。

②分别从 3 条事故致因子链着手，通过破坏 3 条事故致因子链的形成，进而阻碍事故致因主链的 3 个关键节点的形成，从而实现从根本上预防事故发生的目的。

就具体的事故防控方法而言，概括地讲，主要有 3 种：①完善安全自控与安全他控体系；②保证必要安全信息充分，具体包括技术、教育与沟通等方法；③加强组织安全文化建设，遏制安全欺骗行为出现，从而保证安全规章制度与安全法律法规等有效执行。

3）为安全管理或监管信息系统的设计与开发提供依据。目前，安全管理或监管信息系统已广泛运用于企业安全管理或政府安全监管工作中，是企业安全管理或政府安全监管工作的重要工具之一，但由于传统的安全管理或监管信息系统的设计与开发未有坚实的理论基础作为支撑，导致其适用性、科学性与有效性等偏低，显然，以安全信息流动与转换为主线的 FDA 事故致因模型可为安全管理或监管信息系统的设计与开发提供重要的理论依据。

4）为安全科学，特别是事故预防研究提供新思路和新方法。显而易见，FDA 事故致因模型除了对事故原因调查分析及事故预防实践具有重要的理论指导价值外，其还对安全科学，特别是事故预防研究提供了一些新思路和新方法。例如：①安全科学作为典型的复杂性科学，逻辑推理或演绎的方法应是重要的安全科学研究方法，逻辑推理或演绎的方法运用至安全科学研究，不仅逻辑清晰，且可推理演绎一些深层次的安全科学研究问题；②从安全信息角度统一事故致因因素，从安全信息角度消除事故致因因素，即保证必要安全信息充分；③从消除个体与组织的安全欺骗行为着手预防事故发生，如探讨安全欺骗行为的形成机理与消除方法等。

本章参考文献

［1］王秉，吴超. 安全信息视阈下的系统安全学研究论纲［J］. 情报杂志，2017，36（10）：48-55；35.

［2］王秉，吴超，黄浪. 基于安全信息处理与事件链原理的系统安全行为模型［J］. 情报杂志，2017，36（9）：119-126.

［3］王秉，吴超. 安全信息-安全行为（SI-SB）系统安全模型的构造与演绎［J］. 情报杂志，2017，36（11）：41-49；98.

［4］王秉，吴超. 安全信息视域下 FDA 事故致因模型的构造与演绎［J］. 情报杂志，2018，37（4）：120-127；146.

5

第 5 章
基于安全信息的安全行为干预理论

5.1 安全信息行为理论

【本节提要】

　　运用类比法，借鉴信息行为相关研究，以已有安全信息行为相关研究为基础，首次正式提出安全信息行为研究的多个相关基本概念，并运用数理逻辑方法表示各基本概念。基于此，系统阐释安全信息行为的元模型及研究要旨、范式与框架。

　　本节内容主要选自本书著者发表的题为"安安全信息行为研究论纲：基本概念、元模型及研究要旨、范式与框架"[1]的研究论文。

　　人类总是通过搜寻与利用信息来帮助解决问题或为生产生活服务。因而，人类的信息行为早已存在，古今皆有。但据考证，自 20 世纪 50 年代开始，学界才真正开始关注和开展信息行为研究。目前，信息行为已成为信息管理学科领域的研究热点之一。与此同时，信息行为领域研究也在不断进行跨学科拓展。

　　诸多安全信息研究（如瑟利模型、安全信息认知通用模型、安全管理人员的信息素养研究与安全标语信息研究等）均表明，安全信息是影响人的安全行为的重要因素，安全信息缺失是导致人的安全行为出现失误的根本原因。由此可见，在当今信息时代，特别是大数据时代，安全信息行为研究在安全行为干预方面应具有广泛而良好的应用前景，是当今安全科学领域（特别是基于行为的安全管理）一个颇具价值的新兴研究分支。

　　由上可知，尽管目前已有少数研究成果涉及安全信息行为方面的部分研究（如人的安全信息认知行为研究），但令人遗憾的是，目前学界尚未正式提出安全信息行为这一概念，导致目前安全信息行为研究还没得到学界的广泛关注，且绝大多数已有安全信息行为研究仅停留在表层，研究基础极为薄弱，理论化程度与系统化程度显著不足，严重阻碍安全信息行为研究的深度与广度。鉴于此，本节借鉴信息行为相关研究，以安全信息行为相关研究为基础，首次正式提出安全信息行为概念，并尝试厘清安全信息行为相关基本概念。在此基础上，对安全信息行为的元模型及研究要旨、范式与框架进行系统阐释，以期为安全信息研究提供一个清晰而完整的研究框架，从而为进一步开展安全信息行为研究提供扎实的理论基础和有效的方法论指导。此外，本节所述的研究既会显著促进信息行为领域的跨学科发展，也会对信息行为研究具有一定的参考与借鉴价值。

5.1.1 安全信息行为概念的提出

尽管学界对信息行为的关注和研究较早，但至今学界就信息行为的定义尚未达成共识。概括而言，可将现有的信息行为定义大致划分为两大类，即总体诠释型（从整体角度界定信息行为）和子集枚举型（界定信息行为所囊括的子集，如信息搜寻行为与信息利用行为等）。显然，这2类信息行为定义相比，前者更为科学而全面，这是目前学界较为推崇的定义信息行为的方式。在此，仅例举隶属于总体诠释型的5种具有代表性的信息行为定义（表5-1）。

表 5-1　具有代表性的信息行为定义举例

序号	定　义　举　例
1	使信息变得有用的一系列行为的总和
2	囊括信息寻求行为以及其他无意识、被动的和有目的的行为
3	信息用户为满足变化多样的信息需求而进行的一系列信息搜寻、获取、消费与共享等活动
4	信息用户在识别自己的信息需求并以某种方式搜寻、使用和传递信息时所参与的活动
5	信息用户在认知思维支配下对外部条件做出的反应，是建立在信息需求和思想动机基础上，历经信息查寻、选择、收集各过程，并为用户吸收、纳入用户思想库的连续、动态、逐步深入的过程

根据表 5-1 中的信息行为定义，可得出信息行为概念的 4 个基本构成要素，即信息用户（信息行为主体）、信息意识（信息行为产生的思想基础）、信息需求（信息行为产生的直接诱因）与行为活动（信息行为是一种有目的的理性行为活动）。显然，安全信息行为作为信息行为的一个派生概念，其概念也应满足信息行为概念的 4 个基本构成要素。此外，第 1 章节指出，安全信息是系统安全状态及其变化方式的自身显示，其价值是为预测、优化与控制系统安全状态服务。在此，以安全信息的定义为基础，根据信息行为概念的 4 个基本构成要素，采取总体诠释型的信息行为的定义方式，尝试给出安全信息行为的定义。

【定义　安全信息行为（Safety & Security Information Behavior，SIB）】　安全信息用户在其安全信息意识支配下，为满足其安全信息需求所进行的与安全信息相关的一系列行为活动的总和。简言之，安全信息行为是指有安全信息能力的"生命体"对安全信息这一客体对象所采取的一切行为活动。安全信息用户所从事的与安全信息的生产、存储、表达、传播、加工、接受与利用等有关的全部行为活动，可统称为安全信息用户的安全信息行为活动。由已有的信息行为研究可知，信息行为至少包括信息需求、信息查找行为和信息利用行为 3 个最主要的子集（信息行为类型）。同理，就安全信息行为而言，安全信息需求、安全信息搜寻（获取）行为与安全信息利用行为也应是 3 种最主要的安全信息行为活动。因而，安全信息行为可用数学表达式表示为：

$$SIB = \{x_1, x_2, x_3, \cdots, x_n\} \tag{5-1}$$

式中，SIB 表示安全信息行为；x_1 表示安全信息需求；x_2 表示安全信息搜寻（获取）行为；

x_3 表示安全信息利用行为；x_n 表示其他安全信息行为。

为进一步明确安全信息行为的构成，这里也给出安全信息搜寻行为与安全信息利用行为的定义（安全信息需求的定义将在下文给出）。

【定义 安全信息搜寻行为（Safety & Security Information Seeking Behavior，SISB）】 指安全信息用户检索、浏览、评价与选择相关安全信息的行为活动。

【定义 安全信息利用行为（Safety & Security Information Utilization Behavior，SIUB）】 指安全信息用户运用所搜寻到的安全信息来解决所面临的系统安全行为问题的行为活动。

5.1.2 安全信息行为相关基本概念的厘定

概念作为科学研究的基础，明晰一项研究的相关基本概念是开展该项研究的首要任务。为夯实安全信息行为研究的基础，同时为后续同类研究提供比较与借鉴，有必要厘清一些与安全信息行为紧密相关的基本概念。参考信息行为相关研究，并结合安全信息研究的侧重点（基于安全信息的系统安全行为管理），共提炼出 8 个与安全信息行为紧密相关的概念，即安全信息用户、安全信息需要、安全信息需求、安全信息动机、安全信息意识、安全信息期望、安全信息质量与安全信息素养。

1. 安全信息用户

信息用户既是信息的使用者，也是信息的创造者，其在信息科学（包括信息行为）研究有着特殊而重要的地位。同样，在安全信息研究领域，明晰安全信息用户的定义与内涵极为重要。由安全信息的定义可知，在安全信息研究领域，通常以具体系统为主体和界限来讨论安全信息相关问题，这有助于限定安全信息研究实践的具体视角与范围，从而指明安全信息研究实践的特定目标（即维持系统安全），避免安全信息研究实践出现泛化。因而，严谨讲，安全信息用户应是系统安全信息用户的简称。由此，给出安全信息用户的定义。

【定义 安全信息用户（Safety & Security Information User，SIU）】 在系统安全实践活动中利用安全信息的一切个人与团体。显然，安全信息用户主要包括个体人与组织人。这里的组织人是相对于个体人而言的，如组织及其子组织均可视为是组织人，其与个体人一样，也具有安全信息行为能力。此外，根据安全信息行为的类型，还可将安全信息用户划分为安全信息需求者、安全信息搜寻者与安全信息利用者：①安全信息需求者是指对自身的安全信息需求无认知，或虽有所认知却不一定采取搜寻行动的个体人或组织人；②安全信息搜寻者是指有安全信息需求并为满足自身安全信息需求而采取必要搜寻活动的个体人或组织人；③安全信息利用者指成功获得安全信息并对所获取的安全信息有所利用的个体人或组织人。因而，安全信息用户可用数学表达式表示为：

$$SIU = \{a_1, a_2\} = \{b_1, b_2, b_3\} \tag{5-2}$$

式中，SIU 表示安全信息用户；a_1 表示个体人；a_2 表示组织人；b_1 表示安全信息需求者；b_2 表示安全信息搜寻者；b_3 表示安全信息利用者。

2. 安全信息需要

所谓信息需要，是指信息用户为解决各种问题而产生的对信息的必要感和不满足感，是对信息产品与信息服务的各类具体需要。基于此，可给出安全信息需要的定义。

【定义 安全信息需要（Safety-related Information Need，SIN）】 安全信息用户为确定、控制与优化系统未来安全状态而产生的对安全信息的必要感和不满足感。换言之，安全信

需要是安全信息用户为解决各种系统安全行为问题而产生的对安全信息的必要感和不满足感。4.4节指出，系统安全行为指"个体人"或"组织人"在安全信息的刺激影响下所产生的并可对系统安全绩效产生影响的行为活动，其包括安全预测行为、安全决策行为与安全执行行为3种。假设安全信息用户（即系统安全行为主体）所面临的系统安全行为问题域为P，则$P = \{P_j | j = 1, 2, 3\}$，这里不妨设安全预测问题、安全决策问题与安全执行问题域分别为P_1、P_2与P_3。假定安全信息集合$I_j = \{I_{ji} | j = 1, 2, 3 ; i = 1, 2, \cdots, n\}$能解决系统安全行为问题$P_j$的能力记作$CE_P(I_j)$，取值满足$CE_P(I_j) \in [0, 1]$，$CE_P(I_j) = \{CE_P(I_{ji})\}$，当$CE_P(I_j) = 1$时，称此时的安全信息集合为解决系统安全行为问题的安全信息理想集合，记为I_{jN}，满足$CE_P(I_{jN}) = 1$。而就安全信息用户而言，其感觉很难出现满足$CE_P(I_{jN}) = 1$的理想情形，而往往是$CE_P(I_{jN}^*) = \lambda < 1$的情形。因而，安全信息集合$I_{jN}^*$与安全信息集合$I_{jN}$之间的差异便是安全信息用户的安全信息需要，其可用数学表达式表示为：

$$\text{SIN} = I_{jN} - I_{jN}^* \tag{5-3}$$

式中，SIN表示安全信息需要；I_{jN}表示理想情形下安全信息用户为解决相关系统安全行为问题所需的安全信息集合；I_{jN}^*表示安全信息用户为解决相关系统安全行为问题感觉其所能获得的安全信息集合。

若深究安全信息需要的根本原因，其应是人的安全需要。著名心理学家马斯洛认为，安全需要（仅高于生理需要）是人的第二层基本需要。毋庸置疑，人的每种需要（包括安全需要）的最终实现均需以相应的信息与物质为基础和前提。因而，人的安全需要的实现需以安全信息为基础。由此观之，人在安全需要之本性的驱使下，为满足自身的安全需要而必然会产生安全信息需要，即人的安全需要是人的安全信息需要产生的根本缘由（实际上"感觉剥夺实验"就可间接证明这一观点）。需说明的是，组织人是由若干个体人组成的，也具有安全需要，其安全信息需要也可视为是由其安全需要引起的。

3. 安全信息需求

类似于信息需求与信息需要两者间的关系，显然，安全信息需求与安全信息需要也是相互紧密关联的不同概念。就理论研究而言，区分安全信息需求与安全信息需要不仅是必要的，也是重要的。一般而言，安全信息需要以两种不同状态存在，即内在（或无意识的）安全信息需要（未被安全信息用户意识到的安全信息需要）与外在（或有意识的）安全信息需要（已被安全信息用户意识到的，即被"激活"的安全信息需要）。参考信息需求的定义，可给出安全信息需求的定义。

【定义　安全信息需求（Safety & Security Information Demand，SID）】　外在安全信息需要。细言之，安全信息需求是安全信息需要变化发展的结果，安全信息需求的产生与确认过程实则是安全信息需要的问题化与外化过程。由此观之，安全信息需求的本质是被安全信息用户所认知的解决系统安全行为问题的一种不确定状态，当安全信息用户认识到已有安全知识不足以解决某些系统安全行为问题时，安全信息需求便随之产生。安全信息需求可用逻辑表达式表示为：

$$\text{SID} = N = \neg (\text{SIN} - N) \qquad (N \subseteq \text{SIN}) \tag{5-4}$$

式中，SID表示安全信息需求；SIN表示安全信息需要；N表示外在安全信息需要。

显然，"安全信息需要如何被安全信息用户所意识到"是个涉及安全信息用户的意识的问题。通俗言之，当安全信息用户意识到有不平衡的东西并赋予安全信息需要以"实际意义"时，这种安全信息需要就会被转化为安全信息需求。而安全信息用户所意识到的不平衡的东西与"实际意义"相匹配便形成待解决的系统安全行为问题，各种待解决的系统安全行为问题即为安全信息需求的外在表现。因而，安全信息需求是安全信息用户以自身认识及时获取系统安全行为问题解决所需的安全信息的要求。换言之，安全信息需求是由安全信息需要而引起的要求，这种要求的外在表现是提出各种待解决的系统安全行为问题及解决它们所需的安全信息。

4. 安全信息动机

当安全信息用户的安全信息需求未得到满足时，其就会随之产生一种不安和紧张的心理状态，此时若安全信息用户遇到或发现能够满足其安全信息需要的目标，上述不安和紧张的心理状态就会转化为安全信息行为动机（换言之，安全信息行为动机仅是安全信息需求的延伸而已），进而激励安全信息用户做出相关安全信息行为向既定目标趋近。为简单起见，这里不妨将安全信息行为动机简称为安全信息动机。根据行为动机的定义，可给出安全信息动机的定义。

【定义 安全信息动机（Safety & Security Information Motivation，SIM）】 安全信息用户为解决具体的系统安全行为问题所表现出来的主观愿望和意图。简言之，安全信息动机是安全信息用户的安全信息行为意愿。

5. 安全信息意识

信息意识是意识的子系统或延伸，是一种隐性的心理活动。显然，安全信息意识是一种扩展信息意识，其应隶属于信息意识范畴。但值得特别注意的是，安全信息意识不仅是一种简单的信息意识，其应是安全意识（人们对生产与生活中所有可能伤害自身或他人安全的外界不利因素影响的警觉和戒备的心理状态）与信息意识（信息用户在与信息有关的认知活动中产生的感受，并在感受积累的基础上形成的对信息活动的觉知能力）综合作用的产物（换言之，安全信息意识是由安全意识与信息意识共同决定的）。信息意识对安全信息意识的决定性作用显而易见，这里有必要对安全意识对安全信息意识的关键影响作用做进一步扼要解释：具备良好的安全意识对实现自我与他人安全、贯彻执行"预防为主"的安全管理方针均具有十分重要的意义。显然，安全信息用户的安全意识强度与安全信息用户对相关安全信息的关注度（即安全信息需求强度）呈正比关系，由此观之，安全信息用户的安全意识会显著影响安全信息用户的安全信息意识。经上分析，可给出安全信息意识的定义。

【定义 安全信息意识（Safety & Security Information Consciousness，SIC）】 安全信息用户在其信息意识与安全意识基础上形成的对安全信息活动的觉知能力。一般而言，评价安全信息意识强度（即安全信息用户对安全信息活动的觉知能力）需从 3 方面着手：对安全信息的感受力（是否敏锐）、对安全信息的注意力（是否持久）与对安全信息价值的判断力及洞察力。因而，安全信息意识可用数学表达式表示为：

$$\mathrm{SIC} = f(m_1, m_2) = f(\partial_1, \partial_2, \partial_3) \tag{5-5}$$

式中，SIC 表示安全信息意识强度；m_1 表示信息意识强度；m_2 表示安全意识强度；∂_1 表示对安全信息的感受力；∂_2 表示对安全信息的注意力；∂_3 表示对安全信息价值的判断力及洞察力。

6. 安全信息期望

期望是人们为满足需求而对未来事件做出判断的一种心理倾向。研究表明，一般而言，信息用户在获取和利用信息之前均对其结果有一定预期的，且信息用户的这种期望会对其决策行为和决策选择产生直接影响。鉴于此，在信息行为研究领域，人们提出信息期望的概念：用户基于其经验和需要，在信息获取和利用之前、之中对信息系统功能、信息服务水平和信息产品价值属性等所确立的一种主观预期与判断。参考信息期望的定义，可给出安全信息期望的定义。

【定义　安全信息期望（Safety & Security Information Expectation，SIE）】　安全信息用户基于其安全经验和安全信息需求，在安全信息获取和利用之前或之中，对安全信息的解决系统安全行为问题的能力所确立的一种主观预期与判断。由此可见：①安全信息用户的安全信息需求是其产生安全信息期望的原始驱动力（换言之，安全信息期望是安全信息需求的目标化，即在安全需要的问题化基础之上的具体化）；②安全信息期望是安全信息用户的安全信息需求取向的一种直接表现，是安全信息用户对安全信息的解决系统安全行为问题的能力的一种心理目标或预期；③安全信息期望贯穿于整个安全信息交互（安全信息搜寻与利用）过程；④安全信息期望具有极强的主观性。安全信息期望可用数学表达式表示为：

$$SIE = E_P(I) \quad (0 \leqslant SIE \leqslant 1) \tag{5-6}$$

式中，SIE 表示安全信息期望；I 表示安全信息集合；$E_P(I)$ 表示安全信息用户对安全信息集合 I 的解决系统安全行为问题 P 的能力的主观预期与判断。

7. 安全信息质量

通俗而言，信息质量是指信息的准确性、完整性与一致性等。在信息行为研究领域，信息质量是指信息对信息用户的适用性及满足程度，是信息满足信息用户的信息需求与信息期望的综合反映。基于此给出安全信息质量的定义。

【定义　安全信息质量（Safety & Security Information Quality，SIQ）】　安全信息用户对所获得的安全信息满足其安全信息需求与安全信息期望的综合评价。简言之，安全信息质量就是安全信息用户对所获得的安全信息的满意程度。由此观之，明晰安全信息用户的安全信息需求和安全信息期望，对提升安全信息质量水平与安全信息用户满意度至关重要。安全信息质量可用数学表达式表示为：

$$SIQ = f(SID^*, SIE^*) \tag{5-7}$$

式中，SIQ 表示安全信息质量；SID^* 表示被满足的安全信息需求；SIE^* 表示被满足的安全信息期望。

8. 安全信息素养

在信息化背景下，信息素养已逐渐成为人们所必须具备的一种基本能力。所谓信息素养，是指人的明确自身信息需要，及选择、查询、评价和利用所需信息的一种综合能力。就安全信息素养而言，其应同时隶属于信息素养与安全素养范畴，它是由安全素养和信息素养概念整合而成的一个复合型概念。目前，学界尚未明确提出安全素养这一概念，但日趋复杂的安全问题强烈要求人们需提高自我安全管理能力，在这种情况下安全素养必会应运而生。在此，借鉴健康素养的定义，将广义的安全素养定义为：人所具有的降低安全风险和提升安全保障水平的技巧或能力。显然，安全素养至少包括安全意识、安全知识、安全技能与安全行为规范认同等要素。根据信息素养与安全素养的定义，可给出安全信息素养的定义。

【定义　安全信息素养（Safety & Security Information Literacy，SIL）】　安全信息用户获取、处理和理解安全信息，并利用安全信息以做出合理安全行为（主要指安全决策行为）

的能力。细言之，安全信息用户在产生安全信息需求时能够清晰地表达，对可能的安全信源相对熟悉，并能够利用安全信源进行阅读、获取、搜寻、理解与处理安全信息，进而利用安全信息以做出合理的安全行为的能力。需说明的是，鉴于安全信息是做出一切合理安全行为的先决条件，因而，本书认为狭义的安全素养近似等同于安全信息素养。由此观之，安全信息用户的安全信息素养可基本体现其安全素养。广义的安全信息素养可用逻辑表达式表示为：

$$SIL = IL \wedge SL \tag{5-8}$$

式中，SIL 表示安全信息素养；IL 表示信息素养；SL 表示安全素养。

5.1.3 安全信息行为的元模型及研究要旨、范式与框架

1. 元模型

由心理学知识可知，人的行为的一般产生机制是"需要→需求→动机→行为"。显然，人的安全信息行为发生的根本机制亦是如此。基于此，可得出安全信息的产生机制，即"安全信息需要（SIN）→安全信息需求（SID）→安全信息动机（SIM）→安全信息搜寻行为（SISB）→安全信息利用行为（SISU）"。由此，构建安全信息行为的元模型（即安全信息行为的产生机制模型），如图 5-1 所示。

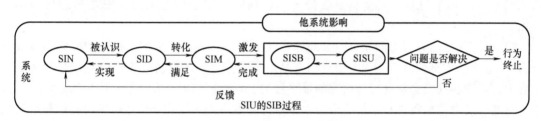

图 5-1 安全信息行为的元模型

由安全信息行为的元模型可知，安全信息用户的安全信息行为过程主要包括以下几个关键环节：①安全信息需要是安全信息行为的基础；②安全信息需求是被认识的安全信息需要，是产生安全信息行为的间接原因；③安全信息动机是被转化的安全信息需求，是激发安全信息行为的直接原因；④安全信息行为是安全信息需求的外显化，其直接目的是解决安全信息用户所面临的系统安全行为问题；⑤根据安全信息用户的安全信息利用行为对其所面临的系统安全行为问题的处理结果（包括解决与未解决两种结果），会出现两种情况，即若成功解决安全信息用户所面临的系统安全行为问题，则一次安全信息行为终止，反之则通过反馈作用使安全信息用户产生再次安全信息行为，直至安全信息用户所面临的系统安全行为问题得以解决；⑥安全信息动机的完成、安全信息需求的满足和安全信息需要的实现是通过安全信息行为实现的，即安全信息需要（需求或动机）与安全信息行为间实则是一个互逆过程。

此外，由拓扑心理学中的心理场概念可知，人的行为是行为主体与环境双重作用的结果，即行为主体的行为是行为主体及其所处环境的函数。基于此，根据安全信息行为的元模型，可得出安全信息行为的影响因素。概括而言，安全信息用户的安全信息行为的影响因素应包括安全信息用户因素与环境因素。由此，构建安全信息行为的影响因素模型，即：

$$SIB = f(SIU \cdot E) \tag{5-9}$$

式中，SIB 表示安全信息用户的安全信息行为；SIU 表示安全信息用户因素；E 表示环境因素。其实，通过参考信息行为的影响因素，还可进一步细分上述安全信息行为的影响因素：①安全信息用户因素主要包括安全信息用户的人口统计因素（年龄、性别、学历、职业与收入等）、自我效能、安全信息需求、安全信息期望、安全信息意识、安全信息素养、认知能力与知识结构等；②环境因素包括安全信息用户所在系统（即自系统）环境因素与他系统环境因素。

2. 研究要旨与范式

（1）研究要旨

在安全科学领域，预防安全事件和安全促进是最重要的研究目的或内容。因此，就安全信息行为研究要旨而言，其应是通过对安全信息行为的研究来有效控制与促进安全信息用户的系统安全行为（换言之，安全信息行为研究的出发点与归宿实则是基于安全信息行为的系统安全行为管理，其隶属于基于行为的安全（BBS）管理范畴），进而预防安全事件发生和实现系统安全。

具体而言，安全信息行为研究的侧重点主要包括两方面：

1）研究安全信息行为（主要包括安全信息需求、安全信息搜寻行为与安全信息利用行为）本身，如研究安全信息用户的安全信息行为规律与影响因素，以及延伸出的安全信息系统（平台）构建与系统安全信息告知等，以期提升安全信息用户的安全信息行为的有效性。

2）研究安全信息行为和安全行为间的相互关系（如人的安全信息行为如何影响其安全行为），进而以安全信息行为为着眼点与变量因素，控制与优化研究安全信息用户的系统安全行为，以期实现安全信息行为研究的最终目的，即控制与促进安全信息用户的系统安全行为。显然，安全信息行为与系统安全行为本身的研究应是实现安全信息行为研究的最终目的的基础与保障。

（2）研究范式

安全信息行为的研究范式是安全信息行为研究的最根本准则和方法论。因而，在开展安全信息之前，极有必要明晰安全信息行为的研究范式。借鉴信息行为研究的一般范式，结合安全科学特色，并根据安全信息行为的元模型和安全信息行为的研究要旨，可提出安全信息行为的两大研究范式，即以系统为中心（即系统观）的研究范式与以安全信息用户为中心（即用户观）的研究范式，具体分析如下：

1）以系统为中心。安全信息作为系统安全状态及其变化方式的自身显示，以系统为中心的研究范式强调应将研究焦点集中于系统内的安全信息流动过程和系统中的安全信息系统的研究。换言之，以系统为中心的安全信息行为研究的核心是系统安全信息与承载安全信息的系统，对安全信息用户的安全信息行为的考察完全是为系统安全设计、安全管理与安全评价等服务的。以系统为中心的安全信息行为研究的具体表现为：系统安全信息调查与告知、调查安全信息用户对安全信息系统的功能需求、安全信息系统（或系统安全管理信息系统）设计，以及安全信息系统检索效率的评价方法的探求等。显然，这一研究范式源于控制论（包括安全控制论）的思想，它是以往安全信息行为研究的主流范式，最为典型的是系统安全管理信息系统的研发。

2）以安全信息用户为中心。该范式以安全信息用户的安全信息行为（包括安全信息需求、安全信息搜寻行为与安全信息利用行为）为核心，强调对安全信息用户的个性化安全信息行为的研究。借鉴以信息用户为中心的信息行为研究范式，可将以安全信息用户为中心的安全信息行为研究划分为两大分支，即认知主义与建构主义：①基于认知主义观点的安全信息行为研究，以安全信息用户为中心，运用认知科学的知识架构概念，强调安全信息用户的安全认知能力、安全信息需求和安全信息动机等的研究，但研究一般不考虑安全信息行为所处的具体情境；②基于建构主义观点的安全信息行为研究，以安全信息用户为中心，强调安全信息用户对安全信息的主动搜寻和对安全信息意义的主动建构，即强调安全信息用户的主动性在安全信息行为过程中的关键作用。

显然，就研究视角而言，上述两大安全信息行为的研究范式并非是相互排斥对立和完全替代的关系，而是互补的关系。此外，由于安全信息行为的具有极强的复杂性，单一的研究范式难免无法涵盖安全信息行为研究领域的所有问题。因而，在实际安全信息行为研究中，需同时考虑上述两种研究范式。换言之，多元化的研究范式更有助于系统探索和把握安全信息行为的本质和机理等。

3. 研究框架

借鉴信息行为的研究框架，立足于宏观理论层面，从集成的视角出发，同时考虑安全信息行为研究的相关基本概念、安全信息行为的元模型、研究范式、研究视角（主要包括时空视角、多学科视角与方法视角）与研究要旨，构建安全信息行为的集成化研究框架（图 5-2），以期从宏观层面实现对微观层面的安全信息行为研究的系统指导。

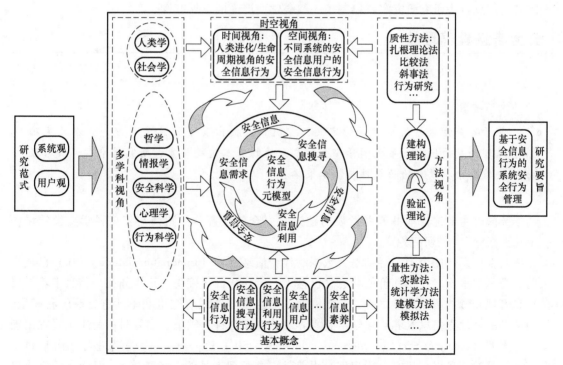

图 5-2　安全信息行为的集成化研究框架

根据图 5-2，对安全信息行为的集成化研究框架的主要内涵进行扼要解释（其具体内涵不再详细论述）：①安全信息行为的研究范式是安全信息行为研究所要遵循的最根本准则，即其是开展所有安全信息行为研究所要遵循的总法则；②所有安全信息研究应围绕安全信息行为的元模型展开；③安全信息行为相关基本概念是开展安全信息行为所有研究的基本前提和基础；④就时空视角而言，可分别基于时间视角（人类进化/生命周期视角）与空间视角（不同系统视角）分析和研究安全信息行为；⑤就学科视角而言，安全信息行为是以哲学为指导，以安全科学与情报学为核心，以心理学和行为科学为辅助支撑，以社会学和人类学为宏观学科视角的多学科融合交叉领域，安全信息研究需吸收多学科的理论、原理和方法；⑥就研究方法而言，概括讲，安全信息研究需同时涉及质性方法与量性方法，且研究方法的适用性（或优势）有所差异（即质性方法更适用于建构理论，而量性方法更适用于验证理论），这两种研究方法相辅相成，在安全信息行为研究中，应针对具体问题对研究方法进行优选；⑦安全信息行为的研究视角（即时空视角、多学科视角与方法视角）各有利弊，在实际安全信息行为研究中，需以安全信息行为相关基本概念为基础，灵活融合各安全信息行为的研究视角，唯有这样，方可实现对安全信息的本质与机理等的系统研究；⑧安全信息行为的研究要旨（即基于安全信息行为的系统安全行为管理）应是安全信息行为研究的最终归宿和目的。

总之，安全信息行为作为一个极为广泛而颇具价值的信息行为的新兴研究分支，安全信息行为研究应坚持集成化（包括多元化）的原则。因而，从集成化角度构建的安全信息行为研究框架，可系统而全面地指导安全信息行为研究。此外，为便于推广流传，不妨将这套安全信息行为的集成化研究框架命名为"'吴-王'安全信息行为研究框架"。显然，它为未来的安全信息行为研究研究实践绘制了一幅科学而严谨的发展蓝图。

5.2 安全信息素养理论

【本节提要】

基于安全素养与信息素养的定义，首次正式提出安全信息素养概念。在此基础上，从理论层面出发，系统阐释安全信息素养的基本构成要素、研究对象、评价路径及安全信息素养教育的必要性与基本策略。

本节内容主要选自本书著者发表的题为"安全信息素养：图情与安全科学交叉领域的一个重要概念"[2]的研究论文。

在高度信息化的今天，特别是大数据时代，信息素养（Information Literacy，IL）已成为人的必需基本素质之一，其价值与意义已被人们广泛认可与接受。正因如此，信息素养是目前信息管理领域的研究热点之一。与此同时，信息素养领域研究也在不断进行跨学科拓展，最为典型的是健康信息素养与化学信息素养等。在安全科学领域，尽管目前尚未正式提出安全信息素养（Safety & Security Information Literacy，SIL）这一概念（仅有某些学者开展过安全管理人员的信息素养研究，指出信息素养是安全管理人员的必备技能），但诸多研究成果均表明，安全信息缺失是发生人因事故的共性原因，而造成安全信息缺失的根本原因可归为人的安全信息素养缺失。由此可见，安全信息素养与健康信息素养及化学信息素养等类似，其理应是当今安全科学与信息管理学科交叉领域一个颇具价值的新兴研究分支。

此外，安全信息素养研究的重大价值和意义还体现在以下几方面：

1）绝大多数事故均是由人的不安全行为所致，而诸多行为干预理论，如信息-动机-行为技巧（IMB）模型与信息-知识-信念-行为（IKAP）理论等，均表明，信息是对人的行为具有控制作用的元素（细言之，人的行为是信息行为，人的行为不仅因信息而引发，同时需在信息支持下完成），由此，基于安全信息的安全行为干预应是人因事故预防的重要手段，而其基本前提是培养人的安全信息素养。

2）随着信息技术和循证理念在安全实践中的广泛应用，信息素养已成为当前与未来安全实践中的必备素质之一。

3）近年来，安全素养（Safety & Security Literacy，SL）教育逐渐被我国政府列入伤害预防与安全促进的一个重点领域与优先领域，如《安全生产"十二五"规划》（2011 年印发）、《中共中央国务院关于推进安全生产领域改革发展的意见》（2016 年印发）与《安全生产"十三五"规划》（2017 年印发）等均重点提及要提升全民安全素质，而安全信息素养作为安全素养的重要组成部分，安全信息素养教育显然是安全素养促进的关键。

因此，本节主要从理论层面出发，提出安全信息素养这一新概念，并重点阐释安全信息素养的若干基本问题，以期开辟安全信息素养这一新的研究领域（即进一步丰富信息素养的研究内容，促进信息素养研究的跨学科发展），并为安全信息素养研究与安全信息素养教育奠定了扎实的理论基础。

5.2.1　安全信息素养概念的提出

安全信息素养是信息素养这一抽象概念在安全科学领域的衍生与实践应用。显然，就安全信息素养的理论渊源而言，它应源于安全素养与信息素养两者的组合体。换言之，安全信息素养应同时隶属于信息素养与安全素养范畴，是安全素养和信息素养 2 个概念间的相互直接渗透与融合，即它是由安全素养和信息素养整合而成的一个复合型概念。理论而言，明晰安全素养与信息素养基本概念是提出安全信息素养概念的基础与前提。因此，这里首先依次给出安全素养与信息素养的定义，并在此基础上提出安全信息素养的定义。

1. 安全素养的定义

目前，学界尚未明确提出安全素养这一概念。但是，日趋复杂的安全问题强烈要求人们需提高自我安全促进能力，在这种情况下安全素养便会应运而生。就字面含义而言，安全素养是一个由"安全"（在安全科学领域，安全被普遍认为是人的身心免受外界不利因素影响的存在状态）与"素养"（或称为"素质"，是决定一个人行为习惯和思维方式的内在特质，其被认为是由训练和实践而获得的技能和知识）两个词所构成的合成词。由此可知：首先，需基于"大安全"观，界定安全素养这一概念；其次，安全素养是经训练与实践所获取的安全能力，其是一个动态变量，可通过人的不同安全行为（安全相关行为）所外显的其所拥有的安全知识与安全技能等来体现。基于此，借鉴健康素养的定义，将安全素养定义为：人所具有的降低安全风险和提升安全保障水平的技巧或能力。细言之，安全素养是指人在具备适宜的安全知识储备基础之上，主动寻求安全知识和信息，并能够正确利用安全知识和信息来维护和促进自己、他人及所在组织（系统）安全这一过程的外化表现。

显然，就安全素养的内涵而言，其应包括安全知识、安全理念、安全技能与安全行为 4 个要素，且它们处于不同层面（其中，安全知识与安全技能是核心要素）：安全素养以人所获取（包括已储备的）的安全知识为起点，安全知识经理解与吸收转化为安全理念（安全理念与安全知识间可相互转化，可将安全理念视为一种特殊的安全知识）与安全技能，最终安全知识、安全技能与安全理念共同通过安全行为得以显现与外化。此外，安全素养还受安全背景（即与安全相关的环境因素，如人口统计学特征及所处的安全文化与经济等环境）的影响。由此，构建安全素养的内涵模型（图5-3）。由上分析可知，安全素养实则包含两个主要层面，即安全知识层面（基本的安全知识与技能储备）与安全能力层面（如何获取与运用安全信息等），显然后者是安全素养的核心。总之，安全素养是安全教育活动的直接结果，它包括个人的安全知识、安全认知与安全技能，这些将会直接影响人获取、理解与利用安全信息并保

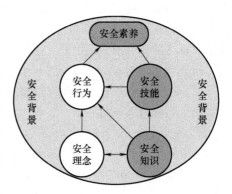

图 5-3　安全素养的内涵模型

持安全的能力，而安全素养改变的结果则为安全行为的改变，最终影响人所在组织（系统）的安全绩效。

2. 信息素养的定义

据考证，信息素养这一概念最早是由美国信息产业协会（AIIL）主席 Paul Zurkowski 于1974年提出的。但实际上，他并未直接定义信息素养，而是采取间接方式来描述信息素养，即定义"具有信息素养的人"：所有经过训练把信息资源运用于工作之中的人。同时，他从技术与技能范畴指出，具有信息素养的人指已具备和掌握利用大量的信息工具及主要信息源使问题得到解答的技术和技能。由此可见，简言之，可将安全信息素养理解为：一种利用信息解决问题的技术与技能。于1979年，AIIL 给出更为科学的信息素养的定义：人们知道在解决问题时利用信息的技术和技能。显然，该定义增加了认识信息素养的另一重要维度，即意识层面（信息需求意识）。

此后，基于上述定义，不同学者或机构又从不同角度给出了诸多信息素养定义。目前，尽管学者就信息素养的定义尚未达成共识，但对信息素养的主要构成要素及内涵的认识逐渐趋于一致，即信息素养至少应包括信息需求、信息获取、信息评价与信息利用4个层面的能力，即信息素养是上述4个层面能力的集合体。鉴于此，根据美国图书馆协会（ALA）于1989年对"具有信息素养的人"的描述（具有信息素养的人能够判断何时需要信息，并懂得如何去获取、评价和有效地利用所需要的信息）所给出的信息素养的定义，即人的明确自身信息需要，及获取、评价和利用所需信息的一种综合能力，成为了目前最被广泛采纳的信息素养的定义。

3. 安全信息素养的定义

根据信息素养与安全素养的定义，可给出安全信息素养的定义：安全信息素养是指安全信息用户认识到安全信息需求，并获取、评价和利用所需安全信息以做出合理安全行为的一系列能力。简言之，安全信息素养是一种运用安全信息解决安全行为问题的能力。显然，鉴于安全信息素养概念是将安全素养与信息素养2个概念进行融合提出的，因此，安全信息素养可用逻辑表达式表示为：

$$SIL = IL \wedge SL \tag{5-10}$$

式中，SIL 表示安全信息素养；IL 表示信息素养；SL 表示安全素养。

细言之，所谓安全信息素养，是指安全信息用户（在安全实践活动中利用安全信息的所有个人与团体）在产生安全信息需求时能够清晰地表达，对可能的安全信源（安全信息的产生者）相对熟悉，并能够利用安全信源进行阅读、获取、搜寻、理解、评价与处理安全信息，进而利用安全信息以做出合理的安全行为（安全信息用户在安全信息的刺激影响下所产生并可对其所在系统的安全绩效产生影响的行为活动，主要包括安全预测行为、安全决策行为与安全执行行为 3 种，这里主要指安全决策行为）的能力。

显然，根据安全素养的定义可大体概述一个具有良好安全信息素养的人的 4 个基本特征：①能够认识到准确的和完整的安全信息是做出正确安全行为（尤其是安全决策行为）的基础；②可明确对安全信息的具体需求（如对风险信息的感知），并形成基于安全信息需求的安全行为问题；③可确定潜在的安全信源，可制定成功的安全信息获取、评价与处理方式，并可将安全信息成功应用于实际的安全实践活动；④可将所获取的新的安全信息与原有的安全知识体系进行有效融合，并具有批判性和选择性地选取和使用安全信息。

此外，鉴于以下几点主要原因：①事故的根源原因可统一归为安全信息缺失，按此推理，人的安全行为失误的根源原因可统一归为安全信息缺失；②安全信息是人做出一切合理安全行为的先决条件；③由上文给出的安全素养的核心（即安全能力层面）可知，其实则强调人所具有的获得、理解、评价、处理和运用安全信息或服务以实现安全促进的能力，即安全信息素养，这是最为重要的安全能力之一。因而，本书认为狭义的安全素养（或安全素养的核心）近似等同于安全信息素养。由此观之，安全信息素养可基本体现安全素养，故可用安全信息素养来近似度量与评价安全素养水平，且安全信息素养应是安全素养促进的关键点与着力点。简言之，安全信息素养为度量、评价与提升安全素养提供了一条有效思路和手段。

5.2.2　安全信息素养的基本构成要素

根据安全科学研究实践的主要领域，安全信息应涵盖：伤害预防（Injury Prevention，IP）（包括事故预防）、安全促进（Safety & Security Promotion，SP）及应急与恢复（Response & Recovery，RR）。此外，本书著者认为，安全信息素养的内涵并非是安全素养与信息素养两者的简单组合与叠加，或是信息素养在安全科学领域的简单实践和应用，而应综合考量安全信息素养的内涵，即应契合绝大多数人对安全信息的认知、理解、接受和利用能力，并紧密结合安全科学研究实践内容和领域。基于此，从安全科学角度看，安全信息素养是安全行为干预（Safety & Security Behavior Intervention，SBI）及安全素养促进（Safety & Security Literacy Promotion，SLP）的关键点（即促进安全信息素养的主要目的是进行有效的安全行为干预及安全素养促进）。

基于上述分析，融合安全信息的主要涵盖领域及促进安全信息素养的主要目的，并根据安全信息素养的定义，从安全信息需求意识（Safety & Security Information Demand Consciousness，SIDC）、安全信息获取能力（Safety & Security Information Acquisition Ability，SIAA）、安全信息评价能力（Safety & Security Information Evaluation Ability，SIEA）与安全信息利用能力（Safety & Security Information Utilization Ability，SIUA）4 方面出发，构建安全信息素养的内涵模型（如图 5-4 所示）。同时，基于安全信息素养的基本构成要素模型，从安全信息需求、安全信息获取能力、安全信息评价能力与安全信息利用能力 4 方面出发，系统解析安全信息素养的基本构成要素。

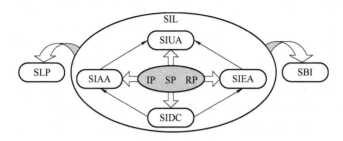

图 5-4　安全信息素养的内涵模型

1. 安全信息需求意识（SIDC）

所谓信息需求，是指信息用户为解决各种问题而产生的对信息的必要感和不满足感，是对信息产品与信息服务的各类具体需求。有鉴于此，可给出安全信息需求的定义：安全信息用户为解决各种安全行为问题而产生的对安全信息的必要感和不满足感。若深究安全信息需求的根本原因，其应是人的安全需求。毋庸置疑，人的每种需求（包括安全需求）的最终实现均需以相应的信息与物质为基础和前提。因而，人的安全需求的实现需以安全信息为基础。由此观之，人在安全需求之本性的驱使下，为满足自身的安全需求而必然会产生安全信息需求，即人的安全需求是人的安全信息需求产生的根本缘由（实际上"感觉剥夺实验"就可间接证明这一观点）。

由信息需求层次理论可知，安全信息需求以两种不同状态存在：①内在（或无意识的）安全信息需求，是指未被安全信息用户意识到的安全信息需要，即客观层次的安全信息需求；②外在（或有意识的）安全信息需求，是指已被安全信息用户意识到的（即被"激活"的安全信息需求），包括认识层次的安全信息需求（被安全信息用户在实际安全行为实践活动中，所认识到的自身的安全信息需求）与表达层次的安全信息需求（安全信息用户将自身的安全所表达出来的信息需求）。由此易知，安全信息需求意识极为重要。所谓安全信息需求意识，是指安全信息用户能够认识到安全信息对安全行为实施过程与结果的重要影响，能够明确自身具体的安全信息需求，并有能力识别与确定所需安全信息的来源、类别和数量等。显然，安全信息需求意识是安全信息素养的基础构成要素。简言之，安全信息需求意识是安全信息用户用于"激活"安全信息需求（即使安全信息需求"外化"）的意识，其作用机理可表示为：

$$内在安全信息需求 \xrightarrow{\text{SIDC}} 外在安全信息需求 \tag{5-11}$$

2. 安全信息获取能力（SIAA）

利用安全信息的前提条件是获得所需安全信息。因而，安全信息获取能力应是安全信息素养的核心能力之一。所谓安全信息获取能力，是指安全信息用户搜寻所需安全信息的能力。具体言之，安全信息获取能力主要指安全信息用户掌握和制定获取所需安全信息的策略的能力。传统的安全信息获取途径主要有纸质文献资料、图书、安全专家咨询、电视与广播等。但随着社会信息化程度的逐步提升，各类新兴网络工具正成为目前获取安全信息的新的有效途径，包括各类电子文献资料、安全专业网站与移动终端等，并呈现出高针对性、强互动性与即时性等优势和特点，从而为安全信息用户提供了快速便捷的安全信息获取方式。

3. 安全信息评价能力（SIEA）

安全信息评价是指安全信息用户根据实际需要筛选安全信息信息，剔除冗余的安全信息，并以各种方式对安全信息进行筛选和加工，使之最优化和有效化。若安全信息用户不具备安全信息评价能力，一切安全信息均毫无价值，即安全信息评价能力应是安全信息素养的保证。所谓安全信息评价能力，是指安全信息用户能够正确理解安全信息的内容及合理评价安全信息来源及安全信息质量。由此观之，安全信息评价能力实则涵盖"理解安全信息"和"鉴别安全信息"2 个层面的能力。理解安全信息内容是评价安全信息的基础，唯有正确理解安全信息内容，才可对安全信息做出合理鉴别。安全信息评价能力是利用安全信息为安全行为实践活动服务的必要而重要的环节，唯有准确鉴别安全信息内容的有效性、可靠性与科学性，才可筛选出最契合自身安全行为实践活动所需的安全信息。

4. 安全信息利用能力（SIUA）

安全信息利用指安全信息用户运用所获取和经评价后的安全信息来解决所面临的安全行为问题的行为活动。细言之，安全信息利用指安全信息用户通过对安全信息进行获取与筛选后，将自身的安全信息和所筛选出的安全信息进行有机结合，经过分析、综合、加工而转换成新的安全信息，从而实现安全信息为安全行为活动服务的目的。因而，安全信息利用能力是安全信息实现最终价值（效用）的最后环节，也是安全信息素养的作用结果和最终体现。所谓安全信息利用能力，是指安全信息用户能够基于自身安全知识储备，有效统摄、组织与运用安全信息，以自身满足安全信息需求的能力。显然，安全信息获取能力与安全信息评价能力应是安全信息利用能力的基础与保证，具备良好安全信息素养的安全信息用户能够综合自身已有的安全知识储备，充分利用有价值的安全信息，以期改善自身、他人及所在系统的安全状况。

5.2.3　安全信息素养的研究对象与评价路径

1. 安全信息素养的研究对象

由安全信息素养的定义可知，安全信息素养的研究对象是安全信息用户。由上文可知，安全信息用户是指在安全行为实践活动中利用安全信息的一切个体与团体，其既是安全信息的使用者，也是安全信息的创造者。前面提到，安全信息用户主要包括个体人与组织人。一般而言，组织人又可细分为企业、政府安全监管部门、安全中介机构、安全科研机构、社区、城市与家庭等；个体人又可细分安全专业人员、安全科研人员、企业安全管理人员、企业员工、政府安全监管部门工作人员与社会公众等。因而，安全信息素养的研究对象极为丰富，应针对不同研究对象的特征和需求等开展具有特色的安全信息素养研究。

2. 安全信息素养的评价路径

信息素养评价标准作为信息素养教育评价的依据与准确判断人的信息素养程度与水平的标尺，是信息素养研究的重要内容之一。同理，科学准确地评估安全信息素养也是深入开展安全信息素养研究的首要任务。所谓安全信息素养评价，是指为充分了解人的信息素养程度与水平或安全信息素养教育成效，进而为安全信息素养提升提供科学依据并奠定基础为目的，运用相关评价标准、原则、依据、原理与方法等，有目的地收集相关信息，并借以发现人的安全信息素养所存在的问题和形成结论的研究活动。其实，若严谨而言，由安全信息素养评价的目的易知，安全信息素养评价实则包括安全信息素养本身评价与安全信息素养教育评价 2 类。

就一般评价活动而言，其大体包括以下几个步骤：准备阶段、评价指标体系构建、定性定量评价、提出改进对策措施、提出结论及建议、反馈征求建议与编制提交评价报告，其中，评价指标体系构建及定性定量评价是最为重要的步骤。与一般评价活动类似，完整的安全信息素养评价程序也应包括上述 7 项步骤，这里仅扼要阐释安全信息素养的评价指标体系构建及定性定量评价的基本路径。

1）安全信息素养评价指标体系构建的基本路径。由安全信息素养的基本构成要素可知，应基于安全信息需求意识、安全信息获取能力、安全信息评价能力与安全信息利用能力 4 个维度来构建安全信息素养评价指标体系。此外，诸多信息素养（包括健康信息素养等）评价均包括信息道德（在信息领域中用以规范人们相互关系的思想观念与行为准则）这一重要的评价维度，而安全信息素养作为信息素养的子集，其评价理应包括安全信息道德（Safety & Security Information Morality，SIM）这一重要维度。基于此，参照与借鉴相关信息素养评价指标体系，可构建包含 5 个 1 级评价指标的安全信息素养评价的参考指标体系（表 5-2）。需指出的是，表 5-2 作为安全信息素养评价的参考指标体系，2 级和 3 级评价指标在后续研究实践中还有必要进一步调整或完善。

表 5-2　安全信息素养评价的参考指标体系

1 级评价指标	2 级评价指标	3 级评价指标
A_1（SIDC）	B_{11}（对安全信息的重要性认识） B_{12}（对自身安全信息需求的认识） B_{13}（安全信息需求的表达能力）	C_{111}（对待安全信息的态度） C_{112}（对安全信息价值的认识） C_{113}（搜寻安全信息的意愿） C_{121}（认识安全信息需求） C_{122}（明确所需安全信息的范畴） C_{131}（表达安全信息需求）
A_2（SIAA）	B_{21}（安全信源选择） B_{22}（信息技术能力） B_{23}（安全信息组织能力）	C_{211}（安全信息获取方式或工具选择） C_{212}（安全信源选择） C_{213}（安全信息主题筛选） C_{214}（常见安全信息网站知晓度） C_{221}（网络工具运用能力） C_{222}（信息媒体运用能力） C_{223}（安全信息检索能力） C_{231}（安全信息收集） C_{232}（信息组织方法的应用能力）
A_3（SIEA）	B_{31}（安全信息理解能力） B_{32}（安全信息质量评价）	C_{311}（对安全说明书的理解） C_{312}（对安全相关政策、法规、标准、提示及文献的理解） C_{313}（对相关安全建议或对策的理解） C_{321}（评价安全信息的意识强度） C_{322}（评价安全信源的质量） C_{323}（评价安全信息自身的质量）

（续）

1 级评价指标	2 级评价指标	3 级评价指标
A_4（SIUA）	B_{41}（对安全行为的影响） B_{42}（安全信息传播）	C_{411}（基于安全信息的安全预测能力） C_{412}（基于安全信息的安全决策能力） C_{421}（安全信息传播方式的知晓度） C_{422}（分享安全信息的意愿与意识）
A_5（SIM）	B_{51}（信息道德意识） B_{52}（信息道德行为）	C_{511}（尊重他人信息隐私） C_{512}（保护个人信息隐私） C_{521}（拒绝不真实安全信息） C_{522}（维护和确保安全信息的可靠性）

2）安全信息素养定性定量评价的基本路径。首先，选择安全信息素养评价方法（根据安全信息素养评价的目的与实际对象及情况，选择合理而适宜的评价方法，如层次分析法与神经网络法等）；其次，计算安全信息素养评价值（即对安全信息素养水平进行定性与定量评价，并根据相应标准，对安全信息素养水平进行分级）。

5.2.4　安全信息素养教育的必要性与基本策略

显然，提升与培养安全信息素养的最重要手段应是开展安全信息素养教育。在此，详细论述开展安全信息素养教育的必要性与基本策略。

1. 安全信息素养教育的必要性

从理论而言，实施安全信息素养教育应具有充分的必要性，这是顺利开展安全信息素养教育的基本前提，也是开展安全信息素养教育的价值和意义所在。那么，开展安全信息素养教育的必要性是什么呢？必要性是否充分？在此，就上述问题进行详细论证。

1）安全信息是实现安全的基础性保障要素，安全信息素养应是人们安全实践活动中的必备素质。安全信息是人做出一切合理安全行为的先决条件，人的安全行为失误的共性原因是安全信息缺失，而造成安全信息缺失的直接原因是人的安全信息素养缺失。基于此，本书著者认为"信息就是安全，安全就是信息"，即安全信息是一种宝贵的安全资源，安全信息素养是人们安全实践活动的必备能力，未来安全信息素养教育对安全素养的促进作用将更加显著。例如：就广大公众而言，具备良好的安全信息素养不仅能够帮助其提高自身安全意识，增强安全保障能力，更能为国家、社会与所在组织节省大量的安全资源；就企业而言，提升自身安全信息素养可有效提升企业安全信息化管理与循证安全管理水平。

2）安全信息素养教育是提升安全素养的重要手段。①由安全信息素养与安全素养间的关系可知，安全信息素养是安全素养的核心组成部分；②近年来，安全素养教育逐渐被我国政府列入伤害预防与安全促进的一个重点领域与优先领域；③当前公众安全素养促进工作面临诸多挑战，将"安全信息素养"注入安全素养教育之中有助于使安全素养教育实现有效"落地"。总之，显然，安全信息素养教育必会促进人的安全素养水平快速提升。

3）开展安全信息素养教育是大势所趋。①在信息化时代，特别是大数据时代背景下，信息素养已逐渐成为人们所必须具备的一种基本能力，特别是随着信息技术的应用将对安全实践产生了根本性和重要性的变革，安全信息素养理应是当前与未来安全实践中的必备素质；②在当今社会，各类新的安全问题层出不穷，而新的安全问题需新的安全知识与信息才可得以解决，安全信息素养教育有助于人们及时为各类新的安全问题开好"安全信息处方（基于最佳的安全信息资源解决安全问题）"；③信息素养教育从通用层次向专业层次过渡发展（即信息素养教育与专业素养教育相结合）是大势所趋（健康信息素养及化学信息素养教育就是最佳例证），因而，安全信息素养教育符合信息素养教育发展的总体趋势，其也是信息素养教育发展的产物之一。

4）安全信息素养教育可凸显安全教育的本质，可弥补传统安全教育所存在的缺失。①就安全信息角度而言，安全教育的本质是基于安全信息的安全行为干预活动与过程（细言之，安全教育是通过安全信息传播对人的安全行为进行干预，帮助人掌握安全知识，树立安全观念，自愿采纳安全型行为、工作及生活方式的教育活动与过程），显然，安全信息素养教育可突出安全教育的本质；②传统的安全教育主要集中在授之以"鱼"（即安全知识的普及与传授）方面，弱化甚至忽视了授之以"渔"（即对人的安全信息获取、理解、评价与运用等能力的培养），导致传统的安全教育成效不佳，而安全信息素养教育可充分体现"授之以'鱼'，不如授之以'渔'"（即寻求安全知识的知识比掌握安全知识本身更为重要）的观点，可有效弥补传统安全教育所存在的缺失；③将"信息能力"注入安全教育，有助于使人们树立正确的现代安全思维与安全观念（保障安全不仅要依靠技术，且更加需依赖安全知识和安全信息）。

2. 安全信息素养教育的基本策略

由上分析可知，理论而言，安全信息素养教育需主要应从以下几个宏观层面的策略着手开展：

（1）政策支持

制定能促进安全信息素养教育的公共政策（如促进安全信息服务、安全信息技术研发与安全信息素养建设方面的政策、法律法规及文件等），可为开展安全信息教育提供宏观层面的有效保障。显然，安全素养教育的含义已超出传统的安全生产工作范畴，它把安全信息素养培养提到了各个部门、各级政府和组织的决策者的议事日程上。换言之，安全信息素养教育并非仅要求政府安全监管部门实行安全信息素养促进政策，也要求政府非安全监管部门配合制定相关的安全信息素养促进政策，从而共同促进安全信息素养教育活动有效实施与开展。

（2）安全信息资源服务体系构建

1）推进信息技术与安全促进的深度融合，依托国家电子政务网络平台，完善安全信息资源基础设施和网络系统。

2）统一和整合各类安全信息资源，开发和构建各类安全信息资源平台或网站。

3）提升安全领域的安全信息化管理（主要包括企业安全信息化管理与政府安全信息化监管）水平。

4）完善和优化各类安全信息资源服务，研发各类安全信息产品，并借助信息技术，充分发挥新媒体在安全信息素养教育中的作用。

5）促进安全信息资源共享共用。

（3）将安全信息素养教育纳入安全教育内容

1）根据安全信息素养教育的不同对象和内容等，制定具有层次化与差异化的安全信息素养培养机制，因地制宜且有针对性地开展安全信息素养教育工作。

2）将安全信息素养教育纳入安全专业人才培养教育内容，促进安全专业人才的安全信息素养的提升。

3）将安全信息素养教育纳入政府与企业的相关安全培训教育内容，促进政府安全监管部门工作人员、企业安全管理人员与企业普通员工的安全信息素养的提升。

4）将安全信息素养教育纳入社会公众安全宣传教育内容（如启动全民安全信息素养教育计划），促进家庭、学校、社区、城市及全社会的安全信息素养的整体提升。

（4）加强安全信息素养方面的相关研究

显然，安全信息素养研究可为安全信息教育提供理论依据与方法。需特别指出的是，鉴于安全信息素养评价是安全信息素养教育的关键环节之一，其作用在于评估人健康信息素养水平和安全信息素养教育效果，分析其问题所在，为制定相应的安全信息素养教育策略提供决策支持。因而，就目前而言，需尽快通过安全信息素养评价研究，设计专门的安全信息素养评价量表，并开发相关评价工具，这是当前安全信息素养教育工作的重中之重。

5.3 安全信息供给理论

【本节提要】

立足于中观宏观层面，主要从理论角度出发，系统探讨安全信息供给的类型、内容、必要性、重要性及特殊性。在此基础上，构建安全信息供给的理论模型框架，并分析其内涵。

本节内容主要选自本书著者发表的题为"安全信息供给：解决安全信息缺失的关键"[3] 的研究论文。

安全信息缺失问题普遍存在于安全管理领域，而安全信息供给不充分是安全信息缺失的重要原因之一。显然，开展安全信息供给研究对提升安全管理水平具有重要意义和价值。

在安全管理领域，安全信息供给方面的实践应用明显先于对其的专门研究。我国在安全信息供给方面，已开展部分实践性先行探索，例如在生产安全领域，最为典型的是近年来政府安全监管部门的安全信息公开（如企业安全生产风险公告），以及《中华人民共和国安全生产法》对安全信息供给做出的一系列要求等，但目前在安全信息供给方面仍处于初步探索阶段，尚未形成完善的安全信息供给机制，安全信息供给的法律制度保障、机构建设、范围与程序等均尚不规范，且安全信息供给效率低，安全信息供给不充分问题突出。目前，在科学研究层面，针对安全信息供给的专门研究极为罕见，较具代表性研究成果仅有政府食品安全信息供给方面的一系列研究，尚未理清安全信息供给的一系列基础问题，致使实践应用层面的安全信息供给严重缺乏理论基础和依据，严重阻碍安全信息供给有效性的提升。

5.3.1 安全信息供给的类型与内容

安全信息作为供给对象，若要明晰安全信息供给的类型与内容，实则是明晰安全信息的概念与类型。换言之，明晰安全信息的概念及其分类的过程就是明确安全信息供给的类型与内容的过程。借鉴一般信息供给研究与实践，及安全管理研究与实践实际，安全信息供给主要涉及政府与企业两个层面的安全信息供给（即安全信息供给的类型主要包括政府安全信息供给与企业安全信息供给）。因此，这里仅对政府安全信息及企业安全信息两者的概念及分类分别进行详细论述。

1. 政府安全信息的概念及分类

由安全信息的定义可知，所谓政府安全信息，是指表征政府安全监管系统的安全监管行为的信息集合。需指出的是，一般而言，在不同国家，政府安全监管系统（即政府安全监管部门）的构成及其职能等存在一些差异。目前在我国，政府安全监管部门主要指县（区）级及以上地方人民政府安全生产监管相关部门。具体言之，政府安全监管部门主要有国务院安全生产委员会、国家安全生产监督管理总局、各级地方政府及其安全生产监管相关部门（如煤炭安全监察部门、消防管理部门、交通管理部门、质量监督检验检疫部门与食品监管部门等）组成。

此外，根据《中华人民共和国政府信息公开条例》所给出的政府信息的定义，可将政府安全信息具体理解为：政府安全监管部门在履行安全监管职责过程中制作或获取的，以一定形式记录、保存的信息。通俗讲，政府安全信息是指政府安全监管部门在开展安全监管活动过程中所形成的各类信息，以及能够反映政府安全监管部门的安全监管工作的成效信息。根据政府安全信息内容及范围的不同，可将政府安全信息细分为 8 种基本类型（表 5-3）。

表 5-3 政府安全信息的类型

序号	具体类型	具体信息内容及范围举例
1	安全监管部门信息	政府安全监管部门的机构设置、工作职责及其联系方式等信息
2	安全指令规则信息	安全政策、安全规划，以及安全法律、安全法规、安全规章、安全标准与其他安全规范性文件等
3	安全统计调查信息	各类安全统计信息（如事故统计信息与职业病统计信息等）及事故调查信息（具体包括事故查处和责任追究信息）等
4	安全督查结果信息	安全生产责任制落实情况、安全生产法律法规及标准规程执行情况、隐患排查整改和危险源监控情况、应急管理情况、安全基础工作及教育培训情况、发生安全事故或者事件的企业及安全失信企业等
5	安全行政受理信息	安全行政处罚、行政复议、行政诉讼和实施行政强制措施的情况、建设项目安全评价文件受理情况（包括受理的安全评价文件的审批结果）及安全生产许可情况等
6	安全信访处理信息	经调查核实的公众对公共安全问题或企业安全问题的信访、投诉案件及其处理结果等
7	安全应急管理信息	安全预警、预报和预防信息、可能引发事故灾难的风险信息和安全隐患预警信息，突发安全事件（包括事故）的应急预案、监测、预警、发生和处置（包括抢险救援进展）等情况，及用于消除公众安全疑虑的信息等
8	其他安全服务信息	提供给公众与社会相关组织（包括企业）的城市安全、食品安全、企业生产安全、职业安全与社区安全等方面所需的其他安全信息

2. 企业安全信息的概念及分类

由安全信息的定义及可知，所谓企业安全信息，是指表征企业系统安全状态的信息集合。根据国务院于 2014 年发布的《企业信息公示暂行条例》所给出的企业信息的定义，可将企业安全信息具体理解为：企业安全信息是指在企业从事生产经营活动过程中形成的，以一定形式记录、保存的与企业安全行为相关的信息集合）。通俗言之，企业安全信息是指企业在从事安全管理实践活动过程中所形成的信息，以及政府安全监管部门在履行职责过程中产生的能够反映企业安全状况的信息。根据企业安全信息内容及范围的不同，可将企业安全信息细分为 8 种基本类型（表 5-4），不包括企业基本信息（如企业名称、企业性质、企业法人与人员构成等）。

表 5-4 企业安全信息的类型

序号	具体类型	具体信息内容及范围举例
1	安全机构信息	企业安全管理机构的设置、工作职责及其负责人等信息
2	危险识别信息	危险有害因素（包括职业病危害因素）信息、危险有害因素信息检测监测信息、危险源信息、事故隐患信息、危险行为信息、环境信息与危险识别培训教育相关信息等
3	安全规则信息	安全政策、安全（包括职业病防治）规章制度、安全操作规程、安全许可信息、岗位安全职责、安全阈值信息、设备设施（包括所生产产品）的安全说明书与企业在公共安全方面应履行的社会责任情况等
4	安全绩效信息	某阶段的安全管理目标、安全管理成效信息、安全目标完成情况信息、事故（包括未遂）信息、安全检查信息与安全隐患治理信息等
5	安全文化信息	企业安全方针、企业安全理念、企业安全愿景、企业安全使命、企业安全责任与安全文化活动信息等
6	安全投入信息	安全经济投入、安全技术开发情况信息、安全设施设备配备与运行情况信息与企业工伤保险信息等
7	安全处罚信息	安全生产行政处罚信息（安全生产行政处罚决定、执行情况和整改结果）与企业内部安全激励信息（包括安全处罚信息与安全奖励信息）
8	危险应对信息	安全防范措施、安全防护策略、事故（包括职业病危害事故）应急救援措施、事故应急预案、安全预警信息、事故进展信息与危险应对培训教育相关信息等

5.3.2 安全信息供给的必要性与重要性

从理论而言，所开展的一项研究和实践活动应具有充分的必要性与重要性，这是顺利开展一项研究和实践活动的基本前提，也是开展一项研究的价值和意义所在。因而，在开展某项研究和实践活动前，应详细论证开展该研究和实践活动的必要性与重要性。那么，开展安全信息供给研究和实践活动的必要性与重要性是什么呢？其必要性与重要性是否充分？在此，就上述问题进行详细论证。概括而言，安全信息供给研究和实践活动的最根本缘由（即必要性与重要性）是安全信息缺失所引发的负面影响严重。同时基于此，还可延伸推理出其他重要缘由，分析如下。

1. 安全信息缺失所引发的负面影响严重

诸多研究均表明，因主客观因素所导致的安全信息缺失问题会对安全管理工作产生诸多严重的负面影响，而安全信息供给不及时、不充分或失效是导致安全信息缺失最为重要的基础性因素，这是因为安全信息供给是安全信息用户接触与使用安全信息的第一道必要基础环节。因而，安全信息供给极为必要。同时，由此可见，有效的安全信息供给是解决安全信息缺失问题的基本前提和关键。

若将政府安全监督管理系统或企业均视为某一具体系统，结合政府安全监管部门或企业的安全管理（这里将安全监管统一称为安全管理）工作实际，易得出安全信息缺失对系统安全管理工作产生的严重负面影响（参见4.3.3节的图4-5）。概括而言，安全信息缺失的直接负面影响主要是影响系统安全行为活动（即安全预测行为、安全决策行为与安全执行行为）的效率与质量，其最终负面影响是导致系统发生事故或事故扩大和系统既定安全目标的不能按时完成，进而影响系统管理绩效。

2. 公民的安全权与知情权

一般而言，政府与企业安全信息应以公开为原则，不公开为例外，这是因为：从权利角度看，安全信息供给是实现公民安全权（包括生命安全权、健康安全权与财产安全权等）与知情权的基本要求（从义务的角度看，政府与企业为公民供给所需安全信息是政府与企业的基本义务）。这里，分别从公民的安全权与知情权2个层面出发，对安全信息供给的必要性进行扼要分析。

1）从公民的安全权角度看：安全权作为每位公民的最基本权利，应得到充分保障。而安全信息作为实现公民安全权的基础要素之一，且政府与企业依次具有保护民众（包括企业）和企业员工安全的义务与责任。因而，政府与企业分别具有为民众和企业员工提供安全信息的义务。此外，企业生产经营活动也不能危及社会公共安全，民众也有权要求企业依法提供相关企业安全信息。

2）从公民的知情权角度看：首先，就政府而言，政府的税收与管理权（包括安全监管权）来源于民众和企业。因而，为满足民众和企业对政府安全监管事务的知情权，政府就具有向民众和企业提供安全信息的义务。具体言之，政府安全监管部门仅是政府安全信息的占有者而非所有者，政府安全信息的所有权归属民众和企业。其次，就企业而言，国家法律明确规定，企业员工具有对自身工作场所的危险有害因素与安全规程等安全信息的知情权。因而，为企业员工提供其所需安全信息也是企业的基本义务。

3. 安全信息的公共性

从公共资源的角度看，安全是一种最基本和最重要的公共资源（产品）。显然，安全信息而言作为实现安全的基础保障要素，其本质就是一种典型的安全资源，也具有显著的公共性特征。这里，分别从政府与企业2个层面出发，扼要分析安全信息的公共性属性。

1）就政府而言，政府有关安全信息供给不足会明显削弱民众和企业的自我安全保护能力。此外，当政府有关安全信息供给不充分时，民众和企业唯有借助其他渠道获得相关安全信息，但因其所获得的安全信息的真实性与权威性偏低，极易导致安全问题的扩大化和严重化（如二次事故等），甚至因虚假安全信息的误导而引起民众恐慌。因而，根据安全信息的公共性的要求，政府应通过有效的安全信息供给，提升民众和企业的安全意识和安全风险防范能力。

2）就企业而言，首先，企业安全信息是企业实现安全发展的一种资源保障，应该供给至企业所有部门及其员工进行有效使用，从而提高企业整体的安全管理水平。其次，企业在公共安全方面也应履行部分社会责任，因而，企业的部分安全信息也具有外部公共性，应依法提供给社会公众。

4. "I"安全管理手段之需

若从安全管理手段（对策）的角度，经归纳总结，近现代安全管理实践共经历了3次大的典型浪潮：安全管理的第一次浪潮是指"4E"安全管理时代，"4E"安全管理手段包括安全工程技术（Engineering）、安全法治（Enforcement）、安全教育（Education）与安全经济（Economics）4种安全管理手段；安全管理的第二次浪潮是指"4E + C"安全管理时代，"4E + C"安全管理手段包括"4E"安全管理手段与安全文化（Culture）手段；安全管理的第三次浪潮是指"I"安全管理时代，"I"安全管理手段（如循证安全管理方法）是指基于证据（即安全信息）来开展安全管理活动（可同时涉及"4E + C"安全管理手段），政府安全监管部门与企业等依赖于各类安全信息来制定与实施各种安全行为活动。

此外，在高度信息化的今天，特别是大数据时代，以及随着信息科学技术的快速发展与进步，安全信息的收集、分析、综合与传输的成本日趋降低。因此，"I"安全管理时代已经到来，且全面实施"I"安全管理手段已是大势所趋和安全管理实践所需。而有效的安全信息供给作为有效实施和运用"I"安全管理手段的基本前提，因而，安全信息供给极为必要而重要。

5. 安全社会共管共治之需

社会共管共治是近年来诸多管理领域（如社会治安与食品安全管理等）内的一个新的有效的管理原则和理念。其实，由近年来的诸多安全管理相关研究与实践，安全公理中的"安全是每个人（包括组织）的事"及我国安全生产方针中的"综合治理"可知，从整体的安全管理体系来看，安全管理须走一条社会共管共治的道路。因而，社会共管共治这一有效而重要的管理原则和理念可拓展应用至一般安全管理领域，即安全社会共管共治是一种有效的新的一般安全管理原则、方法和原则。

所谓安全社会共管共治，是指安全管理不能仅依赖于政府安全监管部门，也不能仅依靠政府安全监管部门的"单打独斗"和"包管天下"，只有调动其他政府部门、安全行业协会、安全中介机构、新闻媒体及社会各方面的积极性，动员全社会共同关心、支持安全管理工作，从而使社会各方有序地参与安全管理工作，尤其是赋予他们充分的监督权、表达权和参与权，并充分发挥他们的安全自律自保能力，才可形成安全管理合力，实现较佳的安全管理成效。换言之，从社会学角度看，安全问题归根结底是一个社会性问题，要彻底解决安全问题需全社会齐抓共管，生产经营单位负责、职工参与、政府监管、行业自律与社会监督，5个环节环环相扣，缺一不可，最终形成一个整体（即安全管理合力）。

显而易见，安全社会共管共治的基础是安全信息的有效供给（换言之，有效的安全信息供给是社会各方有效有序参与安全监管的基本保障和前提条件）。安全信息的公开程度与安全信息服务的周到程度，会显著影响能够调动的社会安全监督资源的量与质。目前，就我国的安全信息供给而言，尚未形成良好的安全信息供给机制，安全信息供给研究与实践尚处于初步探索阶段，安全信息供给不足问题突出。因此，唯有建立有效的安全信息供给机制，进而保证安全信息供给充分，才可有效促进安全社会共管共治，才可从根本上解决安全问题。此外，显然，有效的安全信息供给也是走向"阳光"和"透明"安全管理的基础。

6. 安全行为干预之需

安全信息缺失是发生人因（包括组织与个体原因）事故的共性原因，这是因为诸多行为干预理论（如信息-动机-行为技巧（IMB）模型与信息-知识-信念-行为（IKAP）理论等）均表明，信息是对人的行为具有控制作用的元素（细言之，人的行为是信息行为，人的行为不仅因信息而引发，同时需在信息支持下完成）。由此观之，基于安全信息的安全行为干预应是人因事故预防的重要手段，而其基本前提是保证有效的安全信息供给。换言之，有效的安全信息供给是有效的安全行为干预之需（如有效的安全信息供给是提升人的安全素养的基本起点与突破口）。

7. 矫正以安全代价作为经济效益的扭曲发展观的切入点

就政府与企业而言，为单一追求和强调经济效益，而以安全代价作为的经济效益的发展现象与问题时有发生，进而造成严重的安全后果。安全信息作为政府和企业安全行为的"指示牌"，有效的安全信息供给（尤其是安全信息公开）对政府和企业维系经济效益与安全的平衡具有重要意义，其是一条调整政府和企业将安全代价作为经济效益的扭曲发展观的有效手段。分别扼要分析如下：

1）就政府而言，如何制定与实施安全政策，如何履行安全政策法规以维系经济发展与安全发展的平衡，这是政府所面临的重大安全责任。显然，政府安全信息公开是政府获得社会公众与新闻媒体等监督的有效手段，不仅有助于矫正政府以安全代价作为经济效益的扭曲发展观，不断完善与改进政府安全监管，也有利于促进建立以安全为基本前提的经济发展发展体系和政府政绩考核体系。

2）就企业而言，安全信息公开是矫正企业以安全代价作为经济效益的扭曲发展观，进而促进企业改善其安全行为和企业安全管理，及落实企业安全责任的新的有效途径和方法，这是因为：就企业而言，安全信息公开不仅会显著影响企业的安全形象和受到安全伦理道德方面的压力，且会涉及市场问题和产品服务销售问题，多重外界压力会倒逼企业矫正以安全代价作为经济效益的扭曲发展观，从而促使企业改善其安全行为和企业安全管理，及落实企业安全责任（包括社会责任）。

5.3.3 安全信息供给的特殊性

安全管理活动自身具有一些特殊性（如突发性、及时性、预防性与偶然性）等。因此，相对于一般信息供给而言，安全信息供给具有一定的特殊性。显然，掌握安全信息的特殊性是做好安全信息供给工作的关键点之一。概括而言，安全信息供给的特殊性主要包括以下几方面：

（1）多数安全信息需经二次加工与处理才可供给

政府或企业供给的一般信息均是原始记录与保存的信息。但安全信息相对于一般信息而言，其依赖于统计分析或评价等技术进行二次加工和处理的比重较大，即政府或企业供给的大部分安全信息是经过统计分析或评价而获得的被认为是有价值和相对科学准确的安全信息。但经二次加工和处理的安全信息，也难免会遗漏部分原始安全信息中所含有的有价值的安全信息。

（2）安全信息供给应有所限制

并非所有安全信息都可对外供给，一些安全信息应排除在安全信息供给内容与范围之外。

1）涉"密"安全信息不可对外供给。尽管安全信息供给是实现公民知情权的基本要求，公民知情权须受国家保密制度的合理限制。因而，涉及国家机密的安全信息不可对外供给。其次，涉及商业秘密、个人隐私抑或违反公共道德或利益的安全信息也不可对外供给。

2）存在争议的安全信息不可对外供给，这是因为存在争议的安全信息本身具有较高的风险性。

3）负面安全信息（如有可能引起公众恐慌的信息或存在曲解的安全信息等）不可对外供给，以免引发一些安全事件。

（3）安全信息供给管制应有所限制

上文提到安全信息供给应有所限制，即应对安全信息供给进行适度管制。但需指出的，尽管可对安全信息供给进行一定的管制，但这并非代表就可以隐瞒或捏造安全信息，安全信息供给管制也应有所限度与条件。

（4）部分安全预警信息供给本身存在"危险性"

1）就社会公众和企业生产经营者而言，安全预警信息供给不仅涉及社会公众的安全权，还关系到企业经营者的权利保障问题。例如，政府错误或不恰当地发布企业相关不良的安全信息会有可能侵害企业生产经营者的权利。

2）尽管部分安全预警信息本身可以起到安全预警的作用，但错误或不恰当地对其进行供给极有可能引起公众恐慌等不安全事件。综上可知，部分安全预警信息供给必须要慎之又慎。

（5）部分危险应对安全信息的不确定性

因环境特点、事故发生地点和原因、危险应对者等的不同，以及部分危险应对行为（如火灾应对与逃生行为）的偶然性，实际上很多危险应对安全信息均具有一定的不确定性。通俗言之，危险应对者运用所掌握的正确安全信息未必一定会保证危险应对成功，甚至有时还会产生负面影响。正是部分危险应对安全信息的这种不确定性，导致目前的危险应对安全信息供给与危险应对教育存在难点。

（6）安全信息供给导致安全信息泛滥或安全信息滥用

首先，安全信息供给会一定程度上导致安全信息泛滥，公众、企业或其他组织筛选和获取有用安全信息的成本会显著增加，同时，对公众、企业或其他组织的安全信息素养的要求也会大幅提高。其次，安全信息供给会产生安全信息滥用现象，如曲解或捏造安全信息，或私人律师滥用安全信息进行安全责任追究或类似集体诉讼。

5.3.4　安全信息供给的理论模型框架

根据安全信息供给的类型与内容、必要性与重要性，以及特殊性，以安全信息供给的整个过程为切入点，可构建安全信息供给的理论模型框架，如图 5-5 所示。

由图 5-5 可知，完整的安全信息供给的理论模型框架应包括 4 个关键要素，即安全信息供给的主体、安全信息供给的机制、安全信息供给的客体（受众）与安全信息供给的最终目的。显然，该模型表明安全信息供给是一个"安全信息供给→安全信息传递→安全信息接收→安全信息反馈→安全信息再供给"的往复循环过程，其是安全信息供给研究与实践的整个理论框架。该模型的主要内涵具体分析如下：

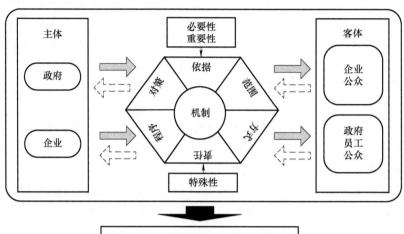

图 5-5　安全信息供给的理论模型框架

1）该模型明确了安全信息供给的主体与客体。安全信息供给的主体主要包括政府与企业。其中，政府所供给安全信息的主要对应客体是企业和公众，而企业所供给安全信息的主要对应客体是政府、员工和公众。

2）安全信息供给的机制是实现有效安全信息供给的关键。就安全信息供给的主体与安全信息供给的客体而言，安全信息供给的机制是两者之间进行安全信息传输及反馈的"中介"。由此可见，良好的安全信息供给的机制是实现有效安全信息供给的基本保障。此外，安全信息供给的必要性、重要性与特殊性会显著影响安全信息供给的机制的设计与实施。

3）安全信息供给的最终目的是解决安全管理中的安全信息缺失问题。由前文所述可知，概括而言，安全信息供给研究和实践活动的最根本缘由是安全管理中的安全信息缺失问题所引发的负面影响严重。由此可见，安全信息供给的最终目的是解决安全管理中的安全信息缺失问题。

4）完整的安全信息供给的机制由 6 个主要的基本要素构成，即安全信息供给的依据、范围、方式、责任、程序与对策（表 5-5）。显然，安全信息供给机制的设计与实施需综合考虑上述基本构成要素。换言之，良好的安全信息供给的机制在于上述 6 个要素间的有效协调和配合。

表 5-5　安全信息供给机制的基本构成要素

序号	要素名称	解释说明
1	安全信息供给依据	主要指与安全信息供给有关的国家法律法规和制度依据等，如《中华人民共和国政府信息公开条例》《企业信息公示暂行条例》《中华人民共和国安全生产法》与《中华人民共和国职业病防治法》等
2	安全信息供给范围	主要根据政府与企业安全信息的类型，及安全信息供给的依据、必要性、重要性与特殊性确定。同时，因安全信息供给的主客体的不同，安全信息供给的范围也会有所差异

（续）

序号	要素名称	解释说明
3	安全信息供给方式	指安全信息供给的主体采集、发布安全信息或安全信息供给的客体获取安全信息的方式，如构建安全信息共享平台、设置安全标志或安全提示语，以及开展安全宣传教育等
4	安全信息供给责任	安全信息供给责任主要指政府与企业在安全信息供给方面应承担的相关责任。为确保政府与企业有效履行相关安全信息供给责任，应建立和制定相关安全信息供给责任制度
5	安全信息供给程序	宏观而言，完整的安全信息供给程序是"组建安全信息信息供给部门或机构→建立安全信息信息供给的工作机制（包括责任制）→建立安全信息供给平台或渠道→供给安全公共信息，并及时更新→接受安全信息供给客体的查询与反馈→安全信息供给的监督考核→安全信息供给工作的完善"
6	安全信息供给对策	为促进安全信息的有效供给，需一系列对策为其提供保障，如树立安全信息共享理念、加强安全风险交流、强化安全信息供给客体的安全信息素养和安全知识教育、发挥中介组织的作用、完善安全信息供给相关法律法规和制度、整合安全信息载体、推进信息技术和安全管理的深度融合、建立和统一安全信息化标准、完善安全信息收集与检测体系，及完善权利救济与责任追究机制等

5.4 基于安全信息的安全行为干预的 S-IKPB 模型

【本节提要】

构建和解析一种基于安全信息的安全行为干预模型，即基于安全信息的安全行为干预新模型，即"安全信息-安全知识-安全认识-安全行为（S-IKPB）"模型。在此基础上，分析模型实施的基本要素与方法。

本节内容主要选自本书著者发表的题为"一种基于安全信息的安全行为干预新模型：S-IKPB模型"[4]的研究论文。

人的不安全行为（安全阻碍行为）是导致安全管理失败与一系列不安全事件（如发生事故、伤害、损失与网络安全事件等）发生的重要原因之一，这已成为安全科学学术界与实践界的重要共识。鉴于此，近年来，安全行为干预（管理）已引起安全管理研究者与实践者的广泛关注，甚至有学者认为，狭义的安全管理就是"安全行为干预"。由此可见，安全行为干预应是安全科学领域一个极具价值的研究课题。

经过多年的研究探索，以行为安全管理为主的一套安全行为干预理论、方法与手段已基本形成。但令人遗憾的是，传统的安全行为干预理论（如安全文化论、安全人性论、安全教育论、安全法制论与综合论）通常是从心理学、行为学与管理学等角度出发，采用一般的行为干预措施及"混合式"干预措施，尚未寻找到一个较佳的安全行为干预的逻辑起点、切入点与主线，尚未构建一个理想而系统的安全行为干预模型，这不仅导致实际安全行为干预研究与实践工作缺乏有效思路与指导，也导致安全行为干预效果不理想。令人欣喜的是，随着人类步入信息时代，学界逐渐认识到信息是对人的行为具有控制作用的元素，并基于信息开发了部分经典的行为干预模型（如"信息-决策-行动（IDA）模型"与"信息-动机-行为技巧（IMB）模型"等）。同时，在安全科学领域，研究者也逐渐开始关注安全信息对人的安全行为的重要影响作用，构建部分揭示安全信息对人的安全行为的影响机理的模型（如瑟利模型及基于信息认知的个人行为安全机理模型等），并认为安全信息应是进行安全行为干预的一个极佳切入点，但还未探讨基于安全信息的安全行为干预理论与方法。

正因如此，本书著者经过长期的安全信息学方面的研究、探索与思考，最终将基于安全信息的安全行为干预定位为安全信息学的主要研究内容。一般而言，某一科学领域的一个好的模型（特别是较宏观和基础层面的模型）可有效指导该领域的整个研究与实践工作。鉴于此，本节尝试构建一种基于安全信息的安全行为干预新模型，以期为基于安全信息的安全行为干预研究与实践工作提供理论依据与基本思路，进而促进安全行为干预效果。

5.4.1 基本概念及模型的构建

1. 基本概念

在构建以安全信息为主线的安全行为干预模型时，需涉及 3 个基本概念，即安全信息、安全行为与安全行为干预。因此，在构建模型之前，根据该模型的特点与目的（即安全行为主体的安全行为干预）扼要解释上述 3 个基本概念。

（1）安全信息

安全信息是表征系统安全状态及其变化方式的信息集合。就安全行为主体而言，安全信息是指表征安全行为主体所在组织未来安全状态的相关信息集合。安全信息作为连接安全行为主体的主观安全认识和系统（组织）客观安全状态的桥梁和纽带，从信息哲学的角度看，就安全行为主体而言，安全信息主要以 4 种状态（类型）存在，即自在安全信息、积存安全信息、自为安全信息与再生安全信息，具体解释见表 5-6。其中，自在安全信息向自为安全信息的转化以积存安全信息的存在为条件；从自在安全信息中获取更多有用的自为安全信息与再生安全信息，就是安全信息资源的开发利用过程。此外，需补充说明的是，安全信息的分类方式有多种（如 2.4 节的讨论），这里根据本节研究需要，仅讨论安全信息的上述分类方式。

表 5-6　安全信息的主要类型

类　　型	定　　义
自在安全信息	自在安全信息指系统（组织）未来安全状态的客观显示，是指安全信息还处在未被安全行为主体认识与掌握的那种初始状态。换言之，自在安全信息指客观存在而不以是否被安全行为主体接收或分析处理为转移的安全信息
积存安全信息	积存安全信息指安全行为主体已有的先验安全信息，是安全行为主体对自在安全信息的解释系统
自为安全信息	自为安全信息指安全行为主体对自在安全信息的主观直接显现、把握或认识。换言之，自为安全信息指安全行为主体依据特定目标与实际能力所得到的安全信息
再生安全信息	再生安全信息指安全行为主体通过思维活动对自为安全信息进行的一种改造过程中创造的新形态的安全信息。产生再生安全信息的主要活动是安全行为主体的思维活动

（2）安全行为

安全行为是人的行为的一种类型。就安全行为主体而言，安全行为是安全行为主体发出的对其所在组织的安全绩效有影响的一切行为活动的总和。根据安全行为对组织安全绩效的影响的不同，可将安全行为分为两类，即安全促进行为（指对组织安全绩效具有促进作用，即正面影响作用的安全行为，如安全遵规行为）与安全阻碍行为（指对组织安全绩效具有阻碍作用，即负面影响作用的安全行为，如安全违章行为）。

此外，根据行为主义心理学对人的行为的分类，还可将安全行为外划分为隐性安全行为（指安全行为主体的安全心理活动。若从安全信息加工的角度看，安全心理活动是安全行为主体通过大脑进行安全信息的摄取、储存、编码和提取的活动。由于安全行为主体的安全心理活动一般不能被外界直接观察、测量和记录，即其具有隐蔽性，故习惯于将其称为隐性安全行为）与显性安全行为（指安全行为主体所产生的可对组织安全绩效产生影响的外在行为活动）。当然，安全行为也有其他分类方式，这里不再具体讨论。

（3）安全行为干预

安全行为干预是指改变安全行为主体的安全行为，具体包括"纠正与消除安全行为主体的安全阻碍行为"及"使安全行为主体采取与实践安全促进行为"。从行为科学角度看，完整的行为（包括安全行为）过程应包括产生行为动机、确定行为目标、行动过程与发生行为结果 4 个关键过程。由此观之，以安全行为动机和安全行为目标为依托，通过一系列合理的行为活动，安全行为主体可实现预期的安全行为结果。

因此，安全行为干预的实质是通过对安全行为主体的整个安全行为过程进行干预或控制，使之发生特定的安全行为结果。由此，成功的安全行为干预可分为 2 种基本过程：①给安全行为主体以安全行为目标，控制其安全行为进入特定轨迹，并发生期望的安全行为结果；②在安全行为主体拥有安全行为目标的情况下，控制安全行为主体的安全行为过程，使之安全行为结果偏离目标。

2. 模型构建

在行为科学领域，目前已形成以下重要共识：①行为具有可控性，这是进行行为干预（管理）的先决条件；②信息可直接影响人的脑部活动（即隐性行为），故信息是进行内隐行为控制的首选控制信号与切入点；③认知心理学认为，人的行为活动过程就是信息的流动与转换的过程，人的外显行为的本质是人的内在信息认知过程的外在表现；④人的内隐行为决定其外显行为。

综上可知，人的行为不仅因信息而引发，同时需在信息的支持下完成，信息是对人的行为具有控制作用的元素，基于信息进行行为干预科学可行。其实，已有的一些与信息有关的典型的行为干预理论（如"信息-决策-行动（IDA）模型"与"信息-动机-行为技巧（IMB）模型"等）也可证明上述观点的正确性与科学性。有鉴于此，安全行为作为人的行为的一种，基于安全信息的安全行为干预理应既科学而可行。同时，已有的部分人因事故模型（如瑟利模型）与安全行为模型（如基于信息认知的个人行为安全机理模型）也可表明，安全信息是安全行为主体的安全行为的重要影响因素之一，应基于安全信息对安全行为主体的安全行为进行干预。

若从设计科学角度看，"构建模型"相当于"设计模型"，符合设计的一般步骤，即发现与明确问题、制定设计方案、制作模型与测试、评估及优化 4 个关键步骤。上文已明确本节要构建的安全行为干预模型的问题立足点和出发点（即"基于安全信息对安全行为主体的安全行为进行干预"），这里扼要论述要构建的安全行为干预模型的基本设计方案（即思路），具体如下：①以"信息就是安全，安全就是信息"为基本设计理念；②以心理认知学、行为科学与信息科学知识为基础；③以安全信息为基本切入点（即逻辑起点）；④以安全行为主体的安全信息流（即"自在安全信息→自为安全信息→再生安全信息"）为主线；⑤以"安全信息（Safety & Security Information，SI）→安全知识（Safety & Security Knowledge，SK）→安全认识（Safety & Security Perception，SP）→安全行为（Safety & Security Behavior，SB）"的安全行过程为安全行为逻辑链；⑥融合安全行为主体的安全行为的关键影响因素（主要包括安全信息因素、安全知识因素、安全认识因素、安全行为诱因、安全行为能力、安全人性因素与背景因素）。

在此，根据模型构建的基本思路，建立基于安全信息的安全行为干预新模型，即"安全信息-安全知识-安全认识-安全行为（S-IKPB）"模型，如图5-6所示。需补充说明的是，由S-IKPB模型的构建思路可知，S-IKPB模型在吸收传统安全行为干预模型的"精髓"的基础上，对传统安全行为干预模型进行了一定的创新和完善（如构建模型的基本理念不同、具有明确的安全行为干预切入点、安全行为干预具有逻辑性和直观性，以及考虑融合了影响安全行为的非安全信息因素等），构建思路中的5方面（即上述第①、③、④、⑤与⑥点）可充分体现S-IKPB模型与已有的安全行为干预模型的区别与优点。

5.4.2 模型的内涵解析

这里，详细解释S-IKPB模型的基本内涵。需指出的是，在S-IKPB模型的"评估与测试"方面，本书仅阐释理论层面的模型的优点及有效性，实证层面的验证将在后续相关研究中开展。由图5-6可知，S-IKPB模型共涉及9个基本构成要素，即安全信息供给（暴露/刺激）、安全信息行为实施、安全知识形成及利用、安全认识塑造、安全行为改变、安全行为诱因、安全行为能力、安全人性因素与背景因素。以下对它们的基本含义进行扼要解释。

1. 安全信息供给（暴露/刺激）

安全信息供给（暴露/刺激）指安全行为主体所在的组织通过书面形式（如安全标志牌、安全法律法规、安全制度规范等）、活动形式（如各类安全文化活动等）、交流沟通形式（如安全警告、安全宣教与安全劝服等）等形式向安全行为主体（即安全信息使用者，或称为安全信息用户）提供揭示组织安全状况的安全信息（其目的是使安全信息暴露至安全行为主体），以刺激安全行为主体产生安全信息需求并满足安全行为主体的安全信息需求。

因此，安全信息供给是安全行为主体产生安全信息需求与满足安全行为主体的安全信息需要的基本前提。由此观之，安全信息的有效供给是安全行为干预的基本起点与突破口。从信息哲学的角度看，就安全行为主体而言，所供给的安全信息均是"自在安全信息"。

2. 安全信息行为实施

安全信息行为指所有的与安全信源、安全信息需求、安全信息获取、安全信息检索、安全分析利用、安全信息扩散等有关的安全行为主体的行为。所谓安全信息行为实施，是指安全行为主体所表现出来的安全信息需求、安全信息动机、安全信息获取、安全信息分析与安全信息处理等行为。

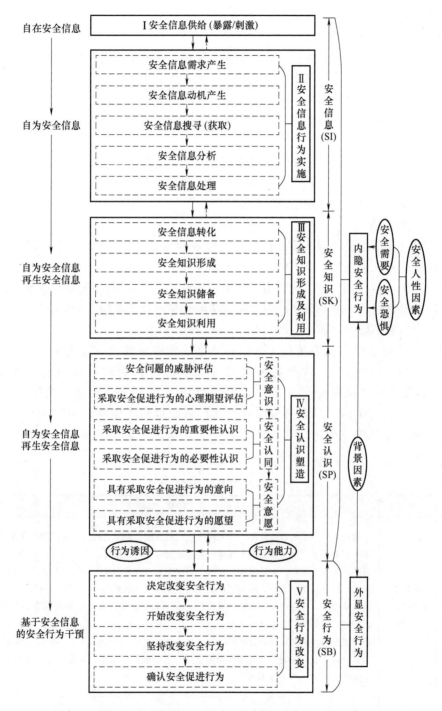

图 5-6 安全信息-安全知识-安全认识-安全行为（S-IKPB）模型

安全行为主体实施安全信息行为是安全行为主体学习与获得安全知识的前提条件（即必需手段与必经过程）。从信息哲学的角度看，安全行为主体实施安全信息行为的直接目的或结果是将"自在安全信息"转化为"自为安全信息"。由此观之,产生"自为安全信息"的活动主要是安全行为主体的安全信息行为。

3. 安全知识形成及利用

安全信息经过安全行为主体的分析、加工与处理,就可用于指导其安全行为实践,则转变为安全知识。换言之,任何安全知识都是在安全行为主体获得安全信息后,通过加工整理而转化成为安全知识。由此观之,所谓安全知识,是指安全行为主体从各个途径中获得,并经过提升总结与提炼的安全信息。简言之,安全知识是指已被安全行为主体学习和掌握的安全信息。

从信息哲学的角度看,安全知识的本质是自为安全信息与再生安全信息的总和。概括而言,安全行为主体的安全知识形成及利用过程主要包括4个主要阶段,即安全信息转化、安全知识形成、安全知识储备与安全知识利用。

4. 安全认识塑造

安全认识(实质也是"自为安全信息"与"再生安全信息"的总和)是指人脑对系统客观安全状态(系统客观安全状态的实质反映是"自在安全信息")的反映,并基于自身所拥有的安全知识(包括"积存安全信息")揭示安全(这里主要指安全促进行为)对人的意义与作用的思维活动。由此观之,安全认识实际也是一种特殊的安全信息形态,是建立在掌握充分安全信息基础上的理性思考。

概括而言,安全认识主要包括3个核心要素,即安全意识(指安全行为主体对安全问题所引发的威胁的感知,以及对采取某种安全促进行为的心理期望,具体解释见表5-7)、安全认同(指安全行为主体对安全价值及采取安全促进行为等认可的态度,具体表现为安全行为主体对采取安全促进行为的重要性与必要性认识)与安全意愿(指安全行为主体对采取安全促进行为的倾向程度,即意向与愿望,其是一种持久的情绪性的心理倾向)。

表 5-7　安全意识的核心要素

一级要素	二级要素	具体解释
知觉到安全问题所引发的威胁	知觉到安全问题的严重性	指安全行为主体知觉到某种安全问题(包括事故、伤害、网络攻击或暴露于某种不安全因素等)的严重性或对自身的不安全行为不进行改变的严重性。具体而言,行为主体对安全问题的严重性的判断,主要包括3方面:①对安全问题的生物学后果(如死亡、伤残、疾病与疼痛等)的判断;②对安全问题所引起的其他损失(如效益损失、财物损失、环境污染、名誉形象受损、信息泄露与隐私泄露等)后果的判断;③对安全问题所引起的社会后果的判断,如经济负担、工作生活问题、心理负担、家庭生活、对亲人与亲戚朋友等的影响,以及社会关系受影响等。行为主体对所面临的安全问题的严重性的估计不足或过度均是不宜的,例如:a. 若估计不足,可能对安全的重要性的认同度会偏低,可能拒绝采纳安全促进建议;b. 若估计过度,可能引起过度恐慌或采取某些过激行为
知觉到安全问题所引发的威胁	知觉到安全问题的易发性	指安全行为主体对出现某种安全问题或陷入某种不安全状态的可能性的判断(包括对安全促进建议的接受程度与自身对安全问题发生、复发可能性的判断等)。换言之,行为主体对安全问题的易发性的衡量的侧重点在于对某一安全问题产生行为主体所不希望的安全后果(安全问题的严重性)的概率大小的判断

（续）

一级要素	二级要素	具 体 解 释
对采取某种安全促进行为的心理期望	知觉到安全促进行为的益处	指安全行为主体对于实施或放弃某种安全行为后，能否有效降低某种安全问题的危险性、发生概率或减轻其不良后果（包括能有效预防该安全问题或降低该安全问题所引发的不良后果影响等）的判断。唯有当安全行为主体认识到自己所决定采纳的安全促进行为有益有效时，安全行为主体才会积极主动地采取并重复有关安全促进行为
	知觉到实施安全促进行为的障碍	指安全行为主体对采取与实施安全促进行为的障碍，即困难（包括有形成本与心理成本）的认识。例如，有些安全促进行为可能成本（如经济成本与时间成本等）投入较大，甚至可能带来不便感、不愉悦感与日常生产生活的时间安排有冲突。对上述类似困难有足够的认识，且相信克服这些障碍，采纳与实施安全促进行为值得时，才有可能采纳与实施安全促进行为并巩固持久。否则，安全行为主体则可能依旧维持原有的安全阻碍行为
	自我安全效能	指安全行为主体对自己实施或放弃某安全行为能力的自信，即对自身的安全行为能力有正确的评价与判断，相信自己一定能通过努力成功地采取一个能导致期望结果的安全行动。自我安全效能的重要作用在于，当认识采取某种安全促进行为会面临的障碍时，需要有克服障碍的信心与意志，才能执行这种安全促进行为。决定自我安全效能的因素不仅来自安全行为主体的内心与能力，有时也来自其客观条（如经济地位与组织支持等）

根据表5-7，这里对安全行为主体知觉到安全问题所引发的威胁进行进一步解释：指安全行为主体知觉到某种安全问题（主要指某种不安全因素）所引发的安全威胁。需特别指出的是，若某一行为主体仅知觉到某一安全问题的严重性而未知觉到其的易发性，则其并非一定会知觉到这一安全问题的安全威胁。细言之，尽管行为主体知道某一安全问题的严重性，但若其认为自身绝不，或基本不可能会面临或陷入该安全问题时，其就极可能不会采取相应的预防保护措施。例如，在安全教育工作中，经常出现这样的情况：某些高风险行为主体已知道某一安全问题的严重性，但未真正明白安全问题的随机性与隐匿性，认为"我周围无这一安全问题，基本甚至根本不可能遇到或陷入该安全问题"，所以对相应的安全防控保护措施嗤之以鼻。

由上可知，行为主体知觉到安全问题的严重性与易发性，可统称为行为主体知觉到安全问题的安全威胁，这一过程实则是行为主体的安全风险感知过程。此外，安全意识、安全认同与安全意愿三者间的基本关系是：①强烈的安全意愿是特定安全行为形成的前提；②强烈的安全意愿源自对实践某种安全行为的强烈认同；③强烈的安全认同源自强烈而正确的安全意识。

5. 安全行为改变

从行为科学角度看，完整的行为过程应包括产生行为动机、确定行为目标、行动过程与发生行为结果4个关键过程。基于此，可得出安全行为改变（干预）的4个关键步骤，即决定改变安全行为（具体包括产生改变安全行为的动机，及确定改变安全行为的目标）、开始改变安全行为（具体表现为尝试实践某种安全促进行为）、坚持改变安全行为（具体表现为持续反复实践某种安全促进行为）与确认安全行为（具体表现为安全行为主体已养成采取和实施某种安全促进行为的习惯）。

从安全信息角度看，安全行为改变实则是安全行为主体的内在安全信息认知处理过程的外在表现，即基于安全信息的安全行为干预。

6. 安全行为诱因

安全行为诱因指激发安全行为主体采取安全促进行为的"导火线"或"扳机"。安全行为诱因主要指一系列安全提示性因素，其可以是安全宣传教育、别人的安全劝服、安全管理人员的安全提醒、其他人（主要指同事与亲友）遭遇过某种安全问题，以及安全规范等。

此外，安全行为条件的可及性也会构成安全行为诱因。例如，安全防护设施设备的触手可及可能会成为某些情况下使用安全防护设施设备的主要诱因之一。

7. 安全行为能力

安全行为能力指安全行为主体实施（实践）某种安全促进行为的知识与技能，可通过安全信息（包括安全知识）传播与技能训练促使其掌握有关实施某种安全促进行为的能力。

8. 安全人性因素

安全人性因素是影响安全行为主体的安全行为的主要因素之一，主要包括安全需要因素与安全恐惧因素。①安全需要因素：安全需要（仅高于生理需要）是人的第二层基本需要，人的安全需要是人的内隐安全行为（如人的安全信息需求产生、安全行为改变意愿产生等）的关键影响因素之一。②安全恐惧因素：安全恐惧指安全行为主体感知到安全问题的安全威胁而又不明情况，不知如何应对安全问题而产生出的带逃避情绪反应，其也是人的内隐安全行为的关键影响因素之一。

在安全信息供给过程中，应通过有针对性的工作，帮助对象个体或群体了解相关安全信息，让安全行为主体既做出正确的安全认识，又满足其安全需要并消除其安全恐惧，从而有利于安全问题的解决与防控，保护所有人的安全权益。

9. 背景因素

一些背景因素也是安全行为主体是否采取某种安全促进行为或放弃安全阻碍行为的主要影响因素，主要包括以下4方面因素：①人口学因素（年龄、性别与种族等）；②社会心理学与组织心理学因素（个性、情绪、情感、社会地位、社会压力与组织角色等）；③积存安全信息因素（包括以往的安全经验，及与安全问题的接触及经历等）；④环境因素（指安全行为主体的外在环境因素，为安全行为主体实施某种安全行为提供机会与社会或组织支持，如安全文化因素）。

综上，可概括出 S-IKPB 模型的核心思想：

1）以安全信息为主线的安全行为干预流程主要包括 5 个基本步骤：Ⅰ安全信息供给（暴露/刺激）、Ⅱ安全信息行为实施、Ⅲ安全知识形成及利用、Ⅳ安全认识塑造与Ⅴ安全行为改变。

2）上述 5 步可归纳为 4 个典型阶段，即"安全信息→安全知识→安全认识→安全行为"。

3）"安全信息"是指表征安全行为主体所在组织的安全状态的信息，其是安全行为改变的前提。细言之，"Ⅰ安全信息供给（暴露/刺激）"是安全行为干预的必要条件（但并非是充分条件），"Ⅱ安全信息行为实施"是"自在安全信息"转化为"自为安全信息"必经过程。

4）"安全知识"是指安全学习，其本质是"自为安全信息"与"再生安全信息"的总和，是安全行为改变的基础，依赖"Ⅲ安全知识形成及利用"这一过程产生和实现效用。

5）"安全认识"是指正确而积极的安全认识（具体包括安全意识、安全认同与安全意愿），是安全行为主体在对安全知识进行积极思考的基础上而逐渐形成的，其是安全行为改变的动力，依赖 "Ⅳ安全认识塑造" 这一过程增强、纠正或更新等。

6）"安全行为" 是指安全行动（特指显性安全行为），是安全行为改变的目标，其依赖 "Ⅴ安全行为改变" 这一过程。

7）隐性安全行为（主要包括安全信息行为实施、安全知识形成及利用与安全认识塑造）决定显性安全行为，安全行为干预应从隐性安全行为干预着手。

8）安全行为除受安全信息及其延伸因素（即安全知识因素与安全认识因素）影响外，还受安全行为诱因、安全行为能力、安全人性因素与背景因素的影响，故在进行安全行为干预时，不仅要重视安全信息的有效供给与传播，也要关注其他安全行为影响因素。

9）安全信息、安全知识、安全认识与安全行为之间并非仅是单方面的 "正向" 的影响关系，也会 "逆向" 相互影响。

5.4.3　模型实施的基本要素与方法

由 S-IKPB 模型的内涵可知，S-IKPB 模型可为基于安全信息的安全行为干预提供理论依据与基本思路，但尚未给出 S-IKPB 模型应用实施的基本要素与方法。这里，对此进行扼要探讨。

根据 S-IKPB 模型的中心思想（即运用安全信息控制安全行为主体的安全行为），给出应用实施 S-IKPB 模型的 3 个基本要素，即安全信息（SI）、安全教育（Safety & Security Education，SE）与安全传播/交流/沟通（Safety & Security Communication，SC），三者可统称为 "S-IEC 要素"。其中，安全信息是基础，安全教育是手段，安全传播/交流/沟通是目标，通过三者的有效协作，可实现以安全信息（包括安全知识）传播/交流/沟通为主的安全教育活动，进而干预安全行为主体的安全行为。简言之，"S-IEC 要素" 的核心在于安全教育、安全传播与安全行为之间的关系，而安全教育与安全传播的内容是安全信息。

基于 S-IKPB 模型实施的 "S-IEC 要素"，提出 S-IKPB 模型实施的基本方法，即 S-BCCEI 模式（图 5-7）。由图 5-7 可知，S-BCCEI 是安全行为（SB）、安全变化（Safety & Security Change，SC）、安全传播/交流/沟通（SC）、安全教育（SE）、安全信息（SI）的英文缩写。在 S-BCCEI 模式实施的每一步骤，实施者均需回答和解决一个关键问题。概括而言，S-BCCEI 模式的重点是关注安全行为主体的安全行为，需要知道通过供给什么安全信息和采取什么安全教育措施使某安全行为主体的安全行为发生哪些变化，以及需要做哪些安全传播和安全沟通工作。

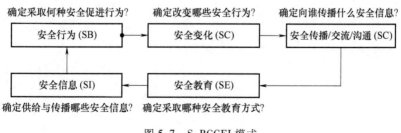

图 5-7　S-BCCEI 模式

显然，S-BCCEI 模式较一般安全教育方法更为系统、科学且切入点明确。此外，因为安全信息（包括安全知识）传播活动操作起来较为简单，容易取得即时效果（并非具有好的效果），且无须进行复杂的效果评价。因此，S-BCCEI 模式易被普遍采用。但需指出的是，正因如此，S-BCCEI 模式仅在提高安全行为主体的安全知识与安全认识方面会发挥好的促进作用，而在安全行为干预方面的作用是有限的，还应考虑其他安全行为影响因素。

本章参考文献

［1］王秉，吴超. 安全信息行为研究论纲：基本概念、元模型及研究要旨、范式与框架 ［J］. 情报理论与实践，2018，41（1）：43-49.

［2］王秉，吴超. 安全信息素养：图情与安全科学交叉领域的一个重要概念 ［J］. 情报理论与实践，2018，41（7）：35-41.

［3］王秉，吴超. 安全信息供给：解决安全信息缺失的关键 ［J］. 情报杂志，2018，37（5）：146-153.

［4］王秉，吴超，黄浪. 一种基于安全信息的安全行为干预新模型：S-IKPB 模型 ［J］. 情报杂志，2018，37（12）：140-146.

第6章

安全情报基本理论

6.1 安全情报概念的由来、演进趋势及含义

【本节提要】

运用文献分析法和思辨法，从安全科学学理角度出发，论证基于安全科学视角解读与界定安全情报概念的必要性、重要性与紧迫性，探讨安全情报概念的由来与演进趋势，并分析安全情报的含义。

本节内容主要选自本书著者发表的题为"安全情报概念的由来、演进趋势及涵义——来自安全科学学理角度的思辨"[1]的研究论文。

6.1.1 问题的提出

自人类迈入风险社会，安全问题便成为人们重点关注的问题之一。特别是，当前我国社会正处于转型期，表现出矛盾加剧、安全危机与安全风险增多的阶段性特征。与此同时，当前我国也正处在工业化、城镇化持续推进过程中，各类人造系统（如城市）日益巨化、复杂化，生产经营规模日趋扩大，各类安全风险剧增，并呈现交织叠加、整体涌现的趋势，同时传统安全问题和非传统安全问题相互交织，这给安全管理（或称为"安全治理"）带来诸多挑战。其实，世界各国都面临如上的严峻安全形势和新挑战。因此，安全问题已成为当前国家、政府、企业、社会、大众及学界广泛关注的一个重要现实问题。正因如此，安全科学作为研究安全促进理论与手段的学科，近一二十年飞速发展和壮大，已成为一门独立的学科领域，更是蓄势待发的朝阳学科。

安全科学是一门典型的大交叉大综合学科。这一学科属性决定其他学科领域的学者皆可从自身学科角度出发，去审视安全问题并开展与安全科学交叉领域的研究。情报学是一门旨在为管理（特别是决策）提供情报服务的学科，由来已久，发展至今，已广泛地渗透到各个学科领域（包括安全科学领域）。情报学历来关注重大事件、威胁与危机的研判、警示、呼唤与谋划。由此可见，理应从情报学视角关注安全事件、安全风险与安全危机防控，情报学理应是安全科学的重要支撑学科，安全科学正在呼唤情报学的"融合"与"助力"。例如，就安全管理（主要包括安全预测、安全决策与安全执行）而言，强调预防为主、掌握主动、赢得先机，高质量的安全情报就不可或缺，安全管理需要情报的支持与协助，相关情报学研究与实践的效用之一在于进行超前准确的安全预测、科学有效的安全决策和及时到位的安全执行，并运用情报学的相关理论方法设计建立相关的安全管理情报支持体系。正因如此，安全情报概念便应运而生，并近年来已逐渐成为情报学领域的一个研究热点。

的确，近年来，从情报学角度审视与研究安全问题，或者说是开展情报学与安全科学交叉领域的研究，已得到学界的广泛关注，并已取得一系列代表性研究成果。鉴于此，安全情报（如国家安全情报、军事安全情报、公共安全情报、信息安全情报与应急情报等）已成为继科技情报、竞争情报等之后情报学领域的下一个重要的研究新领域和新阵地。其实，情报学与安全科学的结缘已久，情报概念早就进入了安全领域（或者说，情报概念最早就起源于安全科学领域）。为什么会这么说呢？情报概念的渊源已久，若追溯其起源，始于军事情报（包括军事安全情报）、国家安全情报与公安情报（或称为警务情报，其涉及众多公共安全情报）等。这也是人们首先会将情报与军事安全、国家安全紧密联系起来的重要原因之一。此外，若从另一个角度看，安全情报是人类安全需要的产物，安全情报是古老的。自从有了人类，人类就开始追求安全，同时也就有了人类因安全需要而产生的安全情报需求。人类追求安全需求的终极目标就是"防患未然"，所以安全情报活动就会自然出现。

由 1.2.6 节可知，目前来看，专门针对安全情报（Security & Safety Intelligence）的研究尚不多见，目前的安全情报研究是零散的，缺乏统一的规范和指导，从而导致不同领域的研究者对安全情报概念的认识、理解与界定是不统一，这不仅导致对安全情报概念缺乏整体性的把握和认识，也造成不同领域学者之间的安全情报学术交流存在障碍与困难。概念既是人们对过去认识的归纳与提炼，又是人们开展新认识的起点（简言之，概念是正确认识的逻辑起点与基本单位）。故就安全情报研究而言，首要任务理应是明确"安全情报"的概念。由此观之，目前的安全情报研究弊端难免会严重阻碍安全情报研究的继续深化与规范化发展。因此，目前亟须对安全情报概念进行统一性认识和把握。那么，应该选择谁来承担统一安全情报概念的研究重任呢？在本书著者看来，安全科学研究者应该是个不错的选择，这理应是安全科学研究者义不容辞的责任与义务。究其主要缘由，主要包括以下几方面：

1）安全情报是一个情报学与安全科学直接进行互相交叉而延伸出的一个概念，其是安全科学领域的最基本概念之"安全"与情报学领域的最基本概念之"情报"的一个组合概念。由此可见，我们不仅需基于情报学视角阐释安全情报概念，也需基于安全科学视角解读安全情报概念，两个学科视角缺一不可。只有这样，才能全面而科学地把握安全情报概念。目前，安全科学视域下的安全情报解读与研究存在缺失，亟须补充。此外，情报学与安全科学具有一个共性，即所涉及的范围十分广泛，内容也十分庞博，两个学科领域的安全情报研究互相补充，必会进一步丰富和深化安全情报研究。

2）其他学科领域的安全情报研究者一般仅是基于情报学视角研究某一具体领域的安全问题或某一环节的安全管理问题，而安全科学发展到今天，强调系统安全学研究范式，即强调从整体的视角关注所有影响系统安全的因素，再加之安全科学研究者一般都具有丰富的安全科学研究实践知识和经验。因此，相比来说，安全科学研究者更易和更能从整体的角度认识和解读安全情报概念，从而达到统一安全情报概念的重要目的。

3）安全情报是一个情报学与安全科学交叉研究的边缘性新领域。目前，对于情报学领域，从近年来对安全情报研究的广泛关注易知，安全情报也许已不是一个新概念，正被越来越多的情报学研究者所了解、接受和关注。但令人非常遗憾的是，在安全领域，其依然是一个相对陌生概念，这也从侧面说明它在安全领域将会是极有吸引力的。情报学等领域研究者对安全情报的探索和研究一定会让安全科学研究者茅塞顿开，会促使他们在安全领域开拓新的研究思路和开辟新的研究道路。因此，安全科学研究者极有必要了解、认识与接受安全情报概念，并在情报学等领域研究者对安全情报的有益探索和研究基础上，开展这方面的进一步深化研究和探索。

4）近年来，相关组织（如政府部门与企业等）的安全管理信息化（简称为"安全信息化"）工作真是开展得如火如荼，并已相继建成各类配套的安全信息系统与平台。然而，在安全管理实践中的安全情报工作尚存在诸多不足，主要体现在以下 3 方面：①对安全管理中的安全情报认识模糊，对安全管理的认识仍仅停留在"安全信息"层级，安全管理参与者的情报能力不足；②安全管理的安全情报网络尚不通畅（安全管理信息系统间无法互联互通），系统协作与安全情报共享困难；③情报专业人员和专业情报机构尚未被纳入到安全管理的情报网络中，情报工作在安全领域的拓展度与渗透度不足，未得到安全管理领域的足够认可和重视。

综合而言，安全情报是安全科学和情报学领域的一块"富矿"，尚有巨大的开采空间，情报学等领域学者已捷足先登者去开采，开采工作更期待着安全科学研究者的加入。目前，缺乏面向安全科学（特别是安全管理）的专门安全情报研究，亟须开展安全科学视域下的安全情报研究，而首要任务就是基于安全科学角度认识与界定安全情报概念，这肯定是所有理性的安全情报研究者所期待的。作为安全领域的研究者，本书著者在长期的安全信息学研究和探索中，特别是在反思当前的安全信息学研究与实践工作时，也逐渐深刻意识到开展安全情报研究的紧迫性、重要性与必要性。鉴于此，本书在已有的安全情报相关研究基础上，主要运用文献分析法和思辨法，尝试从安全科学学理角度，探讨安全情报概念的由来、演进及新内涵，以期为以往的安全情报研究缺失提供有力补充，同时为安全情报的后续研究提供一些新思路。当然，本书仅算是安全科学视域下的安全情报研究的一个开端，其另一主要目的是希望能够引起情报学与安全科学领域对安全情报研究的关注与热议。

6.1.2 安全情报概念的由来

简单看，就"安全情报"概念的起源而言，其应是"情报"概念引入及情报学相关理论与方法等应用至安全科学领域的典型产物。显然，仅这样简单理解"安全情报概念的由来"既不深刻，也不严谨，极有必要在此基础上进行深入剖析。安全情报作为情报学与安全科学交叉领域的一个学术概念，从安全科学学理层面看，安全情报概念源于情报学视域下的安全科学（特别是安全管理）新认识，即"从安全信息到安全情报"的安全管理新认识。下面，对此进行详细解释。

有前文可知，安全信息缺失（或称为安全信息不完备或安全信息不对称）现象广泛存在于安全管理工作之中，是导致安全管理失败的根本原因，这是近年来在安全科学学术界与实践界形成的新认识和达成的新共识。正因如此，本书著者曾做出重要论断："系统收集和有效运用安全信息是通往安全的必经之路。"因此，安全管理的最有意义、最好方法是利用最佳安全信息来开展安全管理工作。如何收集、管理和使用安全信息将决定安全管理的成败。正因如此，近年来，在安全领域，正在积极倡导与践行一种新的安全管理理念与方法，即循证安全（基于证据的安全）管理，以期有效解决安全管理中的安全信息缺失困境。

值得一提的是，循证安全管理中的"证据"实质是安全信息，更严格、准确地说，应是安全情报。其实，就管理而言，人们一般这样理解情报，即"情报是所有影响管理（主要指管理决策）的信息（或称为内容）"。根据此认识，若从情报角度看，准确严格地讲，上面所说的"安全信息"（即影响安全管理的"安全信息"）实则都是指"安全情报"（"安全信息"与"安全情报"不可混淆，两者的区别与联系类似于"信息"与"情报"之间的区别），这是因为：根据情报转化理论，安全信息本来是客观的、无穷的和无用的，而安全情报才是面向安全管理服务的，才是会直接影响安全管理的。由此观之，就安全管理而言，真正缺失的是"安全情报"而并非是"安全信息"。例如，1995年日本的阪神大地震因灾情情报延误导致救灾效果不佳；2011年我国的"7·23"甬温线特别重大铁路交通事故、2013年青岛"11·22"中石化输油管道泄漏爆炸事故，以及2015年"8·12"天津滨海新区爆炸事故的发生与事后应急处置的不到位均与安全情报研判失误、安全情报传递不及时或失灵等紧密相关。

从情报角度看，安全管理应是一个安全信息链的升级和层递过程。一般认为，信息链由"事实（Facts）→数据（Data）→信息（Information）→知识（Knowledge）→情报（Intelligence）→智慧（Wisdom）"6个关键要素构成（其实，就安全信息链的要素而言，也有安全学者（如Huang等）做过类似与信息链的要素的描述），其上游面向物理属性，而下游面向认知属性。由信息（安全信息）链原理可知，安全信息多是靠近安全信息链的低层级的"眼睛朝下"，而安全情报则处于安全信息链的高层级，其更应是面向安全管理的"眼睛朝上"。因此，就安全管理而言，安全信息本来是无用的，只有安全信息（包括安全知识）被"激活"（其实，很多学者认为，情报就是指被'激活'了的'加工了的信息'）转化为安全情报，才会对安全管理产生影响，才会对安全管理起到支持作用（即发挥效用）。简言之，缺失安全情报的安全管理就如同无源之水。

由信息链可知，情报化是实现智能（智慧）化的基础与前提。若我们的认识一直停留在安全信息链的安全信息层级，那么，安全管理信息化（简称为安全信息化）所追求的终极目标之智慧（智能）安全便会变得无从谈起和遥不可及。目前，国家、政府、社会、城市与企业等已建立各类安全数据库或安全信息系统与平台，但在实际安全管理中仍未发挥理想的作用。究其原因，主要是安全研究者与实践者尚未真正领悟到"安全信息"与"安全情报"的差异，导致其认识与工作侧重点仍停留在"安全信息"层级，尚未上升至"安全情报"层级，尚未将安全信息提升至安全情报为安全管理提供服务。显然，这种认识和研究实践弊端，必会严重阻碍安全信息化进程及其效用的有效发挥，也会导致安全信息化实践成为单纯的安全数据（信息）库，甚至是"空壳"和可有可无的"摆设"或"花瓶"。具体而言，目前，安全信息资源的建设已取得显著成就，但"重藏轻用"的问题长期存在，并愈发凸显，建成的大规模安全信息资源库并不能快速有效地服务于特定安全问题的解决，即安全情报资源本位的思想依然严重，其作用有限，为安全管理长期提供服务的动力不足。

由上可知，若安全信息化工作仅是游离在"安全信息"层级，仅是单纯运用信息技术包装安全管理实践工作，仅是单纯收集与组织安全数据信息，但未将安全信息提升至安全情报，会导致大多数安全信息化工作并无实际的安全管理成效。当然，需说明的，安全信息是构成安全情报的基础之一，安全情报的来源是安全信息，安全信息基础设施的建设也是非常重要的。在情报学领域，情报研究的定位是服务于管理（侧重于决策），同理，安全情报研究旨在服务于安全管理。可见，安全情报是安全管理的支撑，是安全管理的关键点和必备要件。

同时，若从安全管理者的角度，审视安全情报的作用也是非常重要的。根据 Brookes 的知识方程，即"$K(S) + \Delta I = K[S + \Delta S]$，式中：$K(S)$ 表示原有的知识结构，ΔI 表示吸收的情报量，$K[S + \Delta S]$ 表示最终的知识结构"，也可说明安全情报会使安全管理质量实现"质"的提升。就安全管理而言，根据 Brookes 的知识方程，从安全管理者（主体）出发，$K(S)$ 是安全管理者原有的安全知识结构，ΔI 是通过吸收安全情报（变成安全情报的主体是安全信息）而增殖的安全知识，$K[S + \Delta S]$ 是指安全管理者在安全情报支撑下的安全知识结构。在这种情况上，理论上讲，安全管理者的安全管理行为会变得更加可靠、科学而正确。

此外，随着安全问题日益复杂化和交织化，特别是物联网、云计算与移动互联网等新技术在安全领域的广泛应用，安全信息量呈井喷式增长，安全领域的大数据时代也随之而来。但在这种时代背景下，安全情报的作用与意义并未削减，反倒愈发凸显"无用的安全信息泛滥，有价值的安全情报缺失"的问题，严重影响安全管理的预测力、决策力和执行力。究其这一问题凸显的重要缘由，仍是上面所述的原因。若具体讲，主要包括三大方面原因：①由于大多安全信息化工作仅停留在安全信息层面，从而导致其游离于安全情报工作之外；②由于安全研究者与实践者缺乏强烈的情报意识，并对安全情报的认识与定位模糊，导致安全情报失察；③由于安全专业人员的情报分析能力有限，而情报专业人员（包括情报专业服务机构）又尚未很好地融入安全领域，未与安全专业人员开展良好合作提供安全情报服务，从而导致安全情报产品质量低、时效差等问题的出现。

归根结底，只有安全研究者与实践者应从安全管理各个维度出发将安全信息上升至安全情报的层级，只有在安全管理过程中提取安全情报，只有抓住安全管理中的"主要矛盾"——将安全信息（数据）升华为具有安全管理效用的安全情报资源，才能使安全信息（包括安全情报）对安全管理的预测力、解释力与支撑力更为显著，也更易于实现以安全情报为主导与核心的安全管理体系。换言之，以"安全情报-安全管理"为指导和核心的安全管理研究与实践范式实质上是一个安全信息认知、安全情报分析与应用、超前准确的安全预测、科学有效的安全决策和及时到位的安全执行的过程，在某种程度上，这是一种安全管理研究与实践范式的创新和变革。但目前来看，安全管理中的安全情报工作仍存在诸多不足与困惑。因此，亟须从安全管理的"安全信息"层级升级至"安全情报"层级，从"普适性安全变量"升级至"针对性安全变量"，这是情报视域下安全管理的重难点所在。

毋庸讳言，从安全信息到安全情报，确实是安全科学（特别是安全管理学）学术界与实践界比较难迈的一步。但是，我们也没必要过分悲观和担忧。由上文可知，近年来，在安全科学领域，特别是 Security（如军事安全、国家安全、科技安全、信息安全与公共安全等）领域，安全情报（这里特指 Security Intelligence）已得到广泛关注，并已开展一系列极具理论和实践意义的研究实践探索，将在下文进行详细列举和概述。显然，上述安全情报方面的先行先试与积极有益探索，是令人极其欣喜的，它们为安全信息向安全情报的成功过渡，为安全情报的认识、研究与实践的进一步深化开启了一个良好的开端，并奠定一定的理论基础与研究实践经验。

总之，把安全信息提升至为安全情报（主要指安全管理的依据）是安全管理（特别是"安全信息化"）研究与实践的核心任务和终极目标，而非仅是安全信息的收集与组织。将安全信息提升为安全情报，这个提升过程就是目前安全管理（特别是"安全信息化"）研究与实践的重要软肋所在。目前，安全情报研究尚处于初步探索阶段，在安全管理（特别是安全信息化）中，安全情报仍处于游离状态，缺乏有效的融入。因此，从情报视角看，安全管理需一场"破釜沉舟"的变革，特别是随着大数据时代的到来，这种改革已变得势在必行和刻不容缓。安全管理必须融入"安全情报"理念，唯有这样，才能在繁芜丛杂的安全信息海洋中，通过各种有效的手段与方法对安全信息进行分析（信息分析是信息转化为情报的重要过程与途径），使安全信息的结构与功能发生变化，实现将安全信息提升至安全情报的目标，从而使安全信息的价值真正得以升值和释放。

6.1.3　安全情报概念的演进趋势

随着人们认识的不断加深及社会需求及环境等的不断演变，许多概念（特别是人文社科领域的概念，如"文化"、"信息"与"情报"等）都是一个动态的演变过程。安全情报概念亦是如此。随着人们安全需求、安全主要矛盾、安全形势、安全任务与所面临的安全问题、安全风险等的不断演变，安全情报概念在不断发生嬗变。这里，对安全情报概念的演进趋势进行简要梳理分析，以期在此基础上提出更加适应和契合当前安全科学研究与实践需求的安全情报概念。从历史角度看，结合安全科学的演进及发展趋势，概括而言，安全情报概念的演进趋势是"从分散到统一"，具体体现在3方面，即"从局部安全到总体安全"、"从'Security'到'安全一体化（Security & Safety Integration，SSI）'"，以及"从应急管理到安全管理"。

1. 领域：从局部安全到总体（全面）安全

2014年4月15日，"总体国家安全观"的伟大国家安全理论和构想被首次提出，旨在建立集政治安全、国土安全、军事安全、经济安全、文化安全、社会安全、科技安全、信息安全、生态安全、资源安全、核安全等于一体的国家安全体系。其实，从系统安全学角度看，若将安全这一条件、状态、属性与任一系统（如国家系统、文化系统与生态系统等）相结合，便可延伸出一系列"××安全"的二级安全概念。基于安全科学视角，以总体国家安全观指导，根据所针对的安全保护的对象系统规模的不同（根据系统规模的不同，可将系统划分为3个层级，即宏系统、中系统与微系统），可将安全科学领域大致划分为3个一级领域（范畴），依次如下：

1）宏系统安全（简称大安全），即国家安全领域，其主要包括政治安全、国土安全、军事安全、经济安全、文化安全、科技安全、信息安全与生态安全等二级安全领域。

2）中系统安全（简称中安全），即公共安全领域，其主要包括食品安全、防灾减灾、消防安全、交通安全、核安全、社会安全、反恐安全与校园安全等二级安全领域。

3）微系统安全（简称小安全），即生产安全（Production Safety）（我国习惯将其称为安全生产）领域，其主要包括职业安全、职业健康与工业安全（矿山安全、建筑安全、化工安全、冶金安全与运输安全等）等二级安全领域。

针对上述三大一级安全领域的安全管理工作的不同安全情报需求，可将安全情报划分为国家安全情报、公共安全情报与生产安全情报，具体解释如下：

1）国家安全情报。据考证，国家安全情报（包括军事安全情报）是情报学领域最早关注和开展研究的领域之一。正因这种历史背景的影响，直到今天，绝大多数非情报学领域或无情报学背景的人，对情报的认识仍仅局限于国家安全与军事（包括军事安全）领域。自"总体国家安全观"于 2014 年被提出后，国家安全情报研究已得到学界的广泛关注。当然，目前学界已提出一些属于国家安全情报范畴的二级"××安全情报"概念。通过检索 Web of Science 数据库和中国知网数据库发现，它们主要有：军事安全情报、信息安全情报（具体涉及网络安全情报（或称为"网络安全威胁情报"）与网络空间安全情报等）与科技安全情报等。

2）公共安全情报。公共安全情报的概念的提出已久。在我国，由于公安机关长期承担着维护公共安全的绝大多数任务，所以公共安全情报一直被视为公安情报的同义词。由上面对公共安全的范围界定来看，这种认识并不完全准确，存在一定的局限性。与此同时，目前学界已提出部分属于公共安全情报范畴的二级"××安全情报"概念。通过检索 Web of Science 数据库和中国知网数据库发现，它们主要有：核安全情报、食品安全风险情报、灾害情报（具体包括地震灾害情报与自然灾害情报等）、消防情报与反恐情报等。

3）生产安全情报。经检索文献发现，在生产安全领域，目前尚未正式提出专门针对该领域的"生产安全情报"概念。究其原因，主要原因也许是由于传统的生产安全领域的研究者一般均是理工科背景，缺乏人文社科（特别是情报学）背景，他们的学科背景决定其对安全信息化的认识主要集中在信息技术在安全管理中的应用，或者说仅停留在"安全信息"层级。显然，这种认识亟须改变，要升级至"安全情报"层级。

自 2014 年"总体国家安全观"被提出后，我国安全学者逐渐认识到，由于各具体领域（如公共安全与生产安全）的安全问题会相互交织和相互转化，若要实现真正的安全发展，应树立"总体（全面）安全"意识和理念。本书著者认为，所谓总体（全面）安全，就是全面建成安全国家和社会，其核心在"全面"二字，要求各个领域的安全发展都不能有短板，应把安全工作的着力点和重点放在补齐全面安全的短板上，力争做到一个都不能少，一项都不能缺，一步都不能慢。其实，这也是世界安全科学的重要发展趋势之一。显然，按总体（全面）安全的要求，目前的安全情报研究仍集中在服务局部安全管理服务方面，亟须朝向服务于总体（全面）安全建设发展。因此，安全情报概念的一个重要演进趋势应是从局部安全到总体（全面）安全。

2. 内涵：从"Security"到"安全一体化（Safety & Security Integration, SSI）"

安全科学先后按"经验安全科学→技术安全科学→系统安全科学"发展至今天，系统安全学已成为安全学界与实践界认识、研究与解决安全问题的主流观点。简言之，所谓系统安全学，是指安全科学研究与实践的范围都应限定在一个具体系统（例如，大到某一国家系统、社会系统、城市系统、文化系统、科技系统与军事系统等，小至某一企业系统、社区系统与生产系统等）的安全来认识和研究。随着系统安全学研究的深入，人们也逐渐认识到安全一体化（Safety & Security Integration，SSI）问题。

目前，在 Security 领域，安全情报研究已得到广泛关注，但在 Safety 领域，对安全情报的关注甚少，尚还基本停留在安全信息的收集阶段（具体原因上文已做扼要解释）。从系统安全学角度看，安全情报研究旨在服务系统整体安全的促进。显然，目前的安全情报概念的内涵还主要体现在"Security"方面，"Safety"方面的内涵体现严重不足，更是无法体现安全一体化方面的内涵。因此，安全情报概念的内涵应从"Security"向"安全一体化"发展。

3. 环节：从应急管理到安全管理全过程

由于应急管理工作具有偶然性、突发性与紧迫性等属性，情报对应急管理工作显得尤为重要。鉴于此，应急情报被认为是情报学研究领域的下一个重要阵地。确实，目前，应急情报方面的研究成果已非常之多。我国的应急情报研究主要得益于国家和政府的高度重视和支持。例如，2007 年 11 月中国实施的《中华人民共和国突发事件应对法》在应急管理中明确要求重点强调情报合作；近年来的国家社科基金项目和青年项目的立项项目中有多项关于应急情报的研究课题（如 2018 年国家社科基金年度项目和青年项目立项名单就有"面向应急管理的情报工程服务机制建设研究"等研究项目）。

其实，从安全科学角度看，按照安全管理的环节划分，安全管理包括常态安全管理（其侧重点是事前预防）与非常态安全管理（即应急管理，其侧重点是事后应急）两方面，安全管理工作的"重头"应是常态安全管理。同时，常态安全管理与应急管理均需情报的支持。但令人遗憾的是，目前面向安全管理全过程（环节）的安全情报研究尚比较少见（不过，在部分具体安全领域，已开展这方面研究实践，如公共安全按领域的"情报主导的警务"模式和信息安全领域的"情报主导的信息安全"方法），研究重要集中在面向应急管理的安全情报研究。因此，今后的安全情报概念应从主要面向应急管理环节转向面向安全管理全过程。

6.1.4　安全情报的含义

简单看，安全情报作为情报的下位概念，是安全相关的情报。但显然此理解缺乏针对性、科学性与严谨性，尚未表明安全情报的效用和本质等，缺乏安全科学特色。此外，由前文可知，为认识、理解、表述与交流层面的统一性，为顺应安全科学发展趋势及安全情报概念的演进趋势，为避免各情报下位概念间的混淆，极有必要基于安全科学学理角度对安全情报的概念予以科学界定。

情报的定义一直是情报学界争论的焦点问题之一，至今尚无达成共识。但综合分析情报的定义，有两点普遍的认识：①情报是被"激活"了的"加工了的信息"，情报的本质仍是一种信息（逻辑次序而言，信息在先，而情报在后），知识是信息转化为情报的介质；②若面向管理，情报研究旨在服务于管理（主要指决策），情报是指所有影响了管理的信息（内容）。根据以上两点共性认识，基于系统安全学（其是安全科学发展到今天形成的主流安全科学范式）角度，拟给出安全情报的定义：安全情报是指所有影响了系统安全行为的安全信息。

为深入理解安全情报的内涵，极有必要扼要解释该安全情报定义的核心内涵：①此定义可直接揭示安全情报的本质：安全情报的实质是一种安全信息。②此定义可体现安全情报的价值或效用：影响系统安全行为（若从安全行为要素看，其主要包括安全预测行为、安全决策行为与安全执行行为；若从安全行为主体看，系统安全行为包括个体安全行为与组织安全行为）。③此定义可凸显安全情报的要旨：组织安全行为等同于系统安全管理（系统安全管理活动主要包括安全预测活动、安全决策活动与安全执行活动），故安全情报旨在服务于系统安全管理。④此定义可顺应安全情报概念的演进趋势：由上文可知，系统安全学角度是定义安全情报的极佳角度，这主要是因为基于系统安全学角度的安全情报定义，可全面反映总体（全面）安全、安全一体化与安全管理全过程的内涵。

显然，安全情报是开展系统安全管理工作的前提与基础，安全情报是系统安全管理的"耳目、尖兵与参谋"。具体言之，系统安全管理失败的根本原因是安全情报缺失，就系统安全管理而言，安全情报的价值是解决系统安全管理中的安全信息缺失问题。安全情报可充当系统的安全预测（预警）支持系统、安全决策支持系统与安全执行支持系统。同时，安全情报还可作为系统重要的安全学习系统，不仅能帮助系统安全管理者不断接触新的安全思想及先进的安全管理方法，并能系统安全管理者学习是事故经验教训等。

总之，安全情报工作既可为安全管理工作提供具体线索与思路，又可为安全管理工作提供依据与参考。而安全情报工作是获取安全情报的重要途径，只有安全情报工作做的扎实有效，才能在安全管理中实现超前预防及精准施策。此外，安全情报价值的实现需依赖于积极倡导和践行情报主导的安全管理理念。

6.2 安全管理中的安全情报本征机理

【本节提要】

面向整个安全管理领域和过程，结合情报工作与安全管理工作实际和特色，分析情报视角下的安全管理本质及安全情报在安全管理中的作用机理，并在此基础上，探讨如何分析和实现安全情报在安全管理中的价值。

本节内容主要选自本书著者发表的题为"安全情报在安全管理中的作用机理及价值分析"[2]的研究论文。

由 6.1 节可知，安全情报是安全管理的支撑、关键点和必备要件，缺失安全情报的安全管理就如同无源之水。正因如此，情报视角下的安全管理研究理应是安全情报研究的关键所在，具有重大的理论与现实意义，理应得到广泛重视和开展深入研究实践。

随着情报工作在安全管理领域的不断渗透和安全管理信息化的不断深化，情报视角下的安全管理研究实践正在兴起。近年来，情报视域下的安全管理研究已逐渐得到学界的关注。例如，情报视角下的具体安全领域的安全管理（如国家安全管理、公共安全管理与信息安全管理）与具体安全管理环节（主要集中在"非常态安全管理，即应急管理"方面）的优化等都以开展了不同程度的研究探索。但令人遗憾的是，已有的情报视域下的安全管理研究均零散分布于各具体安全管理领域或环节，尚未专门面向整个安全管理领域和过程开展研究，尚未上升至安全管理学和情报学学科高度，导致研究成果的普适性、适用性与理论价值非常有限。简言之，目前，缺乏立足于学科高度和面向整个安全管理领域和过程的专门安全情报研究，亟须开展这方面的相关研究。

此外，毋庸讳言，目前安全情报研究尚处于初步探索阶段，在安全管理中，安全情报工作仍处于游离状态，缺乏有效的渗透和融入。若从学理角度究其原因，这主要是因为尚未明晰安全管理中的安全情报本征机理（主要包括情报视角下的安全管理本质，以及安全情报在安全管理中的作用机理和价值等）。鉴于此，从安全管理学学理与情报学学理角度出发，面向整个安全管理领域和过程，结合情报工作与安全管理工作实际和特色，分析情报视角下的安全管理本质及安全情报在安全管理中的作用机理，并在此基础上，探讨如何分析和实现安全情报在安全管理中的价值，以期为情报视域下的安全管理研究实践提供一定的具有普适性的理论依据和参考。

6.2.1 对安全管理的"情报"反思

安全信息缺失（或称为安全信息不完备或安全信息不对称）现象广泛存在于安全管理工作之中，是导致安全管理失败的根本原因，这是近年来在安全管理学界与实践界形成的新认识和达成的新共识。其实，若从情报视角看，更严格准确地讲，安全管理中真正缺失的是"安全情报"而并非是"安全信息"，对安全管理产生了影响的安全信息应称为"安全情报"。总之，在安全管理过程中始终伴随着安全信息的流动，而安全情报是在安全信息流中直接面向安全管理问题与不确定性的，是对安全管理具有价值与意义的安全信息。这方面的详细阐释见 6.1 节。

简单看，安全情报作为情报的下位概念，是安全相关的情报。但令人遗憾的是，这种理解尚未突出安全情报对于安全促进（特别是安全管理）的价值，尚未表明安全情报的本质等。其实，根据安全情报的定义（见 6.1.4 节），可提炼出定义安全情报的 2 个关键问题：①安全情报是被"激活"了的"加工了的安全信息"，安全情报的本质仍是一种信息（就逻辑次序而言，信息在先，而情报在后）；②就安全管理而言，安全情报研究旨在服务于安全管理，主要包括安全预测（Safety & Security Forecast，SF）、安全决策（Safety & Security De-cision-making，SD）与安全执行（Safety & Security Action，SA）。基于此，根据安全情报的定义（见 6.1.4 节），可给出安全管理视域下的安全情报定义：安全情报是指影响安全管理的安全信息。具体言之，安全情报是指对安全管理者（可以是个体人，也可以是组织人，即安全管理机构）有用的安全信息，是影响安全管理者的安全管理行为（主要包括安全预测行为、安全决策行为与安全执行行为）的安全信息。由此可见，从安全管理角度看，安全情报旨在服务于安全管理，安全情报可有效支持、优化和修正安全管理者的安全管理行为，解决安全管理中的安全情报缺失问题是安全情报的关键价值所在。从情报视角看，安全管理的本质是安全管理者运用安全情报实施安全管理行为。

此外，根据上述安全情报的定义，参考情报服务的基本原则及情报的基本要素，并结合安全管理（本书所说的安全管理实则是系统安全管理的简称）特色与实际，可提出安全情报的 4 个基本要素：①准确的安全信息：完整而准确的用以表征系统安全状态的信息集合是产生和获取安全情报的基础；②恰当的安全情景：安全情报的收集与利用等要针对一定时空内的系统安全管理所处的情景（如系统的安全管理体系、系统的安全风险因素及系统内外的安全文化环境等）开展，这是收集与利用安全情报的背景要求；③对的安全管理者：安全情报应根据安全管理者的具体安全情报需求供给至对应的安全管理者，且要保证安全管理者应具备必要的安全情报素养；④合理的安全成本：获取安全情报的安全成本消耗要合理，若获取安全情报的成本不可接受，则获取情报对安全管理就失去了实际意义和价值。

由此可见，单一考虑某一安全情报的基本要素的安全管理情报化均会难免有失偏颇，安全管理中的情报收集与利用等需充分考虑安全情报的 4 要素，即以"准确的安全信息"为核心基础，并在与"恰当的安全情景"、"对的安全管理者"及"合理的安全成本"的相互作用下，安全情报才会得以激活产生并被安全管理者有效使用，从而发挥安全情报对安全管理的支撑作用和价值（图 6-1）。

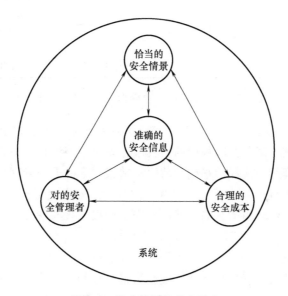

图 6-1　安全情报的基本要素

6.2.2　安全情报在安全管理中的作用机理分析

这里，为明晰安全情报在安全管理中的作用机理，构建与解析安全情报-安全管理行为（Safety & Security Intelligence-Safety & Security Management Behavior，SI-SMB）模型。

1. 模型的构建

由上分析可知，安全情报的最终目的不在于拥有安全情报而在于运用安全情报，强调服务和支持安全管理。同时，从情报视角看，安全管理的本质是安全管理者运用安全情报实施安全管理行为。显然，从情报视角看，安全管理主要包括两方面内容，即实施安全情报流程（Safety & Security Intelligence Process，SIP）与情报先导的安全管理行为流程（Intelligence-Led Safety & Security Management Behavior Process，ILSMBP）。基于此，参考一般的情报流程及约维茨（M. C. Yovits）的广义情报系统模型，构建安全情报-安全管理行为（SI-SMB）模型，如图 6-2 所示。

2. 模型的内涵解析

由安全情报-安全管理（SI-SM）模型可知，从情报角度看，安全情报工作是安全管理的有机组成部分，安全情报贯穿于整个安全管理行为过程，安全情报与安全管理行为之间是

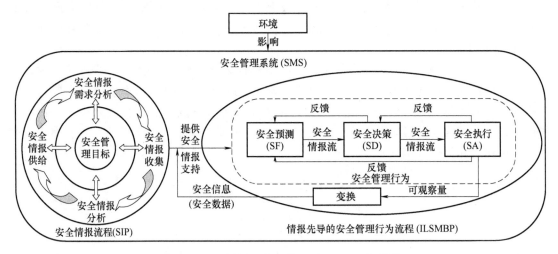

图 6-2 "安全情报-安全管理（SI-SMB）"模型

互馈的（即相互协同、相互影响的）。整个安全管理系统是由安全情报流程与情报先导的安全管理行为流程 2 个核心部分共同构成的。其中，安全情报流程的核心是情报工作，其是实施情报先导的安全管理行为流程的基础与前提；情报先导的安全管理行为流程的核心是基于安全情报实施安全管理行为（主要包括安全预测行为、安全决策行为与安全执行行为）。此外，整个安全管理系统受环境的影响。下面对安全情报流程与情报先导的安全管理行为流程依次进行扼要释义。

（1）安全情报流程

由图 6-2 可知，从安全管理角度看，安全情报流程的主要特点应包括：

1）安全情报流程的基本步骤类似于一般的安全情报流程的 4 个基本步骤，即：①安全情报需求分析，指根据和围绕安全情报用户（可称为狭义的安全管理者）所面临或提出的安全管理问题确定安全情报需求，并下达安全情报收集与分析任务；②安全情报收集，指安全情报收集人员根据受领的安全情报收集展开安全情报收集；③安全情报分析，指安全情报分析人员对相关安全情报信息进行识别、整理与汇总，并结合有关历史安全信息和自身安全经验等，分析与评估相关安全因素；④安全情报供给，指安全情报分析人员将所获得安全情报成品提供给安全情报用户。

2）参与情报主导的安全管理的活动的相关人员（可称为广义的安全管理者，主要包括安全情报收集人员、安全情报分析人员与安全情报用户）间构建一种以某一具体安全管理目标为中心，相互间能够实时共享交流的安全情报网络。参与情报主导的安全管理的活动的相关人员针对和围绕安全管理中心目标，可实现实时的、深层次的安全情报交流互动，可保证安全情报信息收集、分析和利用更具目标性与目的性，可有效促进安全情报信息的流动性，可打破相互间的安全情报信息屏障与壁垒，使得安全情报收集、分析与利用更加有效、实时而高效。

（2）情报主导的安全管理行为流程

安全情报价值的实现需依赖于积极倡导和践行"情报主导的安全管理"理念，即要建立和实施情报主导的安全管理行为流程。安全情报通过服务于安全管理行为过程发挥效用并引起可观察的结果。情报主导的安全管理行为流程以接收安全情报后的"安全管理行为"为中心，利用安全情报产生的效果，观察其对安全管理行为的影响。在此基础上，通过确定安全情报过程的各种变量和参数，形成研究安全情报及其效用和价值的一种视角与方法。需特别指出的是，安全情报对于安全管理行为，即安全预测行为、安全决策行为与安全执行行为的支持和服务，并非一定按线性序列影响，更多的可能是三者间的并列随机选择关系。

安全情报工作（即安全情报流程实施）应由安全情报工作机构负责开展。安全情报是由安全情报工作机构向安全情报用户（狭义的安全管理者）提供的，安全管理者运用所获得的安全情报选择最佳安全管理行为路径，并在安全执行行为中变为可观察的安全数据。安全情报又从外部环境与内部反馈进入安全情报工作机构。安全管理者可利用反馈的安全数据信息来修正其安全预测行为、安全决策行为和安全执行行为，如此多次反复。

6.2.3 安全情报在安全管理中的价值分析

由上分析可知，SI-SMB 模型主要从定性的角度分析了安全情报在安全管理中的作用机理（即安全情报与安全管理行为之间的相互作用和联系），但未从定量的角度分析安全情报在安全管理中的价值（即安全情报对安全管理中行为的支持和服务效用）。鉴于此，在 SI-SMB 模型基础上，运用效用函数、预先的事后分析法与相关数理知识（如贝叶斯公式与全概率公式），参考其他领域的情报价值分析模型，建立一种分析安全情报在安全管理中的价值的定量模型。

1. 使用安全情报的期望效用分析

假设针对系统安全管理的某一安全管理行为问题的基本要素依次为：①系统可能出现的所有安全状态，即系统安全状态空间为 $S = \{s_j\}(j = 1,2,3,\cdots,n)$；②系统安全状态空间 S 的概率分布为 $P = \{p_j\}(j = 1,2,3,\cdots,n)$，其中，$P$ 既可表示安全管理者的主观概率，也可表示客观概率；③由各种安全管理行为方案（路径）组成的安全管理行为方案集合，即安全管理行为空间为 $B = \{b_i\}(i = 1,2,3,\cdots,m)$；④不同安全管理行为方案的安全管理行为的实施结果集合，即安全管理行为结果空间为 $R = (r_{ij})^{m \times n}$（换言之，$R$ 是安全管理行为结果的收益值，或称为安全管理绩效）。上述假设如表 6-1 所示。显然，表 6-3 就可以表示一种安全管理行为分析模型。

表 6-1 安全管理行为分析模型

B	s_1	s_2	s_3	$\cdots$	s_n
	p_1	p_2	p_3	$\cdots$	p_n
b_1	r_{11}	r_{12}	r_{13}	$\cdots$	r_{1n}
b_2	r_{21}	r_{22}	r_{23}	$\cdots$	r_{2n}
b_3	r_{31}	r_{32}	r_{33}	$\cdots$	r_{3n}
$\cdots$	$\cdots$	$\cdots$	$\cdots$	$\cdots$	$\cdots$
b_m	r_{m1}	r_{m2}	r_{m3}	$\cdots$	r_{mn}

此外，设安全管理者的效用函数为 $E = (*)$，安全管理行为目标是使安全管理者的期望效用最大化。就安全管理行为方案 b_i 而言，其期望效用值 $E = (b_i)$ 的表达式为：

$$E = (b_i) = \sum_{j=1}^{n} p_j E(r_{ij}) (i = 1, 2, \cdots, m; j = 1, 2, \cdots, n) \tag{6-1}$$

显然，在上述安全管理问题中，涉及诸多安全信息（如系统处于各安全状态的概率值等）。为方便下文描述，可将来自安全管理者原先已有的安全经验、安全知识与安全记录等安全信息称为先验安全信息。当安全管理者对系统未来安全状态的发展变化无安全情报可供利用时，安全管理者的安全管理行为目标是选取具有最大期望效用值的安全管理行为方案为安全管理行为方案，即选取安全管理行为方案 $\bar{b}$，其表达式为：

$$E(\bar{b}) = \max_{1 \leqslant i \leqslant m} E(b_i) (i = 1, 2, \cdots, m) \tag{6-2}$$

实际上，系统未来安全状态是不确定的，特别是当各系统安全状态出现的概率值 p_j 非常相近时，对系统未来安全状态的变化就更难做出准确的事先判断。因此，在安全管理者的安全管理行为实施中，直接影响到安全行为结果的关键在于对系统安全状态的概率分布所作估计的准确性和精准性。此外，当系统未来出现的安全状态与最高期望效用值下的系统安全状态不同时，则根据式（6-2）所实施的安全管理行为所带来的结果就不一定是安全管理绩效的提升，而可能是安全管理失败。所以，在实际实施安全管理行为之前，应尽可能多地收集与系统安全状态变化相关的安全情报，以把握系统未来安全状态的变化动态，进而保证实施适应系统安全状态变化的最佳安全管理行为。但另一方面，收集和获取安全情报会有安全成本消耗，若收集和获取安全情报的安全成本消耗过高，就极大地削弱，甚至失去了安全管理的实际意义和价值。

综上分析可见，若安全管理者在实施安全管理行为之前，可通过一定的措施与途径获得反映系统安全状态出现概率的安全情报，并用所得到的安全情报来修正安全管理者原先已有的先验安全信息，由此安全管理者可得到新的系统安全状态出现概率（可将其称为"后验安全信息"），理论而言，在一般情况下，后验安全信息比先验安全信息更准确而可靠。此外，从情报视角看，在整个安全管理过程中，最关键的问题是：安全管理者到底需要获取多少安全情报才能实现获取安全情报的安全成本消耗与安全管理行为风险间的最佳平衡，进而使得所得安全管理行为的效用值最大？为有效解决和回答上述这一问题，这里采用预先的事后分析法（即利用后验安全信息对安全管理行为的未来期望效用进行预先的事后分析）得到安全情报在安全管理中的期望效用值，并基于此，判断为使最终安全管理行为实现最优，确定安全管理者是否需获取更多的安全情报。

若用 C_h 表示安全管理者所使用的安全情报显示系统未来安全状态将出现第 $h(h = 1, 2, \cdots, k)$ 种安全状态；用 $P(C_h | s_j)$ 表示未来系统出现第 j ($j = 1, 2, \cdots, n$) 种安全状态而安全管理者所使用的安全情报 C_h 显示为第 h 种安全状态的概率。则：

$$P(C_h | s_j) = \begin{cases} T_1 & (h = j) \\ 1 - T_1 & (h \neq j) \end{cases} \tag{6-3}$$

式中，T_1 表示安全情报的可靠率，则 $1 - T_1$ 表示安全情报的不可靠率。

根据贝叶斯公式与全概率公式，可得出当安全管理者所使用的安全情报 C_h，认为系统未来安全状态出现第 h 种安全状态而系统实际的安全状态为第 j 种安全状态的条件概率 $P(s_j | C_h)$ 为：

$$P(s_j | C_h) = \frac{p_j P(C_h | s_j)}{\sum_{j=1}^{n} p_j P(C_h | s_j)} \tag{6-4}$$

根据式（6-1），在安全管理者使用安全情报 C_h 的条件下，各安全管理行为方案的期望效用值为：

$$E(b_i^h) = \sum_{j=1}^{n} P(s_j \mid C_h) E(r_{ij}) \tag{6-5}$$

根据式（6-2），在安全管理者使用安全情报 C_h 的条件下，期望效用值最大的安全管理行为方案 b^h 须满足：

$$E(b^h) = \max_{1 \leqslant i \leqslant m} E(b_i^h) \tag{6-6}$$

此外，在安全管理者所使用的安全情报中，安全情报 C_h 发生的概率为：

$$P(C_h) = \sum_{j=1}^{n} p_j P(C_h \mid s_j) \tag{6-7}$$

由此可见，若使用安全情报实施安全管理行为（即根据安全后验信息实施安全管理行为），则这个安全管理行为将会带来的最大期望效用值为：

$$E(\hat{b}) = \sum_{h=1}^{k} P(C_h) E(b^h)(h = 1, 2, \cdots, k) \tag{6-8}$$

2. 安全情报的价值分析

若用 G 表示安全管理者所使用的安全情报，则安全情报 G 在安全管理中的价值 $V(G)$ 为安全管理者根据安全后验信息实施安全管理行为所得的最大期望效用值与安全管理者根据先验安全信息实施安全管理行为所得的最大期望效用值之差，即：

$$V(G) = E(\hat{b}) - E(\bar{b}) \tag{6-9}$$

为保证安全管理的科学合理，在实施安全管理行为需对安全情报对安全管理的价值进行科学分析。根据式（6-9），显然 $V(G)$ 的值会出现两种结果：①若 $V(G) \leqslant 0$，则表明安全情报对安全管理无利用价值，其不会增加安全管理行为的期望效用值；②若 $V(G) > 0$，则表明获取安全情报后，可使安全管理行为的期望效用值提升（即安全情报对安全管理有利用价值），故可进一步对是否获取安全情报开展预先的价值分析。

假设获取安全情报 G 的安全成本消耗为 $D(G)$，则安全情报 G 对安全管理的价值分析式为：

$$\Delta(G) = V(G) - D(G) \tag{6-10}$$

同理，根据式（6-10），显然 $V(G)$ 的值也会出现两种结果，即 $\Delta(G) \leqslant 0$ 或 $\Delta(G) > 0$，具体分析如下：

1）若 $\Delta(G) \leqslant 0$，则安全管理者所获取安全情报的安全成本消耗高于安全情报为安全管理所产生的新增期望效用值，在这种情况下，总体收益不增反降，再加上收集和获取安全情报还有时间损耗，故获取安全情报的成本过高。显然，对组织而言，当 $\Delta(G) \leqslant 0$ 时，获取安全情报对安全管理无实际意义，在这种情况下，就没必要获取安全情报，安全管理者应根据先验安全信息，即根据式（6-2）做出安全管理行为方案。

2）若 $\Delta(G) > 0$，则安全管理者所获取安全情报的安全成本消耗低于安全情报为安全管理所产生的新增期望效用值，这表明安全管理者所获取的安全情报可为安全管理产生新增的期望效用。显然，对组织而言，当 $\Delta(G) > 0$ 时，获取安全情报对安全管理具有实际意义，在这种情况下，就有必要及时收集和获取相关安全情报用以辅助安全管理，以期提升安全管理绩效。新增的期望效用值为 $\Delta(G)$，且 $\Delta(G)$ 值的大小与安全情报对安全管理的价值（效用）间呈正比关系。但需注意的是，若当安全管理者使用安全情报（后验安全信息）后的最佳安全管理行为方案仍为安全管理者基于先验安全信息所做出的最佳安全管理行为方案时，此时即便 $\Delta(G) > 0$，获取安全情报对安全管理也无实际意义，所在这种情况下就没必要获取安全情报。

总之，根据上述分析，可从定量的角度的清晰地了解和认识安全情报在安全管理中的价值。此外，还可根据上述分析，通过计算与分析安全情报在安全管理中的价值，使安全管理者在实际安全管理中科学、合理而经济地获取和利用安全情报，以便实施最佳的安全管理行为，进而实现最佳的安全管理绩效。

6.3 安全情报获取与分析的 R-M 方法

【本节提要】

从安全管理与情报的综合角度出发，结合安全管理工作中的情报工作实际，主要立足于理论层面，提出一种安全情报的获取与分析方法，即风险-管理（R-M）方法。

本节内容主要选自本书著者发表的题为"一种安全情报的获取与分析方法：R-M 方法"[3]的研究论文。

从情报视角看，安全情报工作是安全管理的重要工作内容之一，可视为安全管理工作的前提与基础。而由情报学知识可知，安全情报的获取与分析又是安全情报工作的核心和基础。因此，有效的安全情报获取与分析至关重要。

但令人遗憾的是，由于目前安全情报研究尚处于初步探索阶段，尚未提出一种安全情报的获取与分析方法，导致安全情报获取与分析方面的研究与实践工作缺乏基本的理论依据。鉴于此，从安全管理与情报的综合角度出发，结合安全管理工作中的情报工作实际，主要应立足于理论层面，提出一种安全情报的获取与分析方法，即风险-管理（R-M）方法，以期为安全情报获取与分析方面的研究与实践工作提供一定的理论指导与参考，进而促进安全情报获取与分析方面的研究与实践工作。

6.3.1 安全管理视角下的安全情报的获取与分析进路

安全情报贯穿于安全管理过程的始终和安全管理的方方面面，安全情报之于安全管理至关重要。其实，安全管理与安全情报两者间的关系并非是单向的，而是相互作用与支撑的（图6-3）。细言之，安全情报支持和服务于安全管理，而安全管理又是获取和分析安全情报的基本"载体"。为说明这一论断的正确性与科学性，有必要做以下的具体解释：

1）从管理角度看，根据约维茨（M. C. Yovits）的广义情报系统模型，情报是通过管理所显现的和被情报用户（管理者）所察觉、获取和进行分析的。同理，从安全管理角度看，安全情报也伴随着安全管理过程、内容和活动等而产生，安全情报的获取与分析应立足于安全管理本身开展。

2）根据 6.1 节与 6.3 节所述，从安全管理的角度看，安全情报是指所有影响了安全管理的安全信息。基于此，可得出安全情报的 2 层主要内涵：①从结果看，安全情报是一种信息产品；②从安全情报的产生与分析角度看，安全情报是一种过程，是对整体安全管理的一个全

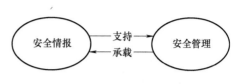

图 6-3　安全管理与安全情报间的基本关系

面监测与分析过程（如监测与分析安全管理影响因素及安全管理行为等）。由安全情报的第 2 层内涵易知，安全情报是用一定的手段，通过长期系统地跟踪、收集、分析与处理一系列可能对安全管理产生影响的信息，最终提炼出与安全管理紧密相关的关键情报（如安全威胁、安全管理的优势与劣势及机遇与挑战等），从而帮助安全管理者在安全信息尽可能充分的条件下实施安全管理行为和策略。由此可见，安全情报的获取与分析应立足于安全管理本身开展。

综上分析，可得出安全管理视角下的安全情报获取与分析的基本进路：安全情报的获取与分析应立足于安全管理本身开展。显然，该安全情报的获取与分析进路还具有至少具有以下突出优势：①有利于及时发现安全管理缺陷并进行及时弥补；②有利于构建一种以安全管理目标为中心的安全情报获取与分析模式，有利于形成与安全管理内容与过程进行实时地互动交流的安全情报网络，可保证安全情报信息获取与分析更具目标性与目的性，使得安全情报获取与分析更加有效、实时、准确而高效。

现代安全管理学认为，"安全管理"实则是"安全风险管理"的简称，即"安全风险（为简单起见，本节下文将'安全风险'统一简称为'风险'）"与"管理"的交叉组合。细言之，安全管理是指运用管理理论、方法与手段进行风险管控。基于此，可将安全管理的划分为 2 个基本模块，即风险模块（主要指风险辨识、分析与评估的内容与过程，其偏重于安全科学范畴）与管理模块（主要指实施安全管理行为与策略管控风险，其侧重于管理科学范畴）。基于此，从安全管理角度看，可将安全情报的来源划分为两方面，即风险模块与管理模块。由此，可得出安全管理视角下的安全情报获取与分析的 2 条具体进路，即"风险模块的安全情报（可视为安全风险情报信息）"与"管理模块的安全情报（可视为是管理情报信息）"。

6.3.2　R-M 方法的提出

根据安全管理视角下的安全情报获取与分析进路，提出安全情报的风险-管理（R-M）获取与分析方法，如图 6-4 所示。显然，该方法是根据安全管理视角下的安全情报（Safety & Security Intelligence，图 6-4 中用 I 表示）获取与分析的 2 条具体进路，即"风险（Risk，图 6-4 中用 R 表示）模块的安全情报"与"管理模块（Management，图 6-4 中用 M 表示）的安全情报"建立的，所以将该安全情报获取与分析方法命名为风险-管理（R-M）方法。

由图 6-4 可知，该方法强调安全情报的获取与分析要面向安全管理，要立足于安全管理本身开展。总体而言，该方法认为，安全情报获取与分析的基本思路是：①将安全管理（Safety & Security Management，这里用 SM 表示）模块划分为风险模块与管理模块；②依次获取与分析 R 模块的安全情报（图 6-4 中用 I_R 表示）与 M 模块的安全情报（图 6-4 中用 I_M 表示）。此外，针对安全情报获取与分析的 R-M 方法，还需特别说明：①由于安全管理是面

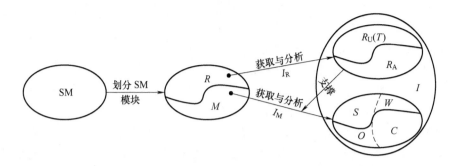

图 6-4   安全情报获取与分析的 R-M 方法的基本框架

SM—安全管理 R—风险模块 M—管理模块 I_R—风险模块的安全情报 I_M—管理模块的安全情报

R_U—不可接受风险 T—安全威胁 R_A—可接受风险 S—安全管理优势

W—安全管理劣势 O—安全管理机会 C—安全管理挑战 I—安全情报

向和基于风险的，故 I_R 应是获取与分析 I_M 的重要支撑（依据）之一；②R-M 方法是同时包括组织（如国家、社会、城市与企业等）内部安全因素与外部安全因素的安全情报获取与分析的综合方法。换言之，在运用 R-M 方法获取与分析安全情报时，应同时考虑组织内外的安全因素，进而保证安全情报获取与分析的系统性。当然，在实际安全情报获取与分析工作中，应根据实际情况，有所侧重地考虑组织内外的安全因素。

从安全科学角度看，隶属于 I_R 的关键安全情报包括可接受风险（Acceptable Risk，图 6-4 中用 R_A 表示）与不可接受风险（Unacceptable Risk，图 6-4 中用 R_U 表示）。需补充说明的是，在安全科学领域有一种主流的观点，即"安全是指把风险控制在可接受的范围内"。因此，又可将 R_U 称为安全威胁。安全威胁与安全隐患两者的含义相似，但安全隐患仅是我国本土化学术术语而并非是国际通用的学术术语，故本节采用安全威胁这一术语。从管理学的角度看，隶属于 I_M 的关键安全情报是安全管理特征方面的安全情报。具体可将 I_M 划分为两大方面，即安全管理现状特征方面的安全情报与安全管理前景特征方面的安全情报。

其中，I_M 可进一步具体细分为以下几方面：

1）安全管理现状特征方面的安全情报。具体包括：安全管理优势（Strength，图 6-4 中用 S 表示），如独特的安全技术、丰富的安全管理经验、优秀的安全文化、充足的安全投入与高素质的安全管理人员等；安全管理劣势（Weakness，图 6-4 中用 W 表示），如缺乏先进的安全技术、安全管理方法和安全设施设备、缺乏安全管理经验、病态安全文化及安全投入不足等。

2）安全管理前景特征方面的安全情报。具体包括安全管理机会（Opportunity，图 6-4 中用 O 表示），如安全发展潜力大、国家、政府或组织等不断重视安全、安全发展需求增加、安全发展环境不断优化，以及落后工艺、技术与装备等的淘汰更新；安全管理挑战（Challenge，图 6-4 中用 C 表示），如组织生产经营规模的不断扩大、各类安全风险的交织叠加出现、新的安全风险的不断涌现、组织安全管理能力与组织发展不相适应、安全管理体系机制不完善及安全资源分配不均等。

总之，就面向安全管理的关键安全情报而言，其主要包括 6 方面，可用集合表达式表示为 $I = \{(R_A, R_U) \cup [(S, W) \cup (O, C)]\}$。

6.3.3　R-M 方法的具体实施

根据建立安全情报获取与分析的 R-M 方法的基本思路，其具体实施包括 I_R 获取与分析与 I_M 获取与分析。下面，分别介绍具体方法。

1. I_R 获取与分析的 R-I_R 方法

从安全科学角度看，I_R 获取与分析的前提和基础是风险评价。由此，可将 I_R 获取与分析过程划分为具有逻辑先后顺序的 R 评价过程与 I_R 获取与分析过程（图 6-5）。由此，可将 I_R 获取与分析方法命名为 R-I_R 方法。其中，根据风险评价步骤，完成 R 评价过程的具体步骤包括 3 步：①R 辨识，即识别组织各方面（如业务单元、各项重要经营活动及其重要业务流程等）所面临的风险；②R 分析，即分析与描述所识别出的风险（如风险的特征、发生概率、发生条件及其后果等）；③R 评价，即运用风险评价方法衡量风险值的大小，并进行风险分级。在完成 R 评价过程基础上，就可根据 R 评价结果（即风险分级结果），识别出 R_A 和 R_U，从而获得 I_R。显然，I_R 是进行风险管控，即安全管理的重要安全情报支撑。

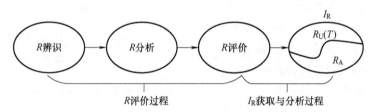

图 6-5　I_R 获取与分析的 R-I_R 方法的基本框架

2. I_M 获取与分析的 SWOC 方法

由 I_M 的构成可知，I_M 的获取与分析需围绕 4 方面（即 S、W、O 与 C）开展。由此，可将 I_M 获取与分析方法命名为"SWOC"方法。需特别强调的是，安全情报获取与分析的 R-M 方法强调 I_M 的获取与分析需针对和围绕 I_R 开展，需以 I_R 为重要的依据和支撑。此外，SWOC 方法与战略管理与图书情报等领域的 SWOT 方法的提出思路具有相似之处，但各因素所表示的含义差异较大。这里，扼要介绍 I_M 获取与分析的 SWOC 方法。

I_M 获取与分析的 SWOC 方法是针对和围绕 I_R，并以 I_R 为重要依据和支撑，立足现状，面向未来，通过对组织安全管理进行综合分析，得出组织安全管理的主要特征方面的关键安全情报，具体包括安全管理现状特征方面的安全情报（即安全管理优势与劣势）及安全管理前景特征方面的安全情报（即安全管理所面临的机会与威胁），以"使安全管理优势与机会最大化，使安全管理劣势与威胁最小化"为基本原则，以"充分发挥优势，尽力遏制劣势，努力把握机会，积极应对挑战"为理论指导，制定组织安全发展战略。显然，SWOC 方法可用一个 2×2 的矩阵表示，如表 6-2 所示。

表 6-2　SWOC 获取与分析矩阵

安全管理前景	安全管理现状	
	安全管理优势（S）	安全管理劣势（W）
安全管理机会（O）	SO（发挥 S，利用 O）	WO（克服 W，捕捉 O）
安全管理挑战（C）	SC（利用 S，应对 C）	WC（减少 W，应对 C）

显然，SWOC 方法通过对安全管理的优势、劣势、机会与威胁的整合匹配，可相应地形成 4 种组织安全发展战略：SO 安全战略、WO 安全战略、SC 安全战略与 WC 安全战略（图 6-6）。参考 SWOT 方法，对上述 4 种安全战略分别进行扼要解释：

（1）SO 安全战略

一种提升型安全战略，即充分发挥安全管理优势，充分利用安全管理机遇，增强组织安全管理能力，这是组织的一种理想安全管理状态。此时，组织应保持努力并进一步提高安全管理能力。

（2）WO 安全战略

一种扭转型安全战略，即通过捕捉安全管理中存在的机会来克服安全管理劣势，甚至可能将安全管理劣势转变为优势。此时，尽管安全管理存在一些机遇，但因安全管理中存在的一些缺陷阻碍了组织对这些安全管理机遇的利用，因此，组织要扭转安全管理的薄弱环节，以迎合和充分利用安全管理机会。

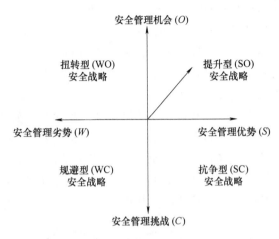

图 6-6　I_M 获取与分析的 SWOC
方法的四半维坐标系

（3）SC 安全战略

一种抗争型安全战略，即利用安全管理优势来应对安全管理挑战。由于安全管理挑战也许会阻碍安全管理优势的有效发挥，甚至会削弱安全管理优势，因此，此时组织要充分利用安全管理优势，积极应对安全管理挑战，以减弱直至避免安全管理挑战对安全管理所产生的不良影响。

（4）WC 安全战略

一种规避型安全战略，即减少安全管理劣势，应对安全管理挑战。此时，组织面临严峻的安全形势，安全管理劣势与挑战交织叠加，这关系到组织的生存问题。对于一些安全管理形势极其严峻的组织（如企业），可考虑放弃发展，进行停产停业整顿甚至关闭，以将损失降至最低。

安全管理的核心是实施安全管理策略（内容）与安全管理行为（过程）。现代安全管理学将安全管理策略概括为 "4E + C" 策略，即安全工程（Safety & Security Engineering，用 E_1 表示）、安全教育（Safety & Security Education，用 E_2 表示）、安全法治（Safety & Security Enforcement，用 E_3 表示）、安全经济（Safety & Security Economics，用 E_4 表示）与安全文化（Safety & Security Culture，用 C_s 表示）；而将安全管理行为概括为 "FDA" 行为，即安全预测（Safety & Security Forecast，用 F 表示）行为、安全决策（Safety & Security Decision，用 D 表示）行为与安全执行（Safety & Security Action，用 A 表示）行为。显然，获取与分析 I_M 主要是基于安全管理策略与安全管理行为。因此，为使 SWOC 方法更易操作，并保证更详细而全面地获取与分析 I_M，有必要在特征维度基础上另外增加 2 个维度，即安全管理策略维度与安全管理行为维度，采用 2 个组合维度，即 "SWOC-4E1C" 维度与 "SWOC-FDA" 维度获取与分析 I_M。由此，在表 6-2 的基础上，可形成 2 个 I_M 获取与分析的二级矩阵（表 6-3、表 6-4）。显然，根据表 6-3 与表 6-4 可系统而详细地获取与分析 I_M。

表 6-3 SWOC-4E1C 获取与分析矩阵

安全管理策略	安全管理特征			
	优势（S）	劣势（W）	机会（O）	挑战（C）
安全工程（E_1）	E_1S	E_1W	E_1O	E_1C
安全教育（E_2）	E_2S	E_2W	E_2O	E_2C
安全法治（E_3）	E_3S	E_3W	E_3O	E_3C
安全经济（E_4）	E_4S	E_4W	E_4O	E_4C
安全文化（C_s）	C_sS	C_sW	C_sO	C_sC

表 6-4 SWOC-FDA 获取与分析矩阵

安全管理行为	安全管理特征			
	优势（S）	劣势（W）	机会（O）	挑战（C）
安全预测（F）	FS	FW	FO	FC
安全决策（D）	DS	DW	DO	DC
安全执行（A）	AS	AW	AO	AC

6.3.4 安全情报获取与分析的 R-M 方法的定量化

以上面从定性角度介绍了 R-M 方法，实际上，还可使 R-M 方法定量化，从而使获取与分析得到的安全情报更好地为安全战略选择和制定服务。就安全战略制定而言，I_R 中的可接受风险（R_A）对安全战略制定基本不会产生影响，而不可接受风险（R_U），或称为安全威胁（T）实则对安全管理战略制定所造成的重要影响仍是安全挑战（换言之，I_M 中的 C 实则已包括 R_A）。因此，就服务与支持于安全战略制定的安全情报而言，其实则主要指 I_M，I_R 只是获取与分析 I_M 的重要依据和支撑而已。由此，参考 SWOT 定量方法，可给出 R-M 定量方法的逻辑框架，如图 6-7 所示。步骤 1 其实属于 R-M 方法的定性部分，下面参考 SWOT 定量方法，着重对步骤 2 ~ 步骤 6 进行进一步解释。

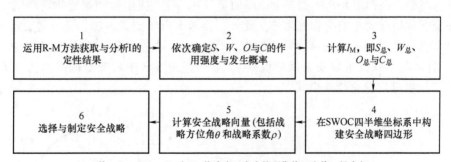

注：$S_总$、$W_总$、$O_总$ 与 $C_总$ 依次表示安全管理优势、劣势、机会与挑战分别对安全战略的影响总力度；其他字母的含义同图6-6。

图 6-7 R-M 定量方法的逻辑框架

1）定量评估安全管理优势、劣势、机会与挑战分别对安全管理的作用强度及其发生概率，并进行归一化处理。

2）计算安全管理优势、劣势、机会与挑战分别对安全战略的影响总力度。由战略管理理论可知，战略的本质特征就是对未来一段时间段内行动的一种规划、计划以及导向与指引，具有很强的前瞻性和预见性。由此可见，在安全战略选取与制定过程中，安全管理的优势、劣势、机会与挑战均应是未来将发生或正在发展的趋势，它们对安全战略的影响力度是由各自作用强度和发生概率构成的数学期望，其计算公式为：

$$\left.\begin{aligned}
S_{总} &= \sum_{a=1}^{m} S_a s_a \, (a = 1,2,\cdots,m)\\
W_{总} &= \sum_{b=1}^{n} W_b w_b \, (b = 1,2,\cdots,n)\\
O_{总} &= \sum_{d=1}^{j} O_d o_d \, (d = 1,2,\cdots,j)\\
C_{总} &= \sum_{h=1}^{k} C_h c_h \, (h = 1,2,\cdots,k)
\end{aligned}\right\} \tag{6-11}$$

式中，$S_{总}$、$W_{总}$、$O_{总}$ 与 $C_{总}$ 依次表示安全管理优势、劣势、机会与挑战分别对安全战略的影响总力度；S_a、W_b、O_d 与 C_h 依次表示第 a、b、d、h 个安全管理优势、劣势、机会与挑战的作用强度；s_a、w_b、o_d 与 c_h 依次表示第 a、b、d 与 h 个安全管理优势、劣势、机会与挑战的发生概率；m、n、j 与 k 依次表示安全管理优势、劣势、机会与挑战的总个（条）数。

3）安全战略四边形的构建。在直角坐标系中，依次以 S、W、O、C 作为半轴构成一个四半维直角坐标系，在坐标系中依次标出 $S_{总}$、$W_{总}$、$O_{总}$ 与 $C_{总}$ 的数值点，并相互间用线段连接，则可构造出安全战略四边形（图6-8）。

4）根据数理知识，与安全战略选择和制定相关的安全情报信息集中反映在2个变量，即安全战略方位角 θ 与安全战略系数 ρ 上。换言之，可用以 θ 为方位角、ρ 为模的向量 (θ, ρ) 来表示安全战略位置。其中 θ 由安全战略四边形重心所在位置求反正切得到，ρ 的计算公式为：

$$\rho = S_{总} Q_{总} / S_{总} Q_{总} + W_{总} C_{总} \tag{6-12}$$

5）选择与制定安全战略。把计算得出的安全战略向量 (θ, ρ) 绘于安全战略谱系图中（图6-9）。例如，根据图6-9中的安全战略向量 (θ, ρ)，应选择和制定扭转型安全战略方向，且安全管理机会大于安全管理劣势。此外，参考SWOT定量方法，可分别确定 ρ 的2个不同值（如图6-9中的 ρ_1 与 ρ_2），并规定当 $0 < \rho < \rho_1$ 时对应"保守稳健安全战略模式"，当 $\rho_1 < \rho < \rho_2$ 时对应"积极进取安全战略模式"。显然，图6-9中的安全战略向量 (θ, ρ) 所对应的是"积极进取安全战略模式"。

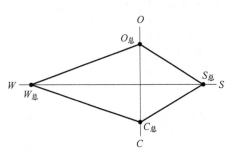

图6-8　安全战略四边形

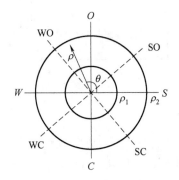

图6-9　安全战略谱系图

6.4 安全情报系统的理论框架

【本节提要】

　　主要从理论层面出发，面向安全管理，结合安全管理工作中的情报工作实际，在分析 SIS 的内涵的基础上，提出 SIS 的定义及 SIS 的理论框架。

　　本节内容主要选自本书著者发表的题为"安全情报系统的理论框架研究"[4]的研究论文。

　　就实践层面而言，与其他领域（如竞争情报等）的情报实践一样，安全情报系统（Safety & Security Intelligence System，SIS）是开展安全情报工作的组织保障和实体基础，建立相对完善的 SIS 对组织安全管理至关重要。但令人遗憾的是，由于安全情报是近年来情报学与安全科学进行交叉刚刚形成的一个新领域，安全情报研究尚处于探索阶段，SIS 概念仍处于酝酿与初步探索阶段，学界尚未明确 SIS 的基本定义与框架（仅专门针对安全管理的一个具体环节，即"非常态安全管理（应急管理）"开展过应急情报系统规划方法方面的研究），导致 SIS 方面的研究与实践工作缺乏最基本的理论基础。鉴于此，主要从理论层面出发，面向安全管理，结合安全管理工作中的情报工作实际，应在分析 SIS 的内涵的基础上，提出 SIS 的定义及 SIS 的理论框架，以期为 SIS 方面的研究与实践工作提供一定的理论指导与参考。

6.4.1　安全情报系统（SIS）的内涵及定义

　　SIS 是在安全管理，特别是安全管理信息化实践中出现的新概念。由于 SIS 概念仍处于酝酿与初步探索阶段，目前学界尚未给出 SIS 的专门定义。鉴于此，本书通过分析安全情报系统的重要内涵，尝试给出一个 SIS 的定义。从概念的所属关系看，SIS 是情报系统（Intelligence System，IS）的下位概念，是 IS 概念引入并应用于安全科学（特别是安全管理）这一具体学科领域的概念产物。也就是说，SIS 是同时具备情报系统的一般特点与功能，以及安全管理（特别是安全管理中的情报工作）自身特色的一种新型的情报系统，也是一个安全管理系统。基于此认识，根据情报系统的一般特点与功能及安全管理的自身特点，可提炼出 SIS 的以下几方面关键内涵：

　　（1）SIS 是一个情报系统

　　根据情报系统的具体应用领域的不同，可将情报系统划分为多种类型（如竞争情报系统与科技情报系统等）。显然，SIS 就是情报系统应用于安全管理领域产生的一种情报系统的具体类型。因此，从情报系统角度看，SIS 的本质仍是一个情报系统，只不过是一个专门针对安全情报收集、分析与使用的情报系统而已。由此可见，SIS 的设计、开发与使用必然离不开情报系统方面的理论与方法的支持。

　　（2）SIS 是一个安全管理系统

　　安全情报研究旨在支撑和服务于安全管理，而安全情报系统作为安全情报研究的核心内容之一，其目的亦是如此。由此观之，从安全管理角度看，SIS 是一个安全管理子系统。从安全管理的内容、过程与行为角度看，SIS 可充当 4 个重要的安全管理子系统：①SIS 是一个安全预测（预警）支持系统（SIS 有助于做出超前、正确、科学而精准的安全预测，做到防患未然）；②SIS 是一个安全决策支持系统（SIS 有助于快速做出科学、可靠、有效且经济的安全决策）；③SIS 是一个安全执行支持系统（SIS 有助于及时、有效而到位地实施安全决策方案）；④SIS 是一个安全学习系统（SIS 既能帮助安全管理者不断接触新的安全思想及先进的安全管理方法，也能使安全管理者学习安全管理经验、教训等）。显然，安全管理理论与方法应是设计、开发与使用 SIS 的重要理论支撑之一。

（3）SIS 是一个安全信息系统

安全情报是安全信息链的高层级节点，其本质仍是安全信息。由此可见，SIS 是一个对组织内外的安全信息资源进行开发与利用的信息系统。细言之，SIS 是一个通过将反映组织的安全状态及其变化的安全数据、安全信息与安全情报进行收集、存储、处理与分析，从而使之形成对安全管理有价值的安全情报，并以一定的手段和形式将安全情报发布（供给）给安全管理机构（人员）的信息系统。

（4）SIS 是一个人机交互系统

首先，SIS 是一个由人（主要指各级安全情报工作人员与安全管理人员）与机（主要指计算机、通信网络、基础设施、硬件、软件、数据与安全防护设备等）共同组成的进行安全情报信息收集、传递、储存、加工、维护与使用的系统。其次，SIS 的目的在于辅助和服务于安全管理工作，而安全管理工作只能由人开展，即人是 SIS 的使用者。要使用好 SIS，必须要做到有效的人机交互。因此，在 SIS 开发过程中，必须要正确界定人与机在 SIS 中的地位与作用，充分发挥人与机各自的优势，从而使 SIS 得到整体优化。综上可知，SIS 必然是一个人机交互系统，其应以机为实体与手段，而应以人的智力劳动为主导。

（5）SIS 是一个开放复杂系统

首先，SIS 是一个开放系统，这是因为：SIS 输入的安全信息原料，输出的安全情报产品，并时刻与外界进行着进行物质、能量、信息等的交换活动，并从外部环境吸收新的技术与资源。其次，由于 SIS 的构成要素（如各种"人"与"机"等）复杂、SIS 要素间存在多种非线性关系并相互作用、安全情报源多而杂、安全情报流程复杂及安全管理工作本身具有的复杂性，造成各种复杂性集聚、交织和叠加在一起，从而导致 SIS 的运行机制极其复杂。因此，SIS 是一个开放复杂系统。

（6）SIS 是一个趋于实现智慧（智能）安全管理的辅助支持系统

由 6.1 节可知，从情报角度看，安全管理应是一个"安全信息链"的升级与层递过程。由信息（安全信息）链原理（见 6.1.2 节）可知，SIS 是一个趋于实现智慧（智能）安全管理的辅助支持系统。

综上可知，SIS 并非是情报系统与安全管理系统两者间的一个简单组合，而是从组织安全管理角度出发，通过充分开发与有效利用安全信息资源来提升组织安全管理能力的情报系统，是组织安全管理系统与情报系统进行整体配合与有机协调的一种新型的安全管理系统与情报系统。在上述分析的基础上，基于情报系统的定义，立足于安全管理工作（特别是安全情报工作）本身，这里给出 SIS 的具体定义：SIS 是组织以增强自身安全管理能力为直接目的，以实现智能安全管理为延伸目标，以人的智力劳动为主导，以信息网络（包括信息网络设施设备）为手段，通过将反映组织的安全状态及其变化的安全信息加以收集、整理、存储、处理、分析与研究，并以恰当的形式与手段将分析研究结果（即安全情报）发布给安全管理者用以支持安全管理工作的情报系统。

6.4.2　安全情报系统的总体模型

理论而言，明晰 SIS 的基本框架是建立 SIS 的基础。由 SIS 的定义及内涵可知，SIS 主要是围绕下述要求和目标建立的：在某一组织中，在组织安全情报机构与组织安全管理机构的共同组织下，面向安全管理行为实施系统（具体包括安全预测子系统、安全决策子系统与安全执行子系统），在实现手段上是以信息网络为主并辅用组织网络与人际网络，在系统要素上以安全情报流程实施系统为主体，在功能层次上以安全情报收集子系统、安全情报分析子系统及安全情报服务子系统为核心。因此，SIS 的总体基本框架可归纳为"一个组织、一个情报源、两个机构、两大系统及三大网络"，其具体模型如图 6-10 所示。下面，针对 SIS 的总体框架的基本组成部分加以阐述。具体分析如下：

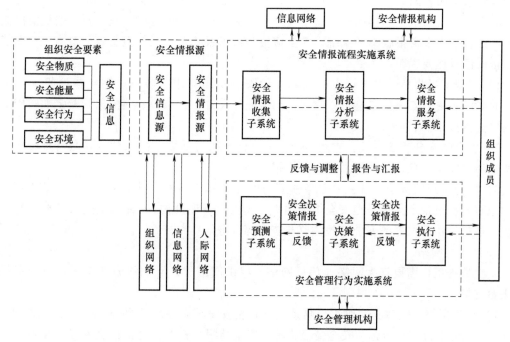

图 6-10　SIS 的总体模型

（1）一个组织

实践而言，为保证 SIS 的有效性与适用性，SIS 往往是针对某一组织的安全管理需求（包括安全情报需求），并结合其安全管理工作（包括安全情报工作）实际及其所处环境设计和开发的。换言之，理论上讲，不同组织的 SIS 均存在一定的差异性。因此，SIS 应基于某一组织的本身特点进行设计与开发。

（2）一个情报源

一个情报源是指安全情报源，其旨在为 SIS 供给"原料（即安全情报信息）"。安全情报是被"激活"了的安全信息，其本质仍是安全信息。由此观之，安全情报源实质上也是安全信息源。此外，安全信息具有整合功能，可将某一组织内的安全要素（主要包括安全物质、安全能量、安全信息、安全行为与安全环境）统一整合为用安全信息表征（图6-10），故可用安全信息表征组织整体的安全状态及其变化。

（3）两个机构

SIS 的建立与运行必须涉及组织中的两个机构，即安全情报机构与安全管理机构。其中。情报机构是 SIS 的设计者、开发者与维护者，其主要负责安全情报流程系统的运行，而安全管理机构是 SIS 的使用者和建议反馈者，其主要负责安全管理行为实施系统的运行。总之，SIS 的建立与运行必然离不开安全情报机构与安全管理机构，它们共同负责 SIS 的建立与运行（如工作制度、工作计划等的制定、监督和管理），共同参与整个 SIS 业务的核心层。换言之，只有在两个机构有机协调与配合下，才能建立一个好的 SIS，才能保证 SIS 有效运行。

（4）两大系统

SIS 的建立与运行是面向安全管理的，故其关键在于安全情报流程实施系统与安全管理行为实施系统两者间的有效交互作用，这是 SIS 的核心。对于安全管理行为实施系统类似于一般的安全管理系统，不再解释。这里仅进一步解释安全情报流程实施系统。安全情报流程实施系统包括安全情报收集子系统、安全情报分析子系统及安全情报服务子系统，对它们的功能依次进行扼要说明：

1）安全情报收集子系统：它根据确立的安全情报需求，收集、整理各种相关安全信息，并对所收集的安全信息进行预筛选，同时做好文件、记录等资料的保管及定期归档等前期的安全情报工作。

2）安全情报分析子系统：它运用恰当的分析方法与手段，深入分析安全情报收集子系统所收集的安全信息，生产所需的安全情报产品。

3）安全情报服务子系统：它以各种适当的方式和手段对安全情报产品进行修整包装，及时地将安全情报产品传送至安全情报用户（即安全管理机构），并为安全管理机构与其他组织成员提供快捷友好的安全情报浏览与查询等服务。

（5）三大网络

安全情报工作需要三大网络（信息网络、组织网络与人际网络）为其提供一定的手段与平台支撑。

1）信息网络。它建立在组织信息系统（包括安全信息系统）的基础上之上，以内联网（Intranet）为平台，具体包括安全情报收集、安全情报分析及安全情报服务三个模块。

2）组织网络：它是 SIS 的组织保障和基础，安全信息网络需要组织网络结构与组织成员来实现，在组织网络中应有一个专门从事安全情报工作的核心机构，即安全情报机构。

3）人际网络。完善的人际网络（其主要来源于组织内部与外部，如组织成员、政府安监部门及安全领域的专家、行业协会、咨询机构、专业会议、展览会、文献数据库等）既是收集与分析安全情报所需的，也是最佳的提升安全情报服务的手段和途径。

此外，根据图6-10，还可总结出 SIS 的五大特征：①安全情报工作与安全管理工作相结合；②信息网络、组织网络与人际网络相结合；③人工与机器相结合；④安全情报平台与组织信息化平台（特别是安全信息化平台）相关结合；⑤安全情报保障与安全智力支持相结合。

6.4.3 安全情报流程实施系统的子系统模型

安全情报流程实施系统是 SIS 的主体和"心脏",也是 SIS 有别于其他情报系统的关键之一。下面,分别对安全情报流程实施系统的 3 个子系统,即安全情报收集子系统、安全情报分析子系统及安全情报服务子系统的基本结构与职能进行进一步阐释。

1. 安全情报收集子系统

安全情报收集子系统是 SIS 的重要组织部分,是 SIS 的输入系统,是安全情报工作的基础。因此,其工作质量与速度决定着 SIS 的效能与效益。一般情况下,安全情报收集子系统根据 SIS 的规定的主要任务与确定的安全情报需求开展安全情报收集工作。安全情报收集子系统的基本框架如图 6-11 所示。

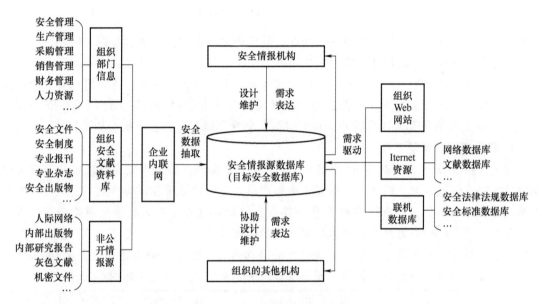

图 6-11 安全情报收集子系统模型

概括而言,安全情报收集子系统主要有 6 项职能,依次为:①掌握通过各种媒介获取安全信息的方式与手段;②根据组织内部安全情报需求,确定安全情报收集计划,并按规定及时准确地完成安全信息采集任务;③负责安全物质、安全能量、安全行为、组织安全状态及其动态、安全环境、组织安全管理等的跟踪并及时反馈安全信息;④关注国家和地方政府的有关安全政策、法律、法规与标准,并及时了解国际安全研究实践进展;⑤做好与相关咨询部门、信息部门与情报部门等的联络工作;⑥组织监管安全调研检查工作。

2. 安全情报分析子系统

安全情报分析子系统是 SIS 的核心,是安全情报的"制造车间"。安全情报分析子系统以人的智力劳动为主导,通过"黑箱"操作,实现安全信息的集成、重组与智化。安全情报分析人员运用恰当的分析方法与技术、采用人工分析与机器分析相结合的手段,将安全情报收集子系统收集的安全信息有序化、系统化与层次化,将安全信息转化为安全情报,"生产"出真正对安全管理有用的安全情报。安全情报分析子系统的基本框架如图 6-12 所示。

安全情报分析子系统主要具有 6 项职能,依次为:①根据组织安全管理规划制定安全情

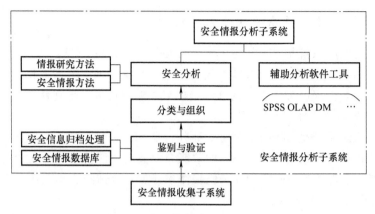

图 6-12 安全情报分析子系统模型

报研究规划；②负责安全信息的鉴别与筛选，并按规定对安全信息进行归档与保存；③根据组织内部安全情报需求的特点，综合考虑时间、成本、复杂程度与紧急程度等因素，确定最佳的安全情报分析方案，并按规定及时准确地完成安全情报分析任务；④为组织安全管理提供安全态势分析、安全调查检查报告与安全环境分析等专题报告；⑤为组织提供安全预测（预警）、安全决策与安全执行服务；⑥为组织安全管理提升寻找新的机会和证据等。

3. 安全情报服务子系统

安全情报服务子系统是 SIS 的输出系统，其主要功能是根据组织安全管理机构与有关组织成员的安全情报需求，动态地提供安全情报产品与安全情报服务。换言之，安全情报服务子系统旨在提供一个安全情报成果体系（其主要包括专题安全报告、安全风险分析、安全环境分析、每日/每周/每月安全情报简报、组织内部安全状况与安全数据库等）。为提升安全情报的时效性，安全情报服务子系统应当突出其高效、快捷的服务特点，企业 Intranet 平台有利于提升安全情报服务的效率。安全情报服务子系统的基本框架如图 6-13 所示。

图 6-13 安全情报服务子系统模型

安全情报服务子系统主要具有 4 项职能，依次为：①主要向组织安全管理机构及其相关部门提供它们所需的安全情报，同时面向组织内部各类安全情报用户提供安全情报信息；②通过书面报告、电子文本、交谈、安全会议、安全培训等多种形式和手段及时传递安全情报；③及时将安全情报服务的反馈信息传递至安全情报收集、分析子系统，并及时进行补充性安全情报收集与分析工作，最大限度地满足组织内部的安全情报用户的安全情报需求；④组织组织成员进行使用安全情报服务方面的学习与培训等。

本章参考文献

［1］王秉，吴超. 安全情报概念的由来、演进趋势及涵义：来自安全科学管理角度的思辨［J］. 图书情报工作，2018，42（11）：35-41.

［2］王秉，吴超. 安全情报在安全管理中的作用机理及价值分析［J］. 情报理论与实践，2019，42（2）：38-43.

［3］王秉，吴超. 一种安全情报的获取与分析方法：R-M 方法［J］. 情报杂志，2019，38（1）：61-66.

［4］王秉，吴超. 安全情报系统的理论框架研究［J］. 现代情报，2019，39（1）：13-19.

第 7 章
基于安全信息的典型安全管理方法

7.1 安全管理信息化概述

【本节提要】

介绍安全管理信息化的定义与功能。

本节内容主要选自本书著者发表的题为"科学层面的安全管理信息化的关键问题思辨——基本内涵、理论动因及焦点转变"[1]的研究论文。

7.1.1 安全管理信息化的定义

安全信息是安全管理的重要基础与依据（例如，安全信息可为编制安全目标与管理方案提供依据），安全信息（包括安全数据）驱动的安全管理是安全管理的基本方法。换言之，安全管理离不开安全信息，若不能及时有效地掌握与处理安全信息，就不可能实现有效的安全管理。由此推之，就安全管理的本质而言，其实则是基于安全信息的安全管理。细言之，安全管理就是借助大量的安全信息开展相关管理活动，有效地组织安全管理要求对组织运行有关的安全信息进行全面收集、正确处理与及时利用。

由上述可知，安全信息在安全管理中具有不可取代的重要地位，而安全管理信息化又是有效发挥和提升安全信息在安全管理中的价值的必需手段之一。因此，近年来，在安全科学（特别是安全管理）领域掀起了一股"信息化"热。这里，以某一具体组织（如某一国家、省市与企事业单位等）为对象，提出安全管理信息化的基本定义。所谓安全管理信息化，是指组织以解决安全管理过程的安全信息不完备（或缺失）问题为立足点与归宿点，以现代安全管理理念为引领，在现代安全科学思想、方法与理论指导下，运用信息管理的一般理论与方法，以现代信息技术为核心技术工具与支撑，充分考虑与收集组织内外部的安全信息，并有效组织与配置安全信息资源而进行信息化安全管理活动，以期使安全决策者能够及时掌握组织总体的安全状态，从而最大限度地解决安全管理过程的安全信息不完备问题，保证高效率地达到既定的组织安全管理目标。

从安全管理内容看，安全管理信息化涉及安全目标计划管理、安全风险防控与安全隐患排查治理过程的组织与管理、安全评价管理、安全教育培训管理、安全文化建设管理、安全绩效管理、安全管理制度建设、安全管理机构建设与安全专业队伍建设等方面的信息化工作。从安全管理手段看，安全管理信息化就是信息技术（包括网络技术与大数据技术）在安全管理活动中的广泛应用，以及安全"4E + C"对策，即工程技术（Engineering）对策、教育（Education）对策、强制（Enforcement）对策、经济（Economics）对策与文化（Culture）对策的信息化。当然，信息技术在安全管理中的应用程度（包括广度与深度）会直接决定安全管理的信息化水平。换言之，只有在安全管理中充分利用信息技术，才能有效推动安全管理的信息化进程。显然，安全管理信息化是安全管理现代化的主要特征与标志之一，安全管理的信息化程度会直接决定安全管理的现代化水平。总之，促进安全管理信息化是实现科学而有效的安全管理的迫切需要和必经之路，且应以安全管理的信息化带动安全管理的现代化。

7.1.2 安全管理信息化的主要功能

从表面或短期看，安全管理信息化是某组织内部安全管理流程的计算机化。显然，从深层或长远看，安全管理信息化的目标并非如此简单，其核心目标应是实现组织内部的安全信息共享，最大限度地降低组织或个体在做出安全行为（具体包括安全预测行为、安全决策行为与安全执行行为）过程中的安全信息不完备程度。若以某一国家的安全管理信息化为例，其核心目标是实现各个社会组织（主要指企事业单位）的内部部门及组织成员之间、社会组织之间、第三方安全咨询服务机构与被服务对象之间、安全监管部门与被监管对象之间、安全保险部门与被保险组织或个体之间等的一系列安全信息共享，最大限度地方便安全管理、方便各社会组织一线安全专业人员工作、方便各类安全管理人员进行有效的安全决策。细言之，诸多研究表明，安全管理信息化会给组织安全管理工作及组织安全管理者带来一系列好处。可将安全管理信息化给组织安全管理所带来的主要益处总结为 6 方面，具体如下：

1）有助于使组织安全管理实现整体化、统一化、科学化、体系化与集成化，这是因为：①安全管理信息化过程可按照一定的逻辑关系及组织安全管理架构将组织所有安全管理元素融入安全信息管理；②安全管理信息化强调按照统一的标准全面地收集各类安全信息，并对其进行科学的处理，可保证安全管理基础数据的收集与处理实现统一化、完整化与科学化。

2）有助于安全管理领域安全信息的有效收集、存储、记录与查询，这是因为：①安全管理信息化可快速编制安全管理领域的文件资料，即有助于形成电子安全管理记录；②安全管理信息化可快速便捷地实现安全信息收集与录入、安全信息存储、安全信息传输、安全信息加工，以及安全信息输出（含安全信息反馈）5 种基本功能。

3）有助于有效提升安全管理决策质量与效率，这是因为：①安全管理信息化可有效降低安全管理决策过程的安全信息缺失程度，从而有助于使安全决策者做出最佳的安全管理决策；②安全管理信息化可融入组织其他管理要素与内容（如质量管理与绩效管理等），其是一种适宜的改善组织管理状况的综合方法；③安全管理信息化可使安全管理人员的工作在时间和空间上都会变得更加灵活，从而有助于提高安全管理工作的效率与灵活性。

4）有助于有效提升安全风险管理质量，这是因为：①安全管理信息化以安全信息为直接着眼点与立足点，是一种对安全风险进行组织评估的更容易、更快捷、更有效的方法，有助于建立有效的动态安全控制系统工程；②诸多安全管理信息化工具均可实现对危险源的实时监控与安全风险的定性定量评估等，有助于更好地认识危险源和安全风险。

5）有助于安全管理中的信息传播与交流，这是因为：①安全管理信息系统可实现组织内部安全管理流程的可视化，有助于增强组织安全管理流程的透明度；②有助于促进组织成员之间的安全信息沟通，促进组织成员对安全管理工作的参与度与兴趣，进而促进组织安全氛围营造与企业安全文化建设等。

6）有助于促进安全管理的现代化，特别是实现量化安全管理，这是因为：①安全管理信息化是促进与实现现代先进安全管理方法之循证安全管理与安全知识管理的必备工具和基础设施；②安全管理信息化工具可用于测量、监督和评估安全管理体系的实施效果，是一种对安全管理体系进行量化管理的较好方法。

7.2 循证安全（EBS）管理方法

【本节提要】

受循证实践方法启发，提出循证安全（EBS）管理这一新的更加严格的安全管理方法，并详细探讨循证安全管理方法的基本问题（循证安全管理的定义及特点，以及循证安全决策的框架模型、基本要素和实施模型）与影响因素，以期为循证安全管理的后续研究与实践奠定了一定的理论基础。

本节内容主要选自本书著者发表的题为 "Evidence-based safety（EBS）management：a new approach to teaching the practice of safety management（SM）"[2] 的研究论文。

安全管理一直是组织（系统）管理的重要管理内容之一。近年来，在安全管理领域，针对各类组织所开展的安全管理研究已举不胜举。总体而言，绝大多数研究成果均是针对传统安全管理依据或方法完善或应用所开展的研究，鲜有安全管理依据和方法方面的深入探讨与思考。而管理依据和方法作为开展相关管理活动的根本依据和途径，显然，当前这种主流的安全管理研究不仅阻碍安全管理研究水平的实质性提高，也阻碍新的安全管理问题的有效解决。此外，就绝大多数组织而言，由于过去好的安全绩效，当前均面临提升安全绩效的瓶颈问题，急需新的安全管理依据或方法。因此，已有安全管理研究的价值值得怀疑，迫使我们不得不重新审视传统的安全管理依据与方法，急需进一步思考与探索新的安全管理依据和方法。

而就管理依据和方法而言，前者又是后者的根据与基础。因此，究其根源，变革安全管理范式需从质疑目前的安全管理依据入手。其实，目前安全管理者通常仅是依据有限的安全信息（主要包括自身安全管理经验、安全标准规范、传统安全管理理论与方法、事故案例与其他组织的安全管理实践经验等）做出安全管理决策，而这种安全管理依据难免存在诸多偏颇，甚至错误。此外，研究表明，组织内发生事故的根本原因是组织安全管理缺陷，但由于诸多传统安全管理依据已被人们不假思索地盲目接受或采用，却极少从安全管理根源（即依据）出发反思与解决组织安全管理缺陷，极少应用鲜有的安全管理方面的可靠的最新研究成果，导致组织安全管理缺陷的解决效果一直不甚理想。因此，越来越多的安全管理研究者和实践者开始重新寻思可靠的安全管理依据。

此外，一直以来，特别是在当今信息时代，在安全管理中，最重要的是基于可靠而充分的安全信息做一个有效的安全管理决策（下文统一简称为安全决策）。因而，若把更多的努力致力于寻找与一个安全管理问题相关的最佳证据（即安全信息）时，必将会获得一个更为有效的安全管理方案。但令人遗憾的是，因安全决策所需的必要安全信息缺失而导致的许多安全管理失败问题经常发生。此外，随着当今社会逐渐步入信息爆炸的时代，人们获取有效信息的难度也日趋增大，有效安全信息的获取亦是如此（就安全信息获取而言，尽管我们身处一个安全信息爆炸的时代，但也是一个安全信息匮乏的时代）。正因如此，不得不促使人们开始重新寻思可靠的安全管理依据。

其实，决策所需的必要信息缺失是许多领域普遍存在的问题。为了解决这一难题，人们提出基于证据的实践/循证实践（Evidence-Based Practice，EBP），它为有效决策提供了新而适用的方法。事实上，循证实践并不是一个新概念，医学领域是最早实施循证实践的领域，并取得了巨大成功。同时，近年来，循证实践逐渐被引入到许多其他领域（如循证政策、循证管理与循证教育等），以便进行有效的决策。换言之，"循证（Evidence-Based）"这一术语在许多领域已是一个时髦词，循证实践方法已取得显著的应用效果。由于目前尚未有文献讨论如何在安全管理中实施循证实践方法，这里，受循证实践方法的启发，提出基于证据的安全/循证安全（Evidence-Based Safety & Security，EBS）管理这一新的更加严格的安全管理方法。具体而言，就是提出循证安全管理方法，并探讨循证安全管理方法的基本问题和影响因素。

7.2.1 循证实践（EBP）的定义

毋庸讳言，循证实践并非是一个新概念。近年来，全世界都对循证实践产生了浓厚兴趣，循证实践概念也得到了广泛研究。据考证，循证实践起源于循医学（Evidence-Based Medicine，EBM）。循证医学在 20 世纪 90 年代开始被受到重视。循证医学已发展成为临床医学的一门基础学科，被誉为 21 世纪的临床医学。

循证医学强调，临床决策应尽可能地建立在高水平科学证据的坚实基础之上，而不是基于直觉、不系统的临床经验和病理生理学基本理论。换言之，医生利用最准确的信息来诊断患者的疾病，并确定最合适的治疗和最佳护理方案。总之，循证医学是临床医学遵循科学证据的实践，证据质量是循证医学的关键。事实上，对循证实践的应用早已超出了临床医学的范围，循证实践这一新范式已引入其他许多领域（如循证政策、循证管理和循证教育等）。

由于安全管理是管理的一个具体分支，因此，循证管理可为安全管理提供一些有益的启示。鉴于此，这里主要介绍循证管理，这是近年来管理研究和实践的新思潮。循证管理意味着将基于最佳证据的原则转化为组织实践。同时，循证管理是一种更加严谨、科学的管理范式，有助于组织获得更好的管理绩效。此外，循证管理有助于弥合管理研究与管理实践之间的鸿沟。

就循证实践的定义而言，尽管在临床医学、政策、管理、教育等各个领域都存在许多不同的观点，但循证实践仍缺少一个具体而公认的定义。基于循证医学和循证管理的定义，易给出循证实践的定义。循证实践是一组从研究中发现和运用当前最佳证据服务于决策的工具和资源。简言之，循证实践是利用研究指导实践（更具体地说应是"决策"）。显然，循证实践意味着人们应该利用最准确的信息，并结合他们的知识和经验，做出最恰当的决策。

7.2.2 循证安全（EBS）管理的定义及特点

就学科性质而言，安全科学与临床医学和管理科学都非常相似，因为它们都具有很强的实用性。同时，临床医学、管理科学和安全科学的实践也非常相似，因为它们都是识别、分析和解决实践中的问题。因此，循证方法也同样适用于指导安全科学（更具体地说应是安全管理）实践工作。换言之，通过将循证实践引入至安全管理之中，就可提出一种新的安全管理方法，即循证安全（EBS）管理方法。这里，拟给出循证安全管理的定义。

显然，循证安全管理是循证实践（或者更具体地说是循证管理）的一个具体应用分支，即循证实践理念与方法在安全管理领域的应用，是一种新的安全管理理念、范式和方法。因此，基于循证实践与循证管理的定义，可给出循证安全管理的科学定义。循证安全管理指基于最佳科学证据的安全管理方法。换言之，循证安全管理是基于最佳科学证据指导安全管理实践活动科学实施的一种方法。具体言之，它利用数据、事实、分析方法、科学方法和案例（包括安全事件/事故案例）研究等为安全管理方面的建议、决策和实践提供准确可靠的信息支持。循证安全管理将建立在最佳科学证据之上的安全科学管理原理转化为组织安全管理行为，目的是解决组织的安全问题。

循证安全管理旨在收集、分析和利用最佳科学证据来有效实施安全管理活动（即强调将最佳科学证据运用至安全管理实践的整个实施过程），从而尽最大可能制定出最佳的安全策略，提升安全管理的正确性、科学性与有效性。循证安全管理理念与方法审慎地将最佳科学证据运用至安全管理实践过程，与传统安全管理方法相比，存在显著差异，特别是其正确性、科学性和有效性均极高，这是因为它具有以下4个显著优点（特点）：

（1）管理依据是"事实"

循证安全管理重点关注的问题是"安全管理的最佳证据是什么？"，而并非是"证据从何而来？"。换言之，无论是安全管理理论研究，还是安全管理实践所得出的结论，循证安全管理只关注事实。将安全管理（建立于事实基础之上，安全决策质量与可获得的"事实"的质量呈正相关，且安全决策可随着"新事实"的不断发现进行逐步完善。

（2）引入反馈纠错机制

传统的安全管理方法具有可错性，而循证安全管理极其强调将具体安全管理对象作为实验对象或证据来源，探索解决安全管理问题的最佳方案。循证安全管理针对具体的安全管理问题，在诸多安全管理方案中，选取具有充分证据支撑和显著统计学意义的方案，并可根据新的安全管理证据或安全绩效，实时调整具体的安全管理方法，这是一个不断纠错的过程。

（3）最大可能降低安全管理决策所需的安全信息的缺失程度

循证安全管理通过收集、整理、分析与提取最佳证据作为安全管理决策的依据，再加之在安全管理过程中的实时纠错，循证安全管理可最大可能地降低安全决策所需的安全信息的缺失程度。

（4）与安全管理的最本质特征（即实践性）相匹配

首先，安全管理的实践性强调依赖于科学研究成果来寻求最佳的安全管理措施，并非是凭空断定何种安全管理策略最佳，而循证安全管理的最根本和最重要管理依据就是科学研究证据，以探求有充分证据支撑、具有可重复性和普适性的系统安全风险防控策略。其次，安全管理的实践性强调应根据具体安全管理对象的实际特点，制定有效的安全管理方案，而循证安全管理既强调安全管理策略是基于最佳科学研究证据的，同时也强调针对不同的安全管理对象和情境，提出符合实际情况的具有针对性的具体安全管理措施。

同时，循证安全管理具有诸多创新之处。可总结归纳出循证安全管理与现行安全管理间的主要差异，具体分析见表7-1。由此可见，循证安全管理是一种新的安全管理方法。需明确的是，安全科学（包括安全管理学）作为典型的交叉综合学科，仅在自学科领域极难产生新理论与新方法，绝大多数新理论与新方法均需将其他学科领域的理论与方法引入安全科学领域，通过"杂交创新"方式提出安全科学领域的新理论与新方法。但绝非是在其他学科的理论与方法中冠以"安全"就会形成安全科学领域的一种新理论与新方法，而是需要重点判断其他学科的理论与方法在安全科学领域的问题和方法的背景下，是否具有独特的运行特点，是否改变了安全科学领域的研究实践范式及条件要求，是否解决了安全科学领域的已有理论或方法所存在的问题，是否开启了安全科学的新的研究实践的思维路线，是否提出了具有安全科学特色的新概念与新技术等。由此观之，循证安全管理可谓是对于安全管理学理论与方法的真正破旧立新，其确实是一种极具研究、实践与发展"潜力"的新的安全管理方法。

表7-1　循证安全管理与现行安全管理间的主要差异

现行安全管理	循证安全管理
收集的安全管理证据欠系统全面，不重视对安全管理证据质量及适用性等的评价	收集的安全管理证据系统全面，重视对安全管理证据质量及适用性等的评价
安全管理的判效指标一般为部分系统安全状况评价指标，即中间指标（可记录事故或不安全事件，及安全文化等）的变化	安全管理的判效指标是系统最终的安全绩效，即终点指标
安全管理的依据是安全科学或管理学基础研究、实践研究得出的推论及个体或组织的安全管理经验	安全管理的最关键依据是当前可得到的最佳安全管理的研究证据
将传统的安全理念和策略仍视为崭新的安全理念和策略	客观地审视传统的安全理念和策略
赞成与效仿（即运用）突破性的安全管理思想或研究实践成果	对突破性的安全管理思想或研究实践成果持有审慎的怀疑态度
更多地关注所使用的安全管理方法的优点，而弱化或忽略了其局限性（如可错性与缺乏系统性）	同时强调所使用的安全管理策略的优点和缺点，并尽可能采取有效手段来完善其所存在的缺陷
更多地用良好（或较差）的组织安全绩效，来论证和揭示最佳（或最差）安全管理实践	用良好（或较差）的组织安全绩效来表明已被其他证据支持的安全管理实践，而并非将其作为安全管理的唯一有效证据

（续）

现行安全管理	循证安全管理
基于主流安全管理思想、理论和方法指导和修正安全管理实践，轻视或排斥与之相冲突的证据，尽管证据极为充分而可靠	对所有安全管理思想、理论和方法均持中立立场，将安全管理建立在科学证据之上，而并非主流安全管理思想、理论和方法
更多地用组织安全绩效来表征安全管理效果	安全管理实践对组织安全绩效和组织效益均会产生影响

7.2.3 循证安全管理的核心

根据循证实践的定义，其目的在于基于科学的基础进行决策（即基于证据的决策），以期解决实践中所存在的难题。循证实践作为一种科学的决策手段，循证决策是它的核心。同样，循证安全管理的核心应是循证安全决策。因此，分析循证安全决策的框架模型、基本要素和实施步骤是循证安全管理的本质和具体化。

1. 循证安全决策的框架模型

循证安全决策给组织提供了一种基于现有最佳证据和亟须解决的安全管理问题进行科学有效的安全决策的方式。循证安全决策的框架模型如图7-1所示。具体而言，循证安全决策是根据目前组织安全管理实践中所存在的问题、科学原理和组织环境，运用现有最佳证据，做出科学的安全决策。

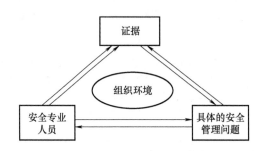

图 7-1 循证安全决策的框架模型

2. 循证安全决策的基本要素

根据图7-1中的循证安全决策框架模型，提出循证安全决策的4个基本要素，即证据、安全专业人员、具体的安全管理问题，以及组织环境。

（1）证据

证据主要是指通过系统、反复地收集、分析、评价与筛选现有安全管理研究成果、事故报告与安全标准等获得的最佳证据。证据应是准确可靠的，且在组织安全管理实践中具有重要的实用价值。简言之，这里的证据是指经系统评价筛选出的最佳安全信息（更严格地讲应是安全情报）。可将证据的来源大致划分为两方面，即研究证据与非研究证据，而研究证据可细分为最佳科学研究证据、事故调查报告和安全标准规范，非研究证据可细分为安全管理者的经验或判断、局部情境证据与相关利益者的偏好，具体解释见表7-2。表7-2中的各证据的来源之间并非相互独立，而是相互影响和相互依存的，唯有将它们进行有效整合，才可掌握安全管理所需的完整信息，从而制定出最优的安全决策。但需特别指出的是，尽管循证安全管理中的"证据"的来源也是多方面的，但应以研究证据为主。换言之，最佳研究证据是循证安全管理中的最重要证据。

表 7-2 循证安全管理中证据的来源

来源		具 体 解 释
研究证据	最佳科学研究证据	指经过同行评议或审查过的、质量可靠的科学研究成果，其主要包括安全科学研究成果与可借鉴使用的非安全科学（如管理学、心理学与行为学等）研究成果，这些研究成果一般为已公开发表的经过科学研究得出的证据。一般而言，已发表在权威高质量科学研究类杂志的研究成果须达到严格的信度和效度检验要求，因而，可选择其作为安全管理的最佳依据
	事故调查报告	指官方或专门机构经严密调查后形成并公开发表的事故调查报告，具有极强的权威性和可靠性
	安全标准规范	指最新权威的国内外先进安全标准规范（包括安全法律法规与安全规章制度等）
非研究证据	安全管理者的经验或判断	有效证据的正确有效使用既需高质量的科学研究结果，也需安全管理者依赖于其经验在使用过程中做出科学分析和判断，以减少证据的使用失误，进而提高系统安全管理决策的质量
	局部情境证据	来源于组织外部的最新安全法律法规与标准规范等，以及来源于组织内部的安全事实、指标和评价结果
	利益相关者的偏好	在进行组织安全决策时，极有必要权衡决策对于利益相关者所产生的短期或长期影响，应尽可能做出符合组织内利益相关者的偏好的组织安全决策

（2）安全专业人员

安全专业人员是实施循证安全决策的主体，也是最佳可用证据的使用者和提供者。由于安全专业人员负责收集、分析、评价与筛选证据，因此，安全专业人员必须具有较高的信息素养，并实时注意不断更新和丰富安全管理理论与知识。

（3）具体的安全管理问题

识别确定具体的安全管理问题是循证安全决策的必要条件。具体而言，只有充分了解安全管理的需求，循证安全管理人员才能制定出有效的安全管理对策。

（4）组织环境

组织环境包括许多因素，如组织安全管理环境（如组织安全气候和组织安全文化）、信息文化，以及获取最佳可用证据的基础设施、硬件设备和技术条件等。显然，组织环境对前3个基本要素都会产生影响。若忽视了组织环境，可能会致使循证安全决策失败。

总之，上述4个要素是必不可少的。只有将这4个要素有效地结合起来，才能做出科学可行的安全决策，从而获得最佳的安全管理实践效果。

3. 循证安全决策的实施步骤

在国际上，比较公认和被广泛应用的安全管理系统模型是 OHSAS 18001 职业健康安全管理体系标准中提出安全管理系统模型（图 7-2），其主要包括 5 个要素（步骤/阶段）：安全政策与战略、计划、实施与运行、检查与纠正及总结与反馈。

根据安全管理系统模型，安全政策与战略是安全管理的起点和基础。换言之，安全政策

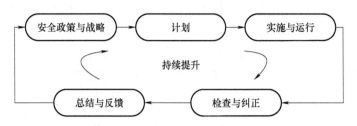

图 7-2 安全管理系统的一般模型

与战略作为安全管理的基本指导方针，是安全管理中最关键的因素，因为它决定安全管理的结果。值得注意的是，循证安全管理（或者更具体地说是"循证安全决策"）旨在制定最佳的安全政策与战略（即安全决策）。因此，基于安全管理系统模型（图 7-2），可提出实施循证安全决策的完整过程（图 7-3）。

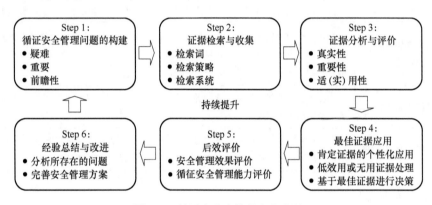

图 7-3 循证安全决策的实施步骤

1）循证安全管理问题的构建，即提出明确的安全管理问题。循证安全管理者根据组织安全管理的需要与环境，以及组织内亟须解决的实际安全管理问题，所形成的明确提问，即明确界定所要解决的安全管理问题。在这一步骤中，需重点明确 2 个问题：①需解决的组织安全管理问题是什么？②需掌握哪些安全信息才能解决上述问题？此外，所提出的问题要与组织安全绩效紧密相关，以保证采集到更多有效安全信息，从而为安全管理者做出最佳安全决策提供依据。

2）证据检索和收集，即系统检索安全信息，全面收集证据。寻找可回答上述问题的最好证据（主要是研究证据），这一步骤需注意以下几个关键问题：①要有充分的安全信息资源，如教科书、专著、专业杂志、安全标准规范、电子出版物或数据库等；②要掌握有效的安全信息检索方法和策略，如计算机检索与手工检索；正确确定和应用拟检索的"关键词"等；③尽可能全面检出相关安全信息。

3）证据分析与评价，即严格分析评价证据，并找出最佳证据。从证据的真实性（可靠性）、重要性（实践价值）、适（实）用性评价收集到的安全信息，找出最佳证据。评价标准大致包括：提供的资料是否正确可靠，结果是什么，结果对于解决问题有无帮助等。此外，借鉴循证管理中对研究证据的可靠性及质量等级的划分，可将循证安全决策的研究证据的可靠度划分为 6 个等级（可靠性依次降低）：①A 级——大样本随机控制试验或者元分析结论；②B级——高质量的文献综述或系统综述结论；③C级——有比较的、多点的案例研究或者大样本的定量研究结论；④D级——小样本、单案例的定性或定量研究结论；⑤E级——描述性研究或企业安全总结报告；⑥F级——权威安全机构的意见或安全专家的观点。

4）最佳证据应用，即运用最佳证据进行安全决策。从经过严格评价的安全信息中，获得真实、可靠并有安全管理应用价值的最佳证据用于指导安全决策，从而保证做出最优的安全决策。

5）后效评价。在这一步骤中，需重点完成：①检查和评价所做的安全决策的实施效果；②循证安全管理能力评价。

6）经验总结与改进。如有必要，根据后效评价结果，分析所存在的问题及其原因，并在此基础上完善安全管理方案。

7.2.4 循证安全管理的影响因素

为有效实施循证安全管理方法，必须识别其影响因素。根据循证安全管理的定义、特点和核心，可推断出循证安全管理的7个主要影响因素（图7-4）：管理者对循证安全管理的态度、安全管理中的循证意识、证据来源、技术支持、循证安全管理人力资源、组织文化，以及个体特征。

（1）管理者对循证安全管理的态度

由于组织内的高层管理人员一般负责组织的战略方向，因此，他们的行动通常会对整个组织的安全管理产生显著影响。例如，领导者可通过监控、激励和学习来激励员工的安全表现（如安全遵从和安全参与）。随着对循证实践的日益重视，组织应该意识到循证意识和技能对于安全专业人员的重要性和必要性，这样有助于促进安全专业人员适应安全管理的变化和应对复杂的安全问题。

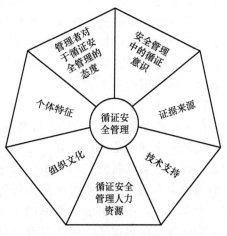

图7-4 循证安全管理的影响因素

（2）安全管理中的循证意识

人的意识决定行为。因此，就循证安全管理实践而言，首要挑战是培养一种意识（即不同类型的证据可提高安全决策的有效性）。为使循证安全管理尽快在安全管理中得到广泛应用，循证安全管理实践者和研究者应加强循证意识。换言之，安全管理实践者和研究者应培养一种意识，那就是用最佳证据来指导和塑造安全管理实践。此外，还应大力推广和倡导循证安全管理。例如，安全管理研究人员应告知安全管理实践者他们的新研究发现。

（3）证据来源

目前，组织实施循证安全管理，所面临的最大困难是证据来源。实际上，诸多与安全管理相关的研究文献都可为循证安全管理实践提供重要证据。根据前文所述，这里列举循证安全管理实践中常见的几种取证资源：研究证据、事故报告、安全法律法规和标准。显然，其中最重要的是研究证据。此外，一些资料（如数据库、期刊、手册、专著）与互联网也可为循证安全管理实践提供大量证据。

（4）技术支持

建立循证安全管理服务系统与循证安全管理实践密切相关，这需要强有力的技术支持。因此，技术支持作为访问组织中询证安全管理实践的大量证据的基础，涉及硬件（期刊、手册、专著和计算机）、软件（证据获取系统、统计分析系统、证据挖掘系统和数据库平台）和网络信息平台。这种技术支持可确保更好地获取信息社会中可用于循证安全管理实践的大量证据资源。很明显，技术支持通常需要大量的资源，包括人力、物力和财力。

（5）循证安全管理人力资源

循证安全管理人员（安全专业人员）负责组织中的循证安全管理实施。他们必须拥有一些专业技能（如收集、分析、评估和筛选证据，为安全决策提供基础）。在某种程度上，循证安全管理人员的数量以及他们的安全管理知识水平、学习技能、日常培训和创新意识等都会影响组织中的循证安全管理实践效果。

（6）组织文化

组织文化反映了组织成员共同的行为、信念、态度和价值观，直接影响整个组织的管理。安全管理作为组织管理的重要组成部分，必然会受到组织文化的影响。具体而言，组织的安全文化和信息文化会对组织的循证安全管理实践产生显著的影响。首先，安全文化良好的组织一般会有一个安全信息系统用于收集、分析和传播与安全管理相关的证据，以便进行有效的安全决策。有效的组织信息文化可营造一种氛围，使安全管理人员认识到安全管理中证据的重要性，并利用最佳证据指导循证安全管理实践，以期实现安全目标。总之，培养良好的组织文化（包括安全文化和信息文化）是保证组织安全管理中有效使用证据的关键。

（7）个体特征

影响循证安全管理实践的个体特征主要是指人的人性、教育背景与智力等特征。首先，循证安全管理是一种客观、合理的安全管理方法，但是安全管理人员可能不愿意使用它，因为它会限制他们的自由；其次，安全管理人员的教育程度和智力水平决定他们的学习能力。例如，许多循证安全管理实践所需的领先而可靠的证据均是通过英语获取的，所以对于母语非英语的国家的安全管理人员来说，达到高水平的英语水平对于实施循证安全管理也很重要。因此，安全管理人员的教育程度和智力水平会影响其循证安全管理技能的学习和掌握。

7.2.5 未来研究方向

循证安全管理作为一种新的、有效的指导安全管理实践的手段，本研究属于首提。因此，在本研究中，对循证安全管理的基本问题和影响因素的叙述和探讨，难免存在不详细或详尽之处。本研究希望可为打算在循证安全管理方面开展研究的安全管理研究者和实践者提供一个起点。希望各位同仁共同努力，以期使循证安全管理成为现实。为促进循证安全管理在安全管理中的应用，使循证安全管理实践更加有效，如何发现安全问题、提出安全问题，如何检索证据，如何评价证据，如何应用证据，如何评价循证安全管理实践的效果，是今后需解决的关键问题。此外，基于有关循证管理的研究文献，可受它们启发提出一些用于循证安全管理探索的问题。

7.3 情报主导的安全（ILS）管理方法

【本节提要】

　　立足于理论与实践相结合的出发点和归宿点，针对"情报主导的安全管理"的建立依据、含义与模型开展研究，以期为情报主导的安全管理的后续研究与实践奠定了一定的理论基础。

　　本节内容主要选自本书著者发表的题为"情报主导的安全管理（ILSM）：依据、含义及模型"[3]的研究论文。

　　根据第 6 章可知，安全情报是安全管理的关键和支撑点，它旨在支持和服务安全管理，对安全管理具有统领与引导作用，价值重大。此外，情报主导（Intelligence-Led）的实践方法（如"情报主导的警务"与"情报主导的竞争"等）是近年来流行的有效实践方法。上述缘由为情报活动介入至安全管理活动之中带来了启发和契机。显然，安全情报价值的实现需依赖于积极倡导与践行"情报主导的安全管理"理念。但令人遗憾的是，目前学界尚未明晰情报主导的安全管理的通用性、基础性理论问题，导致情报主导的安全管理的研究与实践缺乏基本的理论依据和方法指导。

　　鉴于此，本节运用理论演绎方法和思辨研究方法，立足于理论与实践相结合的出发点和归宿点，针对"情报主导的安全管理"的建立依据、含义与模型开展研究，以期为情报主导的安全管理的后续研究与实践奠定了一定的理论基础。同时，进一步丰富了情报和安全管理方面的研究内容，有力推动了两者在理论和实践方面的融合发展。

　　与此同时，情报主导的安全管理具有成为 21 世纪最具影响的安全管理变革的潜力，可代表信息时代，特别是 Intelligence 时代安全管理工作模式的未来。同时，安全情报是一个大课题按照我国现行学科门类划分看，安全情报涉及安全科学技术、图书馆、情报与文献学、网络空间安全与国家安全学 4 个一级学科领域；同样，情报主导的安全管理也是一个具有广阔研究与实践领域的课题。此外，情报主导的安全管理的重点不仅在于"安全情报"，更在于"安全管理"，安全管理模式的变革是情报主导的安全管理的实质，这种变革不仅是情报工作的丰富和变革，而且是安全管理机制和方式的变革。因此，情报主导的安全管理是一个具有巨大研究实践空间和广阔研究实践前景的领域，这方面研究还在起步探索性阶段，期待更多学者关注并开展这方面研究，早日使情报主导的安全管理落地生根、开花结果。

7.3.1　哲学基础

　　从基本概念角度看，"情报主导的安全管理"概念是"安全情报"与"安全管理"两个本来隶属于不同的独立学科领域（即情报科学与安全科学）的学术概念的有效融合或组合。那么，它们具备融合的基本条件吗？它们可实现有效融合吗？这成为建立情报主导的安全管理的首要哲学命题。从哲学角度看，两个及两个以上的事物间进行融合的哲学基础是它们之间应存在一些契合点，即具有一些共同之处。因此，从哲学视角看，寻找和确定"安全情报"与"安全管理"两个概念的契合点是提出情报主导的安全管理的哲学前提和基础。概括而言，"安全情报"与"安全管理"的契合点，即两者间的共同之处主要体现在以下几方面：

1）以安全为中心。两个概念均坚持以安全为中心。安全管理是围绕系统安全促进所开展的一系列管理活动，其始终坚持以安全为中心（目标）。而安全情报也是坚持以安全为中心（换言之，与其他情报相比，以安全为中心是安全情报的最本质区别和特色），安全情报概念的提出是为安全促进提供新要素、新视角与新范式。

2）关注和强调解决安全问题。两个概念都关注和强调解决安全问题。情报概念聚焦于解决问题，同样，安全情报概念也强调解决安全问题，即安全情报工作应始终围绕解决安全问题开展。就安全管理而言，解决安全问题是安全管理的出发点和终极目标，且安全问题识别、分析、评估与应对是安全管理的核心内容和环节。

3）以安全信息为基础资源。两个概念均强调安全信息的基础性作用。安全情报是被分析处理的安全信息，故完整而准确地用以表征系统安全状态的信息集合是获取和生产高质量有效安全情报的基础。

4）强调恰当的安全情景与合理的安全成本。首先，两个概念均强调恰当的安全情景，两者均是针对一定时空内的系统安全管理所处的情景（如系统的安全管理体系、系统的安全风险因素及系统内外的安全文化环境等）而言的，这是两个概念的边界限定；其次，两个概念均强调合理的安全成本：获取安全情报和实现安全管理目标的安全成本消耗均要合理，若成本不可接受，则围绕两者所开展的活动也就失去了实际意义和价值。

5）对安全环境的关注。两个概念均支持"安全环境是开放系统"的观点，两者都关注系统内外环境对系统安全的影响（如系统对外部安全环境变化的反应，以及安全环境变化所带来的系统安全威胁、挑战和安全管理机遇等），以期更好地理解和干预引起安全事件及促使安全事件发展变化的相关因素。

6）对整个系统安全的考虑。两个概念均立足于整个系统高度，关注系统及其相关子系统的安全运行和发展。安全情报是在系统安全管理目标指导下，旨在全面收集与提供能够促进整个系统的安全管理的安全情报。同样，安全管理也强调系统性（全面性），即要管理有可能对整个系统造成负面影响的安全因素。

7）实施主体均是广义的安全管理者。两个概念的内容均是指一系列活动，而这些活动的实施主体均可概括为广义的安全管理者。所谓广义的安全管理者主要包括情报专业人员（在实际安全管理中，也可称为信息专业人员）和安全专业人员。也就是说，无论是安全情报工作，还是安全管理工作，均需情报专业人员和安全专业人员的合作。若仅依赖于一方专业人员，均无法有效完成安全情报工作和安全管理工作任务。当然，若安全专业人员具备必需的情报技能，那么也可由安全专业人员单独完成两者的活动的任务。

8）关注"未来安全"。安全情报旨在基于过去和现在的安全信息，分析生产安全情报，运用所生产的安全情报预测系统未来的安全状态，并指导和提升系统未来的安全管理。"未来性"是安全管理的重要特征之一，即安全管理强调"预防为主"和"防患于未然"，旨在保障系统的"未来安全"。

安全情报与安全管理所具有的一系列共同点是可将两者进行融合的关键之处，它们是提

出 "情报主导的安全管理" 概念的哲学基础。此外，安全情报作为影响安全管理的安全信息，安全情报与安全管理之间具有明显的因果关系（即安全情报是因，安全管理是果）；再者，安全管理与安全情报之间的关系并非是单向的，而是相互作用与支撑的（细言之，安全情报支持和服务于安全管理，而安全管理又是安全情报的基本 "载体"，即安全情报又源于安全管理）。这些特征也是进行两者融合的重要哲学基础。

7.3.2　理论基础

由 6.2 节，特别是 "安全情报-安全管理（SI-SMB）" 模型（图 6-4）可知，安全情报贯穿于安全管理过程的始终和安全管理的方方面面，安全情报旨在服务和支持安全管理，安全情报是开展安全管理的基础性资源和 "耳目尖兵参谋"。因此，从情报角度看，安全情报工作是安全管理的有机组成部分，安全管理的情报本质是运用安全情报实施安全管理行为。鉴于此，这里不从理论层面讨论安全情报之于安全管理至关重要，从另一方面（即经典安全管理范式中的情报工作本质）出发，探讨情报主导的安全管理建立的理论基础。

从理论而言，任何一种管理方法的产生与兴起均得益于某一管理理念，安全管理方法的提出亦是如此。例如，在安全第一理念、事故可防可控理念、安全标准化理念、风险管理理念、系统安全理念、安全文化理念以及循证安全理念等安全管理理念基础上，人们提出了一系列践行上述安全管理理念的具体安全管理方法。近年来，随着 "情报导向的安全管理" 的理念的提出，情报导向的安全管理方法已被提出与应用。

概括而言，从安全管理的触发点看，基于方法论的高度，可将已有的经典安全管理范式归纳为 4 种，即问题导向的安全管理、风险导向的安全管理、统计导向的安全管理与情报导向的安全管理。其中，前 3 种安全管理范式均离不开安全情报工作，均与情报导向的安全管理范式密切相关，均可融入情报导向的安全管理范式。换言之，情报导向的安全管理范式是一种综合的安全管理范式。下面，依次对上述经典安全管理范式进行进一步阐释，并重点分析它们蕴含的情报管理哲学。

1. 问题导向（Problem-Oriented）**的安全管理范式**

问题导向的安全管理是安全管理领域最原始和最流行的安全管理理念与范式之一。问题导向的安全管理强调安全管理者应识别潜在的安全问题（即安全隐患，如人的不安全行为，物的不安全状态及不安全的环境等）和已显现的安全问题（即安全事件，如恐怖袭击、自然灾害、事故灾难、公共卫生事件与社会安全事件等），对它们进行全面分析，并找到最佳的解决措施与应对策略。例如，"基于安全事件的安全管理" 及 "安全隐患排查治理" 等均是问题导向的安全管理模式的具体实施方法。一般而言，IARA 模型，即 "Identification（识别安全问题）→Analysis（分析研究安全问题产生的原因）→Response（应对解决安全问题）→Assessment（评估安全问题的解决效果）" 是分析与解决安全问题的主要思路与方法论。其中，分析、研究及评估是问题导向安全管理的核心。显然，问题导向的安全管理属于一种安全问题触发型的安全管理模式，属于一种逆向的安全管理路径。从情报角度看，IARA 模型与安全情报流程二者间实则具有异曲同工之妙。安全问题识别相当于安全情报收集过程的组成部分，安全问题分析类似于安全情报分析，安全问题的解决效果评估是安全情报质量评价的一部分，应对解决安全问题是安全情报流程的结果。由此可见，问题导向的安全管理有效开展需要良好安全情报工作的提供支撑。

2. 风险导向（Risk-Oriented）的安全管理范式

风险导向的安全管理是现代安全管理领域主流和最受推崇的安全管理理念与范式之一，其在各个安全管理领域（如职业安全管理、航空安全管理、网络安全管理与公共安全管理等）均已得到广泛使用，并已取得显著的应用成效。所谓风险导向的安全管理，是指基于安全风险的安全管理。通常而言，IAAC 模型，即"Identification（辨识安全风险）→Analysis（分析安全风险）→Assessment（评估安全风险）→Control（控制安全风险）"是风险导向的安全管理的主要思路与方法论。与问题导向的安全管理相比，风险导向的安全管理是一种发现安全问题的具体方法，即通过辨识、分析与评估安全风险，就可识别出安全威胁。由此观之，风险导向的安全管理属于一种正向的安全管理路径。从情报视角看，风险导向的安全管理的本质是基于安全风险情报信息的安全管理，安全风险辨识、分析与评估均属于安全情报流程的一部分，而安全风险控制是安全情报流程的结果。

3. 统计导向（Statistics-Oriented）的安全管理范式

统计导向的安全管理是安全管理者常用的一种安全管理哲学，是一种降低安全事件、安全促进、配置安全资源的多层次动态方法，而并非是一种统计软件。1941 年，美国著名安全师海因里希（Herbert William Heinrich）通过统计分析事故，得出著名的海因里希安全法则（又称为"300:29:1 法则"），这一统计结果对后来乃至今天的安全管理工作均产生了深远了影响。此后，统计分析方法就成为安全管理领域中的一种重要的安全管理方法和工具，其核心是在收集整理安全数据（如安全事件数据、安全隐患数据、安全风险数据与安全绩效数据等）的基础上，运用各种统计分析方法分析与研究安全数据，以发现重要的问题及其分布特点与变化趋势等，并基于统计分析结果设计安全策略，解决安全问题。从情报视角看，统计导向的安全管理在本质上是一个数据/信息驱动（Data/Information-Driven）的安全管理，是一个对安全数据进行分析的安全管理模式。它强调准确及时的安全情报与安全责任的重要性在制定安全管理方案与配置安全资源中的基础地位，是情报导向的安全管理理念在安全管理工作中的具体实现机制。

4. 情报导向（Intelligence-Led）的安全管理范式

目前，"情报导向的安全管理"这一概念已经提出并付诸实践。例如，情报导向的安全管理范式已在信息安全、公共安全与突发事件应急管理等安全管理领域先行先试，进行了有益的探索，并已取得显著成效。其实，在其他安全管理领域也已提出并运用一些情报导向的安全管理范式的具体实施方法，最为典型的是循证安全管理方法和安全知识管理方法。安全情报价值的实现需依赖于积极倡导并践行情报导向的安全管理理念。情报导向的安全管理理念的焦点在于如何进行成功的安全管理（即做出成功的安全预测、安全决策与安全执行），而安全管理又依赖于准确、及时、全面的安全情报，准确、及时、全面的安全情报的生成又离不开安全情报工作（其主要包括规划定向、安全信息收集、安全信息加工、安全情报分析与安全情报传递，当然也需要一般管理中的领导、组织、协调、控制与评估活动作为其辅助活动）的支撑。

情报导向的安全管理是一种安全管理范式和安全管理哲学。其中，安全信息（数据）分析及安全情报对安全管理至关重要。值得注意的是，与问题导向的安全管理、风险导向的安全管理与统计导向的安全管理的安全管理思想不尽相同，情报导向的安全管理是一种"分析驱动（Analysis-Driven）的安全管理范式"，其核心是对安全问题进行深度而全面的安全情报分析、基于安全情报的安全资源优化配置以及安全战略策略管理等。因此，安全管理者应学会与情报专业人员合作，既要开展动态的安全管理工作，更要对安全问题进行深入的情报分析，并激发情报专业人员提出解决安全问题的相关策略。只有将情报转化为组织安全管理思维的不可或缺的一部分，一个组织才能从真正意义上实现情报导向的安全管理。

7.3.3　实践基础

就实践层面而言，情报主导的安全管理的直接目标是实现情报工作与安全管理工作有机融合。理论而言，情报工作与安全管理工作存在高的契合度是将情报工作融入安全管理工作的基础和前提。首先，情报工作与安全管理工作具有共同的目标，即通过分析相关信息（包括数据）来支持管理工作，特别是管理决策。换言之，情报工作与安全管理工作都依赖于一个信息分析的工作过程。此外，情报工作专业人员基于情报视域审视安全管理实践工作，既可丰富、深化和拓展情报工作的内涵、范畴与边界，也可深化和创新对安全管理实践工作的认识和理解。与此同时，情报工作专业人员的情报视域下的安全管理实践工作思考，可帮助安全专业人员创新和提升安全管理实践工作。而且，情报工作与安全管理工作的实施也具有高度的相似性。根据情报工作基本模型与安全管理工作基本模型（图 7-5），对情报工作与安全管理工作的共性进行比较，具体分析如下：

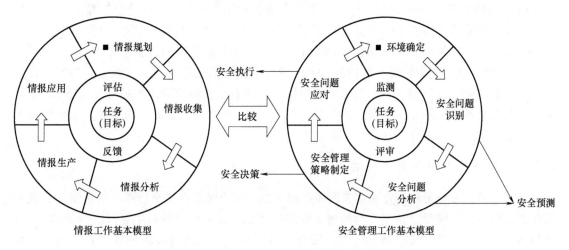

图 7-5　安全情报工作与安全管理工作的比较

1）情报工作与安全管理工作均强调运用"以任务（目标）为中心"的工作机制和流程。在情报工作和安全管理工作中，各自工作的所有参与者均围绕同一任务（目标）开展工作活动，可实现实时地、深层次的信息交流互动，可保证工作更具目标性与目的性，可打破相互间的信息屏障与壁垒，可加强协同合作，进而使得工作更加有效、实时而高效。

2）情报工作与安全管理工作的第 1 步的核心工作任务均是"工作范围、内容和需求的确定"。在情报工作的"情报规划"步骤，重要任务是确定情报工作服务对象（情报用户）的情报需求，即情报工作的具体领域、内容和需求。在安全管理工作的"环境确定"阶段，重要任务是在明确系统环境（背景）（如安全管理的目标、边界、准则、要求、约束因素与关键任务等）基础上，确定安全管理工作需求、范围、任务和要点。

3）情报工作与安全管理工作的第 2 步的工作焦点均是"信息收集"。在情报工作的"情报收集"步骤，重要任务是辨识和收集多种来源的信息。在安全管理工作的"安全问题识别"步骤（属于"安全预测"的一部分），重要任务之一是安全信息的辨识和收集。此外，在信息收集过程中，两者均强调所收集信息的可靠性和可信度。

4）情报工作与安全管理工作的第 3 步的工作焦点均是"分析"。在情报工作的"情报分析"步骤，信息被分析转化为情报。在安全管理工作的"安全问题分析（包括评估）"步骤（属于"安全预测"的一部分），重要任务是基于对所收集的安全信息的系统分析，对安全问题的特征、原因、本质及后果等进行分析评估，并形成安全问题分析评估结果。

5）情报工作与安全管理工作的第 4 步的工作目标是生产符合需求者需求的"产品"。在情报工作的"情报生产"步骤，确定情报的优先次序，情报经"包装"形成真正的"情报产品"，并将它提供给情报用户使用。在安全管理工作的"安全管理策略制定"步骤（等同于"安全决策"），目标是根据安全问题分析评估结果，制定具有可行性的安全管理策略（从情报角度看，其实质就是一种"情报产品"），并确定安全管理策略的优先次序。

6）情报工作与安全管理工作的第 5 步的工作任务均是"应用"。在情报工作的"情报应用"步骤，情报用户运用情报产品开展决策等活动。在安全管理工作的"安全问题应对"步骤（等同于"安全执行"），安全管理者运用安全管理策略应对和处理安全问题。

7）"反馈调节"机制贯穿于情报工作与安全管理工作的始终。就情报工作的"评估与反馈"环节和安全管理工作的"监测与评审"环节而言，两者具有极其相似的功能和目标，即适时地通过"反馈调节"机制，实现工作内容与方法等的及时调整和完善。

8）情报工作与安全管理工作均是一个"循环往复"的工作过程。情报工作与安全管理工作并非是"一次性"的，而应是反复而持续的，两者都强调"持续的提升与完善"，这就需要不断重复各工作环节和流程，以实现工作绩效和成效的不断提升。简言之，安全管理工作和安全情报工作都是持续的和循环发展的。

7.3.4　情报主导的安全管理的含义

综上分析，安全情报研究与实践的核心问题是：安全情报在安全管理中的价值的实现需依赖于积极倡导和践行"情报主导的安全管理"理念，即实施"情报主导的安全管理"。需特别指出的是，尽管"安全情报"与"安全信息"两个概念之间互为种属关系，但不可将两者混淆，"安全信息"是杂乱无序的，故不可能主导安全管理，主导安全管理的只能是"安全情报"，故而"情报主导的安全管理"的称谓更为科学、准确而贴切，不宜使用"信息主导的安全管理"的这一称谓。

这里，给出情报主导的安全管理的具体定义。所谓"情报主导的安全管理"，是指关于"广泛收集安全信息，并对其进行综合深入分析加工生产出安全情报产品，在此基础上，安全管理者根据安全情报产品从总体安全战略与具体安全管理策略、措施等不同角度指导安全管理活动"的一种安全管理方法、模型与哲学。换言之，情报主导的安全管理是指通过综合收集和分析安全信息，进而加工生成"安全情报产品"，并运用"安全情报产品"统领和引导安全管理行为活动，从而提高安全管理工作的整体效能。

对于英文语境中"Intelligence-Led"概念，我国学者一般翻译为"情报主导"或"情报先导"。近年来，诸多学者通过讨论，对"Intelligence-Led"的翻译已达成基本共识，即应翻译为"情报主导","主导"涵盖"先导（引导或引领）"的意思。就该概念中的"主导"一词而言，其基本含义为：统领、引导、贯穿、推动全局发展；发挥重要的引导作用。因此，简单讲，情报主导的安全管理是指"运用安全情报统领和引导（引领）安全管理全局全过程"。显然，与其他情报主导的实践（如情报主导的警务）相比，情报主导的安全管理与它们的核心理念是相似的，但在工作内容与实施过程方面存在巨大差异，参见下文情报主导的安全管理的模型。

情报主导的安全管理的基本特征是安全情报居于安全管理的核心地位（细言之，情报主导的安全管理以安全情报工作作为客观安全管理工具，以安全情报的分析与解读作为安全管理的核心依据）。此外，情报主导的安全管理强调安全情报共享和合作，通过整合与协调各项安全情报功能，并将安全情报有效融入安全管理，促进安全情报在安全管理中的主导作用的最大化发挥，使安全情报更好地为安全管理服务，实现运用安全情报影响各个层次的安全管理行为活动的目标。

就实践层面而言，情报主导的安全管理，旨在强调和凸显安全情报在安全管理活动中的统领、引领或主导作用，即"预知于前、准确预测；审视于准，科学决策；防范于先、快速执行（响应）"，真正做到"预防为主、防患未然"，这是情报主导的安全管理的本质和优势所在。在情报主导的安全管理中，要实现"主导"，必须强化安全情报工作，以确保对获取的安全信息资源进行全面广泛的解读和分析，进而提升安全情报对安全管理的支持和服务能力。细言之，实施情报主导的安全管理，必须具有良好的情报工作能力，并可基于安全情报进行准确的安全预测、科学的安全决策，以及快速的安全执行。

与传统安全管理方法与模式（如基于事故的安全管理、基于问题的安全管理及基于统计的安全管理等）相比，情报主导的安全管理至少具有以下 7 个显著优点：①安全管理的依据是事实（由安全信息链可知，安全情报的最初原型是安全事实），有助于提升安全管理的科学性与有效性；②可尽可能解决安全管理过程的安全情报缺失程度；③纠错机制被引入安全管理（情报工作流程涉及反馈环节），这有助于安全管理的完善；④有助于安全信息共享；⑤传统安全管理方法与模式（如基于事故的安全管理、基于问题的安全管理及基于统计的安全管理等）可实现与情报主导的安全管理的有效结合；⑥安全信息是信息时代，特别是大数据时代的最重要的安全管理资源，情报主导的安全管理可实现安全信息资源的充分有效利用；⑦安全情报工作是直接面向解决安全问题的，情报主导的安全管理有助于增强安全管理的针对性和实践性。总之，与传统安全管理方法与模式相比，情报主导的安全管理更科学、更有效、更具针对性和更实用，它具备成为信息时代，特别是大数据时代安全管理的最大创新的巨大潜力。

此外，根据情报主导的安全管理的定义，可提炼出情报主导的安全管理的基本要素，即安全情报、安全问题与安全管理者，三者之间的关系如图 7-6 所示。首先，"安全情报"之于"安全问题"的作用是解决（包括识别）安全问题，即根据安全情报识别和分析认识安全问题。其次，"安全情报"之于"安全管理者"的作用是影响安全管理者的安全管理行为活动，即安全管理者运用安全情报支持其安全管理行为活动。最后，"安全管理者"之于"安全问题"的作用是进行安全问题干预，即解决安全问题。三者之间通过信息流进行沟通、交流和协作，共同实现安全管理绩效的持续提升。

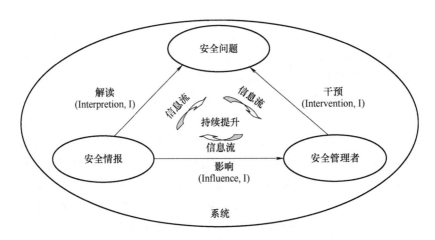

图 7-6　情报主导的安全管理的基本要素

7.3.5　情报主导的安全管理的模型

为给情报主导的安全管理的研究与实践工作提供总体理论和方法指导，根据情报主导的安全管理的基础依据和含义，依次构建情报主导的安全管理的概念模型（侧重于理论层面）与实施模型（侧重于实践层面）。

1. 概念模型

情报主导的安全管理的概念模型，如图 7-7 所示。根据模型可知，情报主导的安全管理的焦点在于如何通过成功的安全管理（即做出成功的安全预测、安全决策与安全执行，且安全管理也离不开一般管理中的领导、系统、协调、控制与评估活动的辅助支撑）实现系统安全，而安全管理又依赖于准确、及时、全面的安全情报，准确、及时、全面的安全情报的生成又离不开安全情报工作（其工作流程如图 7-5 所示，当然也需要一般管理中的领导、系统、协调、控制与评估活动作为其辅助活动）的支撑。此外，实施情报主导的安全管理还需系统安全学理论和方法论的作为理论指导，主要有 2 个：

1）系统安全"四流合一"理论。该理论认为，安全信息具有整合功能，某一系统内的安全物质流、安全能量流与安全行为流可统一整合为安全信息流，故可用安全信息表征系统整体安全状态。安全情报源于对安全信息的加工分析，完整有效的安全信息供给是获得全面准确安全情报的基础。因此，该理论是实施情报主导的安全管理的核心理论基础之一。

2）"安全物理-安全事理-安全人理"系统安全方法论。该方法论是基于系统科学领域的"物理-事理-人理"系统方法论提出的，其对实施情报主导的安全管理的重要理论意义在于指导系统安全情报体系的构建。从系统安全情报体系角度看：①"安全物"主要包括安全情报资源、安全情报方法、安全信息技术系统，其中安全情报资源是主体，安全情报方法与安全信息技术系统是辅助支撑，研究"安全物理"的目的是如何提升安全情报收集与分析的硬件能力；②"安全事"主要包括相关系统安全管理机构、建立在各机构间的协同配合机制等，研究"安全事理"的目的是如何提高安全情报运行效率；③"安全人"主要指安全管理中所涉及的人员，包括安全预测人员、安全决策人员、安全执行人员、安全专业人员、情报人员与操作人员等，研究"安全人理"的目的是达到不同安全管理相关人员角

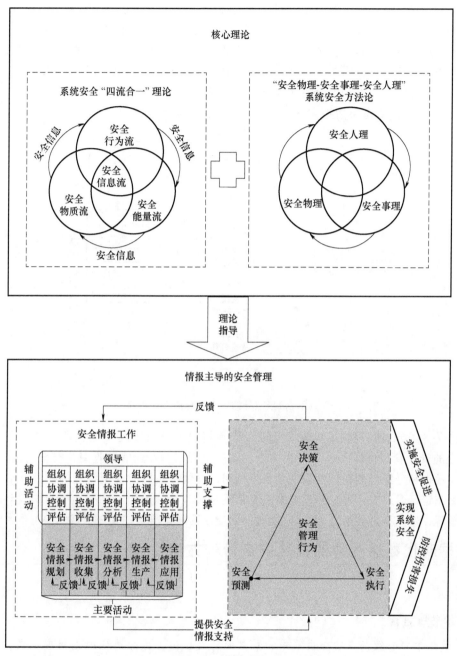

图 7-7　情报主导的安全管理的概念模型

色的安全情报配给，如安全预测精准、安全决策有效、安全执行到位与人员联动等。

2. 实施模型

根据情报主导的安全管理的实践基础，即情报工作与安全管理工作的契合，尽管情报工作与安全管理工作的具体目标（任务）、内容及各个环节的具体任务、目标是不同的，但两者的总体理念与思路是完全一致的。也就是说，就实践层面而言，情报工作与安全管理工作在目标（任务）、核心环节和整体过程 3 方面具有高度的相似性。同时，安全管理作为一个大综合大交叉的学科领域，对其他学科领域的理论与实践保持高度的开放性，善于吸纳其他学科领域的理论与实践经验，因此让安全情报工作活动介入安全管理工作活动是完全可行的。总之，就实践层面而言，情报工作与安全管理工作之间可进行有效融合，形成情报主导的安全管理工作模式。在图7-5的基础上，以情报工作与安全管理工作的相似之处为立足点和切入点，整合情报工作和安全管理工作的核心要素和环节，构建情报主导的安全管理的实施模型（图7-8），从而为情报主导的安全管理实践提供方法指导。

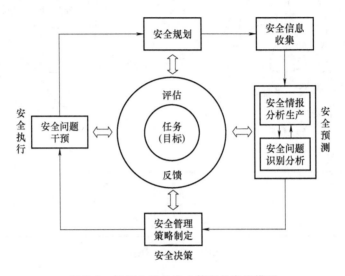

图7-8　情报主导的安全管理的实施模型

　　由图7-8可知，情报主导的安全管理工作是情报工作与传统安全管理工作的有机结合，它以一定的安全管理目标（任务）为中心，以安全规划、安全信息收集、安全情报分析生产与安全问题识别分析（两者相互影响，相互作用，是情报主导的安全管理的核心环节）、安全管理策略制定，以及安全问题干预构成往复循环的基本工作流程（各环节的具体目标和任务已在上文解释，这里不再赘述），并适时通过评估反馈不断完善修正安全管理实践工作。

7.4 大数据时代数据驱动的智慧安全管理方法

【本节提要】

　　聚焦于安全数据在安全决策中的潜在的巨大价值，目的是从理论角度出发，系统地回答关于"数据驱动的安全决策"的这种新的安全决策范式的一些基础性问题，主要包括："数据驱动的安全决策"的定义、益处、理论基础、基本要素、影响因素，以及组织应该如何运用"数据驱动的安全决策"实现智慧安全管理，旨在构建一个大数据时代数据驱动的智慧安全管理的理论框架。

　　本节内容主要选自本书著者发表的题为"Using data-driven safety decision-making to realize smart safety management in the era of big data: a theoretical perspective on basic questions and their answers"[4]的研究论文。

众所周知，安全决策是安全管理的重要组成部分。安全决策失误是安全管理失败的根本原因。正因如此，越来越多的安全研究者与实践者正致力于通过改进传统的安全决策方法或提出安全决策的新范式，以期使安全决策变得更加科学有效。近年来，由于各类数据（信息）技术和数据（信息）系统在安全管理中的广泛应用，安全数据在组织中快速增长。故在信息时代，尤其是大数据时代，安全数据被认为是组织安全管理（更具体地说应是安全决策）最有价值的资产。正因如此，安全数据在安全决策中的变得日益重要，越来越多的组织已经开始要求安全管理人员，使用一种新的重要的基于安全数据的安全决策方法，即数据驱动的安全决策，来指导他们的安全决策实践。

数据驱动的安全决策实践先于数据驱动的安全决策研究。目前，数据驱动的安全决策已在一些组织，特别是大型组织中已初步应用于实践。尽管安全数据已经逐渐引起了安全实践者和研究者的关注，但由于缺乏理论层面的数据驱动的安全决策的深入研究，导致收集和使用安全数据来指导安全决策的实践并不令人满意。此外，由于安全实践者和研究者对数据驱动的安全决策了解甚少，故他们不能正确理解大数据时代安全决策所面临的机遇和挑战。例如：①如何有效、完整地发现、收集、存储和管理大量安全大数据；②如何有效地分析、挖掘和使用多源异构安全大数据；③如何从大数据角度识别影响安全决策质量的因素；④如何利用数据驱动的安全决策实现智慧安全管理。

概括而言，实施数据驱动的安全决策和对它开展研究的驱动力来自多方面。如上所述，安全管理已出现六大趋势或挑战：①数据技术（如数据采集技术、数据挖掘技术、数据集成技术、数据库技术、云计算技术与大数据技术等）的广泛应用；②安全数据系统的快速发展和激增；③大量安全数据的产生；④在安全决策中越来越重视安全数据；⑤在大数据时代，组织越来越重视实施数据驱动的安全决策，以期实现智慧安全管理；⑥目前，缺乏理论层面的数据驱动的安全决策的深入研究。因此，数据驱动的安全决策研究及其应用应受到重视。

7.4.1　数据驱动的安全决策的定义与益处

1. 数据驱动的安全决策的定义

为定义数据驱动的安全决策，首先需理解数据驱动的决策的定义。数据驱动的决策通常指基于数据分析而并非是纯粹基于直觉与经验的决策。例如，在企业管理领域，一位管理者可纯粹基于他在该领域的长期管理经验和自身直觉选择管理策略。或者，他可基于员工对不同管理策略的反应的数据的分析，或者综合基于上述数据，以及自身经验和直接，进行管理策略的选择。具体而言，所谓组织管理中的数据驱动的决策，是指组织的领导者和管理者通过系统地收集和分析与管理有关的各种内部和外部数据（如材料成本、生产率、缺陷率、组织成员的满意度和外部经济环境等），来指导一系列组织决策，这样的决策可提高组织成功的可能性。

其实，在安全管理中，数据驱动的安全决策概念并不是一个新概念。它可追溯至过去几十年来就测量驱动的安全管理或定量安全管理的讨论（如事故数据统计分析、安全数据监测、定量安全评估与安全绩效测量等）。此外，近年来，随着基于标准的安全管理和基于风险的安全管理方法在世界上许多组织内的广泛实施，它们可为组织提供用于分析的许多安全数据，这也为安全数据在组织安全管理中的应用提供了新机会与新动力。

显然，数据驱动的安全决策是数据驱动的安全决策的一个具体应用分支，安全决策中的数据驱动理念源于数据驱动的安全管理方法在政策、管理和教育等许多领域的成功实践。因此，根据上述数据驱动的安全决策的一般定义，可给出数据驱动安全决策的科学定义。数据驱动的安全决策是指组织安全管理人员使用各类高质量的安全数据来指导安全管理实践，或者更具体地说，是安全决策实践。特别是，这种方法强调通过安全数据（如文本安全数据、音频安全数据与视频安全数据等）收集、分析和统计，来为安全决策提供更充分和可靠的安全信息支持。数据驱动的安全决策是从安全数据中获取安全信息（安全知识），并使用它来制定安全决策，以期解决组织安全问题。

总之，数据驱动的安全决策旨在通过应用现代数据采集和处理技术来充分利用安全数据，从而实现更有效、响应更快的安全决策。同时，它强调组织安全绩效的改善是通过对各种安全数据的响应性来增强的。为便于讨论和理解数据驱动的安全决策，建立数据驱动的安全决策的概念模型（图7-9）。

图7-9中有5个关键问题详细解释如下：

1）根据图7-9所示的框架，数据驱动的安全决策需将它置于一个大背景中来理解。尽管本节只讨论特定组织中的数据驱动的安全决策实践，但数据驱动的安全决策实际上可应用于所有级别组织的安全决策之中。就国家级别而言，安全管理系统的各个级别的安全决策或数据驱动的安全决策通常不同（包括国家、地区与组织，如图7-9所示）；其他级别（如子组织）也可能涉及数据驱动的安全决策实践，但图7-9中尚未具体描述。

2）如图7-9所示的安全决策可通过各种类型的安全数据来通知。这些安全数据包括外部安全数据（如现有安全管理（特别是安全决策）研究文献、事故报告、安全法律法规与安全标准等）与内部安全数据。具体而言，可将内部安全数据划分为4类：①输入型安全数据（如安全投资、安全培训教育数据、安全设备设施数据与组织成员的安全素养等）；②过程型安全数据（如安全运行数据、安全监测数据、安全检查数据、安全活动数据、安全行为数据，以及安全策略的使用效果数据等）；③结果型安全数据，即各类安全绩效指标（如伤亡人数、安全事件/事故率、死亡率、伤害率、安全事件/事故经济损失、安全成本收益、安全文化评价结果和安全评价结果等）；④统计型安全数据（如组织成员的安全满意度，以及组织领导和成员、合作伙伴或政府安全监督部门提出的安全意见或建议等）。

3）图7-9所示的框架认为，原始安全数据的存在并不能保证其被使用。更具体地说，除非安全数据变成有效的安全信息和具有操作性的安全知识来支持做出有效的安全决策，否则安全数据本身是无意义的。根据安全数据提纯过程，通过数据分析可从安全数据中提取安全信息，利用信息分析可将安全信息转化为具有操作性的安全知识。同时，安全数据的提纯过程需安全知识的支持。

4）具有操作性的安全知识可通知不同类型的安全决策，这些安全决策包括事故/安全事件防控策略（如安全法制、安全技术、安全教育和安全文化）制定、安全管理目标制定及其实现进展评估、解决个人或组织的安全需求（如为组织成员提供安全培训、改善安全保障条件等）、评估安全管理实践的有效性、安全合规（如安全法律法规、安全标准等）性评估、安全管理资源分配，或者通过加强安全管理过程来改善安全管理结果。

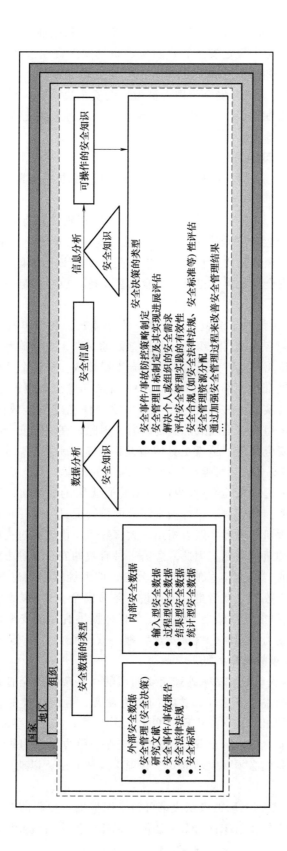

图 7-9 数据驱动的安全决策的概念模型

5）图 7-9 中的安全决策通常也可划分为两类：需安全数据通知、识别或解释的安全决策（如识别和评估安全风险、设定安全管理目标、识别安全需求或问题等）和需安全数据支持来执行的安全决策（如安全管理资源再分配、安全培训项目实施、新安全设施设备购置与安全管理方案变革等）。一旦安全管理人员做出的安全决策被执行，就可不断获得（收集）新的安全数据，用来评估安全管理行动的有效性，从而形成支持安全决策的安全数据收集、组织、合成和分析的连续往复循环过程。

2. 数据驱动的安全决策的益处

由于数据驱动的 SDM 是一种新的 SDM 方法，使用这种方法的重要/必要性有以下几个主要方面：

1）数据驱动的安全决策是提高传统安全决策方法的正确性和有效性的有效手段。传统安全决策方法（如基于经验的安全决策与基于风险的安全决策等）都有可能出现错误。根据上文分析，需要改进安全数据收集和处理，以期获得支持安全决策的安全信息。显然，数据驱动的安全决策可为安全决策提供充分的安全信息支持，故它肯定是一种有效的安全决策方法。

2）数据驱动的安全决策对于组织安全管理（安全绩效）提升具有巨大的促进作用。根据许多关于信息价值的著名理论与组织的一些信息处理观点，更精确和准确的信息（数据）有助于在决策中更多地使用信息，从而有助于提升组织绩效。从这个角度来看，组织所需的信息总是能或多或少地提升组织绩效。同样，安全信息（安全数据）也在组织安全管理中具有很大的潜在价值。其实，一些研究已经表明，安全信息（安全数据）之于安全管理非常重要，已逐渐成为影响组织安全绩效的关键因素。因此，在组织安全决策中采用数据驱动的安全决策，对于组织安全管理（或者更具体地说，是安全绩效）肯定具有巨大好处。

3）采用数据驱动的安全决策可保证组织安全绩效的持续提高，这是因为组织中的安全数据（或者更具体地说，是非安全事件/事故数据）是无限的。目前，许多组织正在努力进行持续的安全改进。然而，如何实现组织安全绩效的持续提升，是一个尚未有效克服的重大难题。正如一些安全管理研究者和实践者指出，大多数组织由于其过去的良好安全记录，目前正面临提升安全绩效的瓶颈问题。因此，急需一种有效的安全管理方法，用来持续提升安全绩效。根据 4.1.7 节的"安全信息的无限性公理，即系统安全信息的'长尾'理论（见图 4-1）"，组织中的安全数据（或者更具体地说，是非安全事件/事故数据）是无限的。因此，非安全事件/事故数据能够不断地为组织安全管理提供有用的安全信息，而安全管理是提升安全绩效的关键推动力。同时，就对安全管理的效用而言，非安全事件/事故数据的价值密度通常比安全事件/事故数据的低。

4）目前，有必要寻找新的方法来处理组织内新的、复杂的安全管理问题。随着组织结构，及内部和外部环境的快速变化（如技术的快速发展、组织规模的扩大、安全问题日益复杂化、新的安全风险的出现、事故机理的变化、人们对单个重大事故的容忍度逐渐降低、为应对经济衰退而导致安全投入降低等），传统的安全决策方法在组织安全管理中暴露出许多限制和缺点。因此，我们必须开发新的安全管理工具和方法，以期成功解决新的组织安全管理问题。

5）在大数据时代，数据驱动的安全决策可为组织提供一种新的有效的智慧安全管理方法。目前，安全大数据正促使组织向过去无法解决的组织安全管理新问题发起挑战。组织中的安全大数据驱动的智慧安全管理模型，如图 7-10 所示。其中，安全大数据驱动的智慧安全管理的核心实际上是一个数据驱动的安全决策过程。它包括 3 个基本步骤：①安全数据分析（在对组织内部和外部安全数据预处理的基础上，通过安全数据关联分析发现安全数据之间的隐藏关系）；②安全数据评价（基于安全数据关联分析的结果，开发安全数据驱动的模型，用以直接预测组织安全问题）；③安全数据控制（基于安全数据驱动的安全预测模型，发现和控制组织中的关键的安全相关参数，以期提升组织安全绩效）。安全大数据驱动的智慧安全管理在本节部分还将做进一步详细介绍。

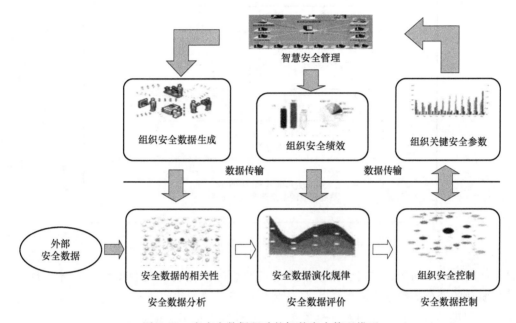

图 7-10 安全大数据驱动的智慧安全管理模型

7.4.2 数据驱动的安全决策的理论基础

数据驱动的安全决策的理论基础涉及多学科理论，其主要和直接的组成部分是数据科学与安全科学（这里更关注安全管理学，它是安全科学的一个主要分支学科）学科理论。数据科学和安全科学都是新兴的交叉综合学科。数据科学涉及通过数据的（自动）分析来理解现象的原理、过程和技术，而安全科学主要涉及安全原理和方法。

从本研究的角度看，数据科学和安全科学的目标均是改善安全决策，因为这通常对组织安全管理和绩效具有至关重要的意义。此外，数据驱动的安全决策作为数据科学与安全科学相结合的结果或方法，可用于解决在信息时代（特别是在大数据时代）组织安全管理人员在组织安全管理中所面临的安全决策问题或挑战。数据驱动的安全决策的理论基础，如图 7-11所示。

图 7-11 表明，自动化安全决策是实现智慧安全管理的关键要素和途径。同时，数据科学和安全科学共同支持数据驱动的安全决策的实现，但它们之间也存在重叠。换言之，将数据科学的理论和方法应用于安全管理（安全科学的一个具体领域）来改进安全决策。这反映了一个事实，那就是：在许多组织中，安全决策越来越多地是由安全数据或与安全信息系

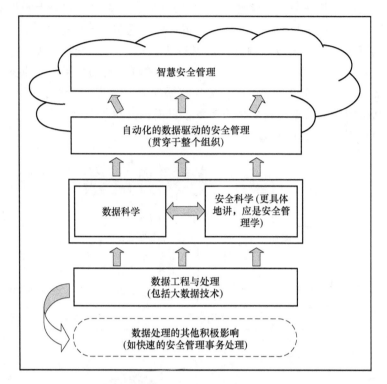

图 7-11　数据驱动的安全决策的理论基础

统自动做出的。不同组织的安全决策（智慧安全管理）的自动化程度存在差异。目前，采用数据驱动的安全决策方法的组织主要是大型组织。随着组织安全管理系统的信息化（计算机化）程度的日益提升，组织安全决策的自动化程度也随之提升。

　　量的数据工程和处理不属于数据科学。尽管数据工程和处理活动对于数据科学发展是必不可少的（图 7-11），但它们更为通用，并且远不止于此。例如，在安全管理中，数据处理技术对许多不涉及从安全数据中提取安全信息的组织安全管理任务（如安全管理事务处理、远程安全管理、实时安全监控、在线安全培训等）非常重要。同时，与许多其他领域一样，大数据（包括安全大数据）技术最近在安全科学领域已引起广泛关注。在本研究中，大数据（包括与安全大数据）被简单地看成相对于传统数据处理系统而言过大的数据集，因此，需要新的数据处理技术。从这个角度看，数据工程和处理实际上包括大数据技术。在安全管理领域，与传统技术一样，毫无疑问，由于新技术之大数据技术已被应用于许多安全管理任务（特别是数据驱动的安全决策），安全数据处理与安全数据工程必须要用以支持安全管理中的相关数据科学活动（图 7-11）。

7.4.3　数据驱动的安全决策的基础要素

　　为使组织安全决策更科学、有效和智慧，越来越多的组织逐渐采用数据驱动的安全决策来运用高质量的安全数据指导安全决策实践。根据第 7.4.1 节中给出的数据驱动的安全决策的定义，这里提出组织实现数据驱动的安全决策的 3 个基本要素（图 7-12），具体解释如下：

（1）安全数据

系统收集和储存维护高质量的安全数据是制定安全决策和评估安全管理结果的重要组成部分。因此，在组织中实施数据驱动的安全决策需要使用持续的、可靠的和易于获取的安全数据。顾名思义，安全数据指的是与安全相关的数据，是一种特殊类型的数据（即"与安全相关的所有类型的数据的集合"）。从本研究的角度看，安全数据是组织进行安全决策所需的数据。数据驱动的安全决策所需的安全数据的常见来源和类型（图7-9）已在7.3.1节中做了详细分析。在大数据时代，安全数据的来源（如互联网、政府机关和部门、安全服务组织与个人等）和类型（主要包括结构化和非结构化安全数据）均大幅增多，安全管理研究者和实践者应更加关注总体安全数据而非样本安全数据。

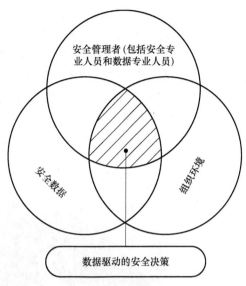

图 7-12　数据驱动的安全决策的基本要素

（2）安全管理人员（包括安全专业和数据专业人员）

组织中的安全管理人员可以看作是掌握了特定的安全管理知识和技能的组织成员，他们专门和直接组织和参与组织安全管理活动。通常，安全管理人员作为安全管理行为的主体，由组织中的个人或团体组成，他们对组织的安全具有相应的权力、权利、义务和责任，并有能力执行组织的安全管理活动。简言之，传统的安全管理人员指的是组织中的安全专业人员。由于实施数据驱动的安全决策需同时涉及安全科学和数据科学（图7-11），故在数据驱动的安全决策中，安全管理人员不仅是安全专业人员，而且是数据专业人员。因此，传统的安全管理人员可能无法胜任数据驱动的安全决策，除非他们具有良好的数据素养，尤其是优秀的数据收集、分析和处理能力。就数据驱动的安全决策而言，安全管理人员应该是具有高数据素养的安全专业人员，或者应该是安全专业人员和数据专业人员组成的团体。

（3）组织环境

就数据驱动的安全决策而言，组织环境包括组织中可直接或间接影响组织安全管理（包括数据驱动的安全决策的运用和组织安全绩效）的所有因素。这些因素主要包括组织安全管理体系、组织安全领导力、组织安全氛围、组织安全文化、组织数据文化、组织信息文化、组织成员的安全素质，以及安全数据收集、分析和处理的基础设施、硬件设备和技术条件等。此外，组织环境影响还前2个数据驱动的安全决策的基本要素。因此，忽略组织环境可能导致组织中的数据驱动的安全决策出现失败或缺乏有效性。

实际上，上述3个要素是紧密联系在一起的，并且共同影响着数据驱动的安全决策的实施。如图7-12所示，只有将其有效结合起来，数据驱动的安全决策才能被成功实施，以期提供有效的安全决策和改进组织的安全绩效。

7.4.4　数据驱动的安全决策的影响因素

为在组织中有效实施数据驱动的安全决策，需要识别数据驱动的安全决策的影响因素。

根据图7-12所示的数据驱动的安全决策的3个基本元素和实际调研发现，影响组织实施数据驱动的安全决策的关键因素主要有9个（图7-13和表7-3）：安全数据的可获取性、安全数据的质量、使用安全数据的动机、对数据驱动的安全决策的态度、数据驱动的安全决策的人力资源、技术支持、信息技术的使用、时间的缺乏，以及组织文化和领导力。当然除了表7-3中的关键影响因素之外，数据驱动的安全决策的实施还可能受其他因素的影响（如个体特征、政府安全政策、社会安全文化、组织数据文化和信息文化等）。总之，实施数据驱动的安全决策非常复杂，这是因为它是受多因素影响的。

图7-13　组织实施数据驱动的安全决策的关键影响因素

表7-3　组织实施数据驱动的安全决策的关键影响因素

序号	因　素	解　释
1	安全数据的可获取性	安全数据收集是安全决策的起点与基础。因此，实现数据驱动的安全数据需使用持续的、高质量的、易于获取的安全数据，即当组织在实施数据驱动的安全决策时，所面临的首个困难就是缺乏易获取的安全数据
2	安全数据的质量	安全数据的质量是保证数据驱动安全决策的正确性和有效性的基础，安全数据的完整性、一致性、准确性及及时性直接影响安全数据的正确性和有效性。此外，决策者对安全数据质量的怀疑也会影响有意义的安全数据的使用
3	使用安全数据的动机	外部压力（如政府要求）和内部动机（如对智慧安全管理或安全改进的需求）有助于安全数据的使用。同时，仅将安全数据用于安全绩效评估，而不用于安全决策，这也会影响安全数据的有效使用
4	对数据驱动的安全决策的态度	由于组织领导者和安全管理人员是数据驱动的安全决策主体、用户和提供者，他们对数据驱动的安全决策的态度会显著影响数据驱动的安全决策的实施

（续）

序号	因　　素	解　　释
5	数据驱动的安全决策的人力资源	目前，当组织使用数据驱动的安全决策时，遇到的一个主要困难是缺乏数据驱动的安全决策人力资源，尤其是数据专业人员（包括大数据专业人员）。显然，安全管理人员的管理能力和数据素养会直接影响数据驱动的安全决策的实施
6	技术支持	若无技术（如用于收集、分析、处理和使用安全数据的基础设施、硬件设备和技术条件等）支持，安全数据可能传递错误或导致无法有效分析、处理和利用安全数据。同时，随着安全数据的爆炸式增长，以及对收集、分析、处理和使用安全数据的速度要求的提升，传统信息技术基础设施面临许多挑战
7	信息技术的使用	信息技术在组织中的大量使用可以提供机会构建信息（数据）丰富的环境，并影响组织成员对数据驱动的决策（包括数据驱动的安全决策）的态度。类似地，它也可影响安全数据的可获取性和组织成员对数据驱动的安全决策的态度
8	时间的缺乏	限制数据驱动的安全决策实施的一个重要阻碍因素是缺乏时间来收集、分析和处理安全数据，具体原因包括来自赶上安全管理进度的压力，以及缺乏数据驱动的安全决策人力资源等
9	组织文化和领导力	组织文化和领导力作为影响组织管理（包括安全管理）的 2 个重要因素，它们影响整个组织使用数据（包括安全数据）的模式。例如，积极的组织安全文化、数据文化和信息文化可使组织领导者和安全管理人员认识到安全管理和数据驱动的安全决策的重要性

7.4.5　基于数据驱动的安全决策实现智慧安全管理

为在组织中有效地实施数据驱动的安全决策并实现智慧安全管理的目标，这里提出数据驱动的安全决策与安全管理的过程模型，如图 7-14 所示。该图表明，智慧安全管理实际上是传统安全管理模式和数据驱动的安全决策的完美结合。换言之，智慧安全管理可通过使用数据驱动的安全决策来支持和改进传统的安全管理过程来实现。

传统的安全管理系统模型一般包括 4 个关键步骤：安全预测、安全决策、安全执行，以及安全检查与调整（图 7-14）。其中，安全预测是安全决策的起点和基础。根据图 7-9 所示的数据驱动的安全决策的概念模型，数据驱动的安全决策旨在从安全数据中提取有用的安全信息和安全知识，以支持和指导安全决策（包括安全预测）。因此，除数据驱动安全决策（智能安全决策）的最后一步外，数据驱动的安全决策任务还涉及 5 个主要步骤，如图 7-14 所示。

在数据驱动的安全决策的实施过程中，安全数据的收集、传输、存储、清洗、预处理、集成和特征选择是安全数据挖掘的重要准备阶段。下一步骤是数据驱动的安全决策的关键步骤和核心内容——安全数据挖掘和安全知识发现。从安全数据中提取的后续安全知识应该被表示、可视化和应用，从而支持整个安全管理系统的安全决策和安全控制。同时，安全管理的最后 2 步（即安全执行、检查与调整）也是基于对安全数据分析的，而并非是纯粹基于直觉和经验的。最后，可以实现各种智慧安全管理的目的和目标（主要包括数据驱动的安全决策、智慧控制、准确快速的安全决策，以及持续的安全性/安全绩效提升）。此外，智

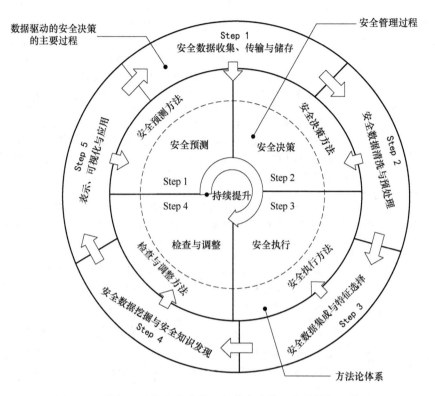

图 7-14　数据驱动的安全决策和智慧安全管理的总体过程模型

慧安全管理方法论包括纯粹的安全管理方法和数据驱动的安全决策。

7.4.6　未来研究方向

本节仅是理论层面的数据驱动的安全决策，以及如何运用数据驱动的安全决策实现智慧安全管理的初步研究和探讨，为提高数据驱动的安全决策的实践效果和促进基于数据驱动的安全决策实现智慧安全管理，需进一步开展一系列研究工作，例如：

1）数据驱动的安全决策对安全管理、安全绩效、安全文化和其他安全相关结果的影响。

2）安全数据的采集、分析和处理。

3）安全数据挖掘和安全知识发现。

4）安全数据的使用（如安全知识的可视化和表示、对安全数据使用的支持、安全数据的伦理问题等）。

5）具体的安全数据来源。

6）安全数据质量评价（包括各类安全数据的相对效用）。

7）数据驱动安全决策的期望效果测量。

8）安全决策中安全数据使用的影响因素的定量分析。

9）对安全管理人员的安全决策质量进行评估。

10）数据驱动的安全决策在不同行业（如道路安全管理、化工安全管理、矿山安全管理等）中的应用。

11）数据驱动的安全决策的限制因素（如安全数据质量低、缺乏灵活性和创新性、安全数据收集、分析和处理技术相对不成熟等）及其改进。

12）数据驱动的安全决策与传统安全决策方法的结合。

13）提高安全管理人员实施数据驱动的安全决策的信息素养。

14）安全文化或数据（信息）文化对数据驱动的安全决策实施的影响。

15）数据驱动的安全决策实证研究。

16）大数据时代的数据驱动的安全决策机遇和挑战。

17）新兴信息技术（如大数据、移动互联网、云计算、人工智能等）在数据驱动的安全决策中的应用。

本章参考文献

［1］王秉，吴超. 科学层面的安全管理信息化的三个关键问题思辨：基本内涵、理论动因及焦点转变［J］. 情报杂志，2018，37（8）：114-120.

［2］WANG B，WU C，SHI B，et al. Evidence-based safety（EBS）management：a new approach to teaching the practice of safety management（SM）［J］. Journal of Safety Research，2017，63（12）：21-28.

［3］王秉，吴超. 情报主导的安全管理（ILSM）：依据、涵义及模型［J/OL］. 情报理论与实践，2019，42（6）：56-61.

［4］WANG B，WU C，HUANG L，et al. Using data-driven safety decision-making to realize smart safety management in the era of big data：a theoretical perspective on basic questions and their answers［J］. Journal of Cleaner Production，2019，210（1）：1595-1604.

第 8 章

安全信息学学科分支

理论上讲，就一个具有丰富内涵、广泛研究内容和旺盛生命力及发展潜力的学科而言，它在其学科领域理应有若干个细化部分，即学科分支组成。其实，所有学科的重大发展与突破一般都会伴随着其标志性的新学科分支的诞生。而对于安全学科及其学科分支之安全信息学的发展而言，理应也是如此。与任何新生事物一样，安全信息学本身还是一门安全学科的新兴分支学科。因此，毋庸讳言，安全信息学及其学科分支必然会和其他新兴学科分支一样，表现出初生的不成熟性。

许多科学研究者往往已习惯于学科现状，往往仅擅长于做一些较为具体的创新研究，而一般都不擅长从学科建设高度开辟一片新而大的研究园地。

任何学问都不是一成不变的，安全科学研究者与其对新兴的安全学科分支学科（包括安全信息学及其分支学科，以及其他新兴的安全学科分支学科）责备求全，不如以开放和包容的姿态，对安全学科分支学科多进行观察、分析与思考，不如改弦更张使安全科学变得更科学、更加卓有成效，不如尝试将"＋安全"的输入转化为"安全＋"的输出，以求安全学科这门古老而又年轻的学科在扶植、建设学科分支的同时，使自己也更加丰满、完善和实用起来，使安全学科更具发展活力，以免其陷入"无精打采"的"无精神"成长状态。

需补充的是，尤其作为一门新学科，及早建构其主要学科分支，就犹如给该学科绘制了一张未来发展的蓝图。不夸张地讲，这对该学科未来发展的深度、广度、潜力和科学化等都具有决定性的作用与价值，会给学科发展注入无限生机和活力。而安全学科及其分支学科恰好具备这一优势，所以应更加重视并及时抓住这一重要机遇。

史学家常金仓先生曾提出"严格意义上的学术进步并非是在原来的老路上又走了多远，而是换一个思路使这门学问比先前更有效"，本书著者非常赞成他的这一观点。鉴于此，在之前的安全文化学研究过程中，就非常重视它的学科分支的建设问题。同理，本书著者在建构安全信息学之初，就开始仔细斟酌它应包含哪些主要学科分支。

带着上述问题，本书著者根据安全信息学研究、实践与发展需要，结合时代背景，先后创立了 5 门安全信息学的主要学科分支，即安全情报学、安全信息经济学、循证安全管理学、安全大数据学与安全关联学。显然，它们都属于本书著者首提。但是，安全信息学的上述分支学科的出现并非是心血来潮的产物，而是取决于安全信息学实际研究、实践和发展的需要，安全科学事业发展的需要，尤其是完善安全学科体系及促进安全信息学研究、实践和发展的需要。

此外，为保证所创建的安全信息学的学科分支的科学性、独立性与严谨性，并具有广阔的发展前景，本书著者不仅经过了长时间的思考和与其他学者交流探讨，并尝试把每一个学科分支的建构问题都撰写成为独立的学术论文，以求在投稿发表的过程中得到审稿专家和期刊编辑的建议与认可。5 篇[1-5]论文的正式发表，至少进一步佐证了创立 5 门安全信息学学科分支的必要性、合理性和科学性。以下简单说明本书上述 5 门安全信息学的主要学科分支出现和创立的主要原因：

1）安全信息学与各相近学科互相渗透、互相联结和综合、交叉、分化的趋势促成安全信息学学科分支的出现。一门学科的兴起，首先要有基本原理、研究对象和研究方法这些要素。随着学科的综合和分化，这些要素也在发生变化，便会孕育出新的学科分支。这些新的学科分支的产生，从结构方式看，有的属非交叉结构形式，如安全科学学，就名称形式来说是单科（安全科学）型结构的综合性学科分支；另一种则是交叉结构型，如上述 5 门安全信息学的主要学科分支。

2）研究方法的更新，研究对象的具体化，也是安全信息学学科分支产生的另一个重要原因。长期以来，人们用辩证唯物主义认识论或从工程技术角度研究安全信息学，收到了一定效果。近年来，研究方法有了新的发展，如本书著者提出的"安全信息学的安全管理研究观"等安全信息学研究方法（见本书第 2 章），形成了循证安全管理学研究领域。可以设想，基于一些安全信息学研究方法，许多安全信息学分支学科将从这里产生（例如，基于比较法可以创建比较安全信息学）。此外，若把安全信息学的研究对象具体化（如安全情报与安全大数据等），也可创立与之对应的安全情报学与安全大数据学新学科。

8.1 | 安全情报学

【本节提要】

运用理论思辨方法，从大安全角度出发，依次深入剖析安全情报学的 6 个学科基本问题，即学科定义与内涵、学科性质、学科研究对象、学科研究内容、学科基础和学科分支。

本节内容主要选自本书著者发表的题为"大安全观指导下的安全情报学若干基本问题思辨"[1]的研究论文。

安全需求是人类的基本需求之一。安全情报是人类安全需求的产物，人类的安全情报活动是古老的。在悠久的安全情报实践活动中，有关安全情报研究与实践工作相继开展并已得到丰富的积累，这为安全情报学理论与学科建设培育了深厚而肥沃的土壤。

当今，人类正处在风险社会（甚至可说是高风险社会）之中，各种安全威胁、安全风险与安全事件层出不穷，威胁着人类的安全，安全已逐渐成为社会的一个"主旋律"，而情报学历来强调关注重大社会现实问题的研究，所以近年来安全情报研究逐渐兴起，安全情报已逐渐成为继国家情报学、军事情报学、科技情报学、竞争情报学等传统情报学科之后兴起的一个重要的新兴研究领域。安全情报的兴起和发展呼唤一门与之相应的学科作为指导，安全情报学便由此诞生。此外，随着人类步入信息时代，特别是大数据时代，安全信息量呈井喷式增长，安全情报的作用与意义并未削减，反倒愈发凸显"无用的安全信息泛滥，有价值的安全情报缺失"的问题，严重影响安全管理的效果。

综上缘由，近年来，安全情报研究已载入情报学科与安全学科发展史册，已成为情报学科与安全学科交叉领域新的学科生长点和延伸点。目前，安全情报学学科建设已具有必然的背景条件和深刻的基础条件，安全情报学是一门情报学科与安全学科交叉领域势在必建的新学科。

目前，安全情报学生长和发展已具备适宜的土壤，众多学者已逐渐认识到安全情报学学科建设的重要性、必要性和可行性。因此，安全情报学建设正当时。一般而言，判断一门学科形成的基本依据和建设一门学科的基点是确立该学科的基本问题（如学科定义、学科研究对象与学科研究内容等）。因此，确立安全情报学作为一门科学学科的首要任务是明确安全情报学的学科基本问题。但遗憾的是，当前安全情报作为一门科学还正处于初步探索和发展之中，特别是尚未明确安全情报学的学科基本问题，导致安全情报学学科建设缺乏最基本的理论依据和框架指导，严重阻碍其建设、研究和发展。

鉴于此，亟须开展学科建设层面的安全情报学的学科基本问题研究。本节运用理论思辨方法，选取安全情报学的 6 个学科基本问题，即学科定义与内涵、学科性质、学科研究对象、学科研究内容、学科基础和学科分支分别进行深入探讨，以期为安全情报学学科体系的构建奠定一定的基础，从而促进安全情报学的建设及发展。

8.1.1 学科定义与内涵

目前，尚无学者提出安全情报学的定义。简单讲，安全情报学是研究安全情报及其运动规律的科学。尽管定义的原则是简单、概括和准确，但由于该定义过于简单，不易全面揭示安全情报学的内涵。鉴于此，有必要给出安全情报学的详细定义。安全情报学是情报学与安全科学两门学科直接进行交叉融合而成的，是情报学与安全科学的分支学科，并与安全科学的其他分支学科（安全信息学与安全管理学等）存在交叉。细言之，安全情报学是以解决"安全管理过程中的安全情报缺失"问题为出发点和归宿点，以安全情报为研究对象，以安全情报的本质、功能、结构、产生、传递和利用规律为主要研究内容，以期为安全管理工作提供有效的安全情报服务的一门新兴交叉应用性科学。根据安全情报学的定义，可将安全情报学的内涵归纳如下：

1）安全管理失败的根源原因可统一归为安全情报缺失，这是建立安全情报学的基本理论依据。正因如此，解决"安全管理过程中的安全情报缺失"问题是安全情报学的出发点和归宿点，安全情报学研究、建设和发展应紧紧围绕上述问题展开。

2）安全情报学的研究对象是安全情报，其主要涵盖静态的安全情报内容和动态的安全情报活动两方面，同时，还包括延伸出的安全情报机构或组织。由此可见，安全情报学不仅仅单纯探索和研究安全情报，还研究关于安全情报的各种活动、安全情报技术与方法、安全情报机构或组织等。

3）安全情报学研究主要涉及情报学与安全科学的理论、方法与技术手段，同时还需以哲学（安全哲学）、管理学（安全管理学）、信息科学（安全信息学）、社会学（安全社会学）与计算机科学等相关学科的理论、方法与技术手段作为辅助支撑。

4）安全情报学是面向安全管理的，安全情报学的研究目的（目标）是为了使安全管理工作者更有效地开展安全情报活动（如安全情报收集、安全情报传播、安全情报分析与安全情报利用等），从而有效解决"安全管理过程中的安全情报缺失"问题。

5）安全情报学是特别注重实践的应用性学科，是普通情报学理论在安全科学领域的具体应用。安全情报学与情报学有一个共同的核心研究对象（即"情报"）。情报学发展至今已成为一门显性科学，有系统的理论和科学的研究方法。情报学的基本理论、原理和研究方法均可在安全情报学研究中加以创新性的借鉴和运用，两者之间有直接的"源""脉"关系。

此外，安全情报学与安全信息学之间的关系容易被误解，有必要进行简单解释。安全情报学关注的重点是安全情报的运动，其研究内容与安全信息学的研究内容有交叉。但是，安全情报不同于安全信息，两者的区别与联系类似于"信息"与"情报"之间的区别（在6.1节已具体说明，这里不再详述）。若从安全科学学理角度看，安全情报概念源于情报学视域下的安全科学（特别是安全管理）新认识，即"从安全信息到安全情报"的安全管理新认识。由此可见，安全情报学的研究对象和研究内容均有独特性（即不可替代性），故安全情报学具有独立性。同时，现代安全情报研究实践尤其关注利用现代信息（包括安全信息）技术与手段，使安全情报流程、安全情报系统保持最佳效能状态，并帮助研究者和实践者充分利用信息（包括安全信息）技术和手段提高安全情报收集、加工、储存、检索、交流与利用的效率。

8.1.2　学科性质

安全情报学的学科性质（或称为"学科属性"）旨在回答"安全情报学是一门什么样的科学"这一重要的安全情报学的学科基本问题。根据安全情报学的定义与内涵，可从以下几个层面出发，全面地界定安全情报学的学科性质。

（1）安全情报学是一门交叉科学

从安全情报学的形成机理看，安全情报学是在两门不同学科（即情报学和安全科学）的边缘交叉领域生成的新学科。换言之，安全情报学是情报学和安全科学直接进行交叉融合而形成的一门新学科。根据交叉科学的形成机理，安全情报学的生成路径主要包括两条：①某些重大安全科学研究课题（如安全管理中的安全情报缺失问题）需同时涉及情报学和安全科学两个学科领域，在研究过程中，便在这些研究领域"结合地带"生成安全情报学这门新兴学科；②运用情报学的理论和方法去研究和解决安全科学领域的问题，从而形成安全情报学。

（2）安全情报学是一门情报学和安全科学的分支学科

从学科归属看，安全情报学隶属于情报学和安全科学这两门一级学科。换言之，安全情报学是从情报学中分离出来的与安全科学紧密相连的两门学科的共同的分支学科，情报学和安全科学是安全情报学的母学科。安全情报学与其母学科（即情报学和安全科学）之间的关系密切，相互促进、相互依赖、辩证统一。母学科的发展在很大程度上促进了子学科的发展（细言之，情报学可为安全情报学建设和发展提供相似性借鉴和鉴别出差异化特性，而安全科学可为安全情报学建设和发展提供应用实践"场地"），而子学科的发展反过来又进一步丰富了母学科的理论。因此，应重视并加强情报学和安全科学分支学科的研究，这是安全情报学产生的学科背景。

（3）安全情报学是一门社会科学

学界对情报学的学科属性一直存在争议，主要存在两种观点。一种观点认为，情报研究需要社会科学与自然科学各个学科领域的理论、方法与技术作为支撑，因而情报学是一门介于社会科学与自然之间的综合性科学。另一种观点认为，情报学的研究对象（即情报及其情报活动、过程）的本质是一种普遍存在的社会现象，且情报学注重分析社会中的重大事件、威胁与危机的研判、警示、呼唤与谋划，故情报学是一门社会科学（在我国，情报学在学科分类上也被划归为社会科学）。两种观点相比而言，世界范围内的绝大多数情报学学者均支持后一种观点，这是因为：情报学的研究对象所具备的社会科学属性决定情报学是一门社会科学，尽管相关技术方法与手段等的应用确实会推动情报学研究的发展，但它们仅是为情报学研究提供辅助支撑，这些外在条件并不能改变情报学内在的社会科学属性。作为情报学重要分支之一的安全情报学的核心仍然是情报问题，安全只是具体应用领域（细言之，安全情报学研究情报原理、情报收集、情报分析等在安全管理工作中的应用、完善、创新与发展；安全情报学研究并预测作为社会现象的安全活动的特征、规律及趋向，并提出相应安全管理建议和策略供相关安全管理者参考和使用）。因此，安全情报学也是一门社会科学。

（4）安全情报学是一门思维科学

由于情报是对人有用的信息，情报最后要与人的意识、思维进行交互作用，故应将情报这一领域作为思维科学的一部分来考虑。同样，包昌火也提出，情报是对信息的解读、判断与分析，是人脑思维的产物。此外，情报过程的本质是基于人的认知功能的思维过程，这一过程的目标（结果）是人依赖于其创造性思维，从大量数据信息中生产出具有意义的情报产品或可行动的方案。作为安全情报学研究对象的安全情报及其活动，均具有显著的思维科学属性，具体为：安全情报是安全情报工作人员通过其创造性思维，是对安全数据信息进行抽象、筛选、研判、评估、分析、假设和创新的思维产物；安全情报活动涉及"安全思维""归纳与演绎思维""抽象思维"与"批判性思维"等诸多思维方法，上述思维方法均是思维科学的重要学科内容。因此，安全情报及其活动的思维科学属性决定安全情报学具备思维科学属性。

（5）安全情报学是一门管理科学

安全情报学具有显著的管理科学属性，具体主要表现在以下4方面：①安全情报是直接影响安全管理的信息，是面向安全管理服务的，同样，安全情报学研究的目的也是为安全管理工作提供有效的安全情报服务，旨在解决"安全管理过程中的安全情报缺失问题"；②有效的安全信息管理工作是开展安全情报学研究与实践工作的基础，且安全情报本身也需要管理（如安全情报政策的研究与制定，以及安全情报系统研发与管理等）；③安全数据信息是安全情报工作的资源基础，对其所进行的"情报化过程"属于知识管理的范畴，同时，安全情报过程作为一个安全数据信息被激活的过程，其实则是生产安全情报产品的管理过程；④对安全情报机构、安全情报人员的管理等也是一个重要的管理过程。综上可知，安全情报学需面向安全管理，运用管理科学的理论、方法和手段，对安全数据信息、安全情报、安全情报机构及安全情报人员等进行有效管理，从而为安全管理工作提供有效的安全情报服务。

（6）安全情报学是一门应用科学

基于现代科学技术体系的角度，钱学森曾对情报学的学科属性做出了准确定位，即情报学作为一门学问或科学，是一门应用科学。同样，安全情报学也应是一门应用科学，其主要体现在两方面：①从哲学角度看，安全情报学是安全情报工作实践活动上升至理论化、系统化的科学，该科学将情报学、安全科学、安全管理学、安全统计学与安全信息学等学科的理论、方法与技术，应用至安全情报实际工作活动，以期满足安全管理过程中的现实安全情报需求；②从情报学的应用和发展角度看，安全情报学实则是情报学理论、方法运用到安全科学（特别是安全管理）领域，并在安全情报工作实践中抽象、总结原理规律而形成的一门具有部门领域或行业特征的情报学的具体应用领域。

8.1.3　学科研究对象

一门学科的研究对象对该学科的理论和方法起着决定性作用。因此，确立安全情报学作为一门科学学科，首要和最基本问题是明确它的研究对象。或者说，确立安全情报学的研究对象，是开展安全情报学学科建设的最基础、最首要研究任务，是安全情报学学科建设的逻辑起点。安全情报学的研究对象的轮廓是在大量的安全情报理论研究与实践积累的基础上逐渐确立的。根据安全情报学的定义与内涵，概括地说，安全情报学的研究对象是安全情报现象。若从安全科学语境来进行具体考察，安全情报学的基本研究对象既包括安全情报本体，又包括安全情报本体的延伸（主要指安全情报活动与安全情报机构或组织）。由此观之，若具体讲，安全情报学是一门研究安全情报、安全情报活动与安全情报机构或组织的基本现象、本质、功能、结构及规律的科学。

（1）安全情报学的研究对象包括安全情报本体

安全情报作为安全情报学的"元概念"，简单看，它是情报的下位概念，是安全相关的情报。若面向安全管理，安全情报研究旨在服务于安全管理（主要指安全预测、安全决策与安全执行），安全情报是指所有影响安全管理的安全信息（内容）。由信息（安全信息）链原理可知，安全信息多是靠近安全信息链的低层级的"眼睛朝下"，而安全情报则处于安全信息链的高层级，其更应是面向安全管理的"眼睛朝上"。由此观之，安全情报是对安全管理所需的安全数据、安全信息与安全知识进行分析和加工获得的。从安全情报的形态看，安全情报既包括静态安全情报（如人口、地理区位与时间等相关的安全情报）和动态安全情报（如安全事件的演化轨迹、安全风险的发展变化、安全因素的相互关联关系与安全形势的变化趋势等）；从安全情报所服务的具体安全管理环节（包括常态安全管理与非常态安全管理）看，安全情报包括常态安全情报和非常态安全情报（或称为应急情报）；从大安全观角度看，可依次按照安全情报所涉及的外延、领域与对象主体的不同对其进行分类（表8-1）。

表 8-1　大安全观指导下的安全情报的分类

序　　号	分类标准（依据）	具体类型
1	按照外延划分	Safety 情报
		Security 情报

（续）

序　号	分类标准（依据）	具体类型
2	按照领域划分	政治安全情报
		国土安全情报
		军事安全情报
		经济安全情报
		文化安全情报
		社会安全情报
		科技安全情报
		信息安全情报
		生态安全情报
		资源安全情报
		核安全情报
		…
3	按照对象主体划分	企业安全情报
		社区安全情报
		城市安全情报
		社会安全情报
		国家安全情报
		…

（2）安全情报学的研究对象包括安全情报活动

安全情报活动是指安全情报流程相关的实践活动。根据情报流程，安全情报流程具体包括安全情报需求与规划、安全情报收集、安全情报处理（组织）、安全情报分析、安全情报生产、安全情报传递、安全情报应用与安全情报反馈。同时，在安全情报流程实践活动中，还涉及领导、组织、协调、控制和评估等一系列一般性管理活动。同时，安全情报与安全管理者（安全情报用户）之间的关系也是重点研究领域。由于安全情报是面向安全管理的，所以安全情报活动必须紧贴安全战略、安全政策、安全规划与安全管理活动，以期获得对安全管理工作的最佳指导和服务，但又切不可太近，以免丧失研判的客观性与公正性。此外，安全情报本身的安全保障也是重要的安全情报活动，因为在安全管理，特别是在 Security 管理中，安全情报本身的安全和保密等相关工作是不可或缺的安全情报活动。

（3）安全情报学的研究对象包括安全情报机构或组织

从管理的角度看，开展安全情报工作需要有活动主体和组织保障，这就需要设置专门的安全情报机构或组织。所谓安全情报机构，是指从事安全情报活动（即负责、组织和开展安全情报流程实施）的实体组织。在安全管理领域，安全情报机构是安全管理机构的一个自组织（子机构），由此观之，一个安全管理机构的人员构成至少应有安全情报工作人员和安全情报用户（即安全管理人员）两类专业人员。在安全情报机构研究方面，涉及一系列研究内容，如安全情报组织架构、安全情报工作机制、安全情报机构管理（如安全情报机构的人员构成、设置、职能与管理等）、安全情报工作人员管理、安全情报人才培养、安全情报设施设备技术管理、安全情报系统管理（包括安全情报系统的设计、研发、维护和更新等）、安全情报资源配置和优化，以及安全情报机构与安全管理机构整体之间的工作分工和协调合作等。

8.1.4 学科研究内容

从宏观看，一门学科的研究内容包括上游（学科基础理论）研究、中游（应用基础理论）研究与下游（具体应用实践）研究。基于此，可将安全情报学的研究内容划分为三大体系，如图8-1所示。

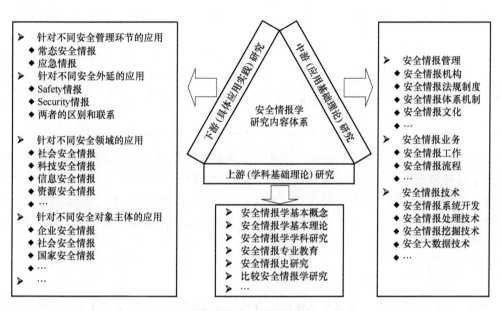

图8-1 安全情报学研究内容的三大体系

根据上文对安全情报学的研究对象的分析和图8-1，还可针对安全情报学的不同研究对象（安全情报本体、安全情报活动与安全情报机构或组织），依次从上游研究、中游研究与下游研究三个层次出发讨论与之相对应的具体研究内容。基于此，还可建立安全情报学研究内容的"3-3"体系（表8-2），从而对图8-1中安全情报学研究内容的三大体系进行进一步细化（具体化）。

表8-2 安全情报学研究内容的"3-3"体系

研究层次	研究对象		
	安全情报本体	安全情报活动	安全情报机构或组织
上游 （学科基础理论）研究	安全情报认识论、安全情报学基本术语与概念问题、安全情报内涵及其发展、安全情报的本质、安全情报的内容与特征、安全情报的功能、安全情报效用等	安全情报活动内在规律、安全情报活动原理、安全情报活动的主客体、安全情报活动的核心、安全情报活动的科学性与实践性、安全情报活动发展等	安全情报机构构建原理、安全情报机构运行机理、安全情报机构管理原理与方法、安全情报组织理论、安全情报人力资源管理理论

（续）

研究层次	研究对象		
	安全情报本体	安全情报活动	安全情报机构或组织
中游 （应用基础理论）研究	安全情报传递、安全情报源、安全情报管理、安全情报组织、安全情报分析、安全情报编码等方面的理论与方法	安全情报工作原理、安全情报收集、加工与分析、安全情报储存、安全情报利用、情报主导的安全管理等方面的理论与方法	安全情报管理制度、安全情报工作机制、安全情报设施设备管理、安全情报服务平台、安全情报技术应用等方面的理论与方法
下游 （具体应用实践）研究	图 8-1 中下游研究涉及的各类安全情报，包括针对不同安全管理环节的应用、针对不同安全领域的应用、针对不同安全对象主体的应用等	各类安全情报的收集、加工、处理、分析、储存、检索、评估、传递、利用等	图 8-1 中下游研究涉及的各类安全情报与之对应的安全情报机构，如应急情报机构、信息安全情报机构、国家安全情报机构等

总体上，随着安全情报学的研究与发展、安全管理信息化及其应用的深入发展、情报主导的安全管理模式的推行、新的安全问题（风险）的不断出现，以及安全管理工作在社会信息化，特别是大数据化背景下的改革与发展，会从外延与内涵上不断丰富和拓展安全情报学的研究内容。与此同时，不断发展和变化的安全情报工作需求也会引导安全情报学的研究内容不断丰富和拓展。

8.1.5　学科基础

一门学科的形成与发展必然有其赖以生存的理论基础。若从安全管理工作实际出发，安全情报学建设的理论基础是经典安全管理范式中的情报管理哲学，具体说是包括问题导向（Problem-Oriented）的安全管理范式、风险导向（Risk-Oriented）的安全管理范式、统计导向（Statistics-Oriented）的安全管理范式与情报导向（Intelligence-Led）的安全管理范式中的情报管理哲学，详细介绍见 7.3 节。这里，从学科高度出发，总结安全情报学的理论基础。

根据安全情报学的定义和学科性质，安全情报学是安全科学与情报学两门学科的交叉学科。因此，安全情报学的核心理论基础理应是安全科学和情报学的学科理论和方法。但需说明的是，类似于情报学，安全情报学具有高度的综合性和跨学科性，除安全科学和情报学的理论和方法外，安全情报学研究还需涉及其他学科的理论与方法。具体地讲，安全情报学还需哲学（安全哲学）、相关社会科学（如管理学/安全管理学、经济学/安全经济学、社会学/安全社会学、传播学、档案学、图书馆学等）、相关自然科学（统计学/安全统计学、信息科学/安全信息学、数据科学、计算机科学等）的学科理论与方法作为理论和方法支撑。由此可见，安全情报学的学科基础应是上述各学科理论和方法的渗透和互融，如图 8-2 所示。

8.1.6　学科分支

理论上，一门成熟的学科都会有若干门分支学科构成。例如，目前情报学科和安全学科

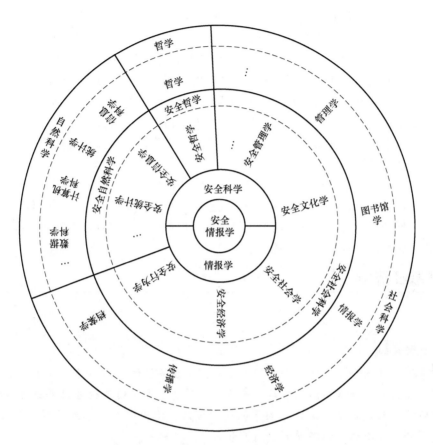

图 8-2　安全情报学的学科基础体系结构

均已发展形成了它们的一系列分支学科。安全情报学作为一门新学科，尽管目前讨论它的学科分支显得有些为时过早，但为了引导安全情报学科学、健康、可持续发展，极有必要在安全情报学建立之初就对可能形成的安全情报学学科分支进行论证、规划和展望，以期为安全情报学未来发展勾勒一个清晰、科学而严谨的蓝图。从学理和理论层面看，可从以下 3 个角度出发，构建安全情报学的分支学科体系结构。

1）从"宏观-微观"角度，安全情报学可划分为宏观安全情报学与微观安全情报学。宏观安全情报学是研究如何有效地收集安全情报资源，并对这些安全情报资源进行分析，然后将其应用至安全管理实践中，从而保证安全情报在安全管理中效用的发挥。微观安全情报学涉及安全情报流程的各个具体环节研究，主要包括安全情报收集研究、安全情报分析研究与安全情报利用研究等。

2）从"理论-实践"角度，安全情报学可划分为理论安全情报学与实践安全情报学。理论安全情报学是研究一系列基本理论问题，具体包括安全情报的基本概念、安全情报思想的内涵与特征、安全情报学的学科性质与研究领域、安全情报学的学科分支体系，以及与安全情报学相关的教育研究、政策研究和安全情报用户心理研究等。实践安全情报学的研究体现在安全情报活动研究（包括安全情报的收集、加工、处理、分析、储存、检索、评估、传递和利用等研究）、安全情报技术研究（包括安全情报收集技术、安全情报加工技术、安全情报分析技术、安全情报传输技术、安全情报储存技术、安全情报利用技术和安全情报监控技术等研究）和安全情报机构研究（如安全情报管理制度、安全情报工作机制、安全情报设施设备管理、安全情报服务平台研发和安全情报人力资源管理等研究）。

3）从安全情报的类型角度，可将具体的安全情报类型作为研究对象发展成为相应的安全情报学的学科分支。例如：根据安全管理环节的不同，可形成常态安全情报学和应急情报学；根据安全外延的不同，可形成 Safety 情报学和 Security 情报学；根据安全领域的不同，可形成政治安全情报学、经济安全情报学、社会安全情报学、科技安全情报学、资源安全情报学和核安全情报学等；根据安全对象主体的不同，可形成企业安全情报学、社会安全情报学和国家安全情报学等。

总之，目前安全情报学尚是一门新兴的学科，国内外关于安全情报学的研究尚较为分散，研究力量尚不集中，以致无法形成一个完整的安全情报学学科体系。事实上，可以倡议安全情报学领域的学者集中在某个点上取得突破，以点带面，逐步建立安全情报学的学科分支，进而构建完整的安全情报学学科体系。

8.2 安全信息经济学

【本节提要】

首先，基于安全信息学、安全经济学与信息经济学的基本理论，提炼出安全信息经济学的定义并阐释其内涵。然后，论述安全信息经济学的理论基础并提炼其研究内容，从 5 个方面概括安全信息经济学的研究方法，提出安全信息经济学的研究程序。最后，展望了安全信息经济学的应用前景。

本节内容主要选自本书著者云一吴超与华佳敏合著发表的题为"安全信息经济学的学科构建研究"[2]的研究论文。

根据安全经济学理论，安全具有经济属性和经济价值，但是现实中对安全的重视程度显然不足以支撑"安全第一"的理念。究其原因，是因为对安全如何创造经济价值、如何现实经济价值的基础理论研究不够深入。信息经济学是对经济活动中信息因素及其影响进行经济分析的经济学。研究信息经济现象和信息经济过程，概括和总结信息经济活动中反映的信息本质规律，也是对信息及其技术与产业所改变的经济进行研究的科学。每个成熟的学科都需要相应的产业支持，这既是学科发展的必然产物，也是学科长远、深入发展的保障之一。但遗憾的是，目前的安全经济学理论在这个模块还处于空白。根据信息经济学和信息的经济属性，信息产业经济的发展离不开相对应的信息经济学理论的支撑；同理，安全产业的发展与完善也离不开安全信息经济学理论体系的支撑。

鉴于此，本书著者从安全信息经济学的交叉学科属性出发，梳理安全信息经济学的定义及内涵；论述安全信息经济学的理论基础并概括其研究内容；基于安全经济学、安全信息学以及信息经济学的方法论，提出安全信息经济学的研究方法并分析其研究步骤；最后，展望安全信息经济学的应用前景，论证安全信息经济学的研究价值，以期完善安全科学学科体系和安全信息论。

8.2.1 安全信息经济学定义及内涵

1. 安全信息经济学定义

安全信息学是借鉴安全科学和信息科学的基础理论，通过安全信息收集、挖掘、处理、储存、传递、显现等过程，反映系统现在和未来安全状态，并用于消除安全隐患、减少事故发生的目的，从而形成的一门安全科学分支学科。安全经济学是研究安全的经济形式和条件，通过对人类安全活动的合理组织、控制和调整，达到"人、机、环"（人员、机器、环境）最佳安全效益的科学。安全经济学既是一门特殊经济学，又是一门以安全工程技术活动为特定应用领域的应用学科，研究对象主要有安全事件和灾害对社会经济的影响、安全活动的效益规律、安全经济学的宏观基本理论等。

综合安全信息学、安全经济学和信息经济学以及其他学科的相关理论，提炼安全信息经济学定义为：安全信息经济学是以保障系统经济效益和系统安全为着眼点，运用安全信息学、安全经济学及信息经济学的原理和方法，从多维度研究安全信息经济现象和经济过程，揭示安全信息的经济属性和经济特征，分析安全信息的价值、流通和利用等规律，进而促进安全价值显现的一门学科。

安全信息经济学具有综合和交叉属性，是安全科学、信息科学和经济学之间相互融合、相互渗透的学科产物，其目的是通过对大量安全信息资源的分析和研究，掌握其本质和特征，在安全信息获取、分析、传递、反馈等过程中，不断深入认知安全系统、发现系统薄弱点，从而采取措施，优化安全资源配置、改进安全管理、指导安全投入和安全决策、降低安全事件损失，提升其经济效益和社会效益等。安全信息经济学的学科交叉属性如图 8-3 所示。

2. 安全信息经济学内涵

1）安全信息经济学的研究目的。在保障系统安全的前提下，提升系统的经济效益、促进安全价值显现是安全信息经济学的最终目的。此外，安全信息经济学研究也力图实现安全信息价值最大化，充分利用稀缺的安全信息资源，并为安全信息资源配置提供理论基础。

2）安全信息的经济现象和经济过程。安全信息对系统现在和未来安全状态的反映，其本质是安全管理、安全技术与安全文化的载体。安全信息的价值增值、激励作用和社会效益等经济现象和经济过程体现于安全管理活动、安全技术应用和安全文

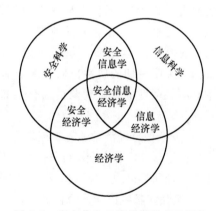

图 8-3 安全信息经济学学科交叉属性

化形成或提升等环节，通过众多的研究角度能全面揭示安全信息非垄断性和保值增益等经济特征。

3）安全信息的价值、流通和利用。安全信息是安全活动所信赖的资源，渗透到生产安全、社会安全、自然灾害、公共卫生等各个维度，以及安全信息在安全主体感知、认知、响应、传递、共享等流通过程中，都会产生经济效益。需要指出的是，不存在抽象的安全信息价值，只存在具体的安全信息价值；要区分安全信息的类型和实际使用环境，具体问题具体

分析。如，红色在绘画中向人们表达的可能只是一种颜色，但在交通系统中却是传达禁止通行，在机器操作中表示机器故障或禁止操作等关乎人的生命安全的信息，在不同情况下红色向人们所传达的信息价值是完全不等同的，更无法用钱来统一衡量。

8.2.2 安全信息经济学理论基础及研究内容

1. 安全信息经济学理论基础

安全信息经济学既是一门理论性很强的学科，有着自身的原理和方法，也是一门应用性学科，能推动相关安全产业的发展。安全信息经济学作为一门综合交叉学科有着坚实的理论基础（图8-4），主要体现在以下4方面：

1）安全信息经济学研究既要用安全经济学的观点来研究安全信息的一般问题，又要用信息科学的理论和方法来探讨安全经济活动的一般规律，可用比较分析法，结合安全科学、信息科学和经济学以及其他学科的相关理论进行研究。

2）由于信息具有极大的不确定性和模糊性，所以在对其进行定量研究的时候往往存在着困难。在安全信息经济学研究中，需采用处理不确定问题的概率统计、模糊数学法、非线性动态理论、灰色系统理论等理论方法。

图8-4 安全信息经济学的理论基础

3）安全信息经济学根据哲学中发展与联系的原理，揭示安全系统对象之间的普遍信息联系，通过安全信息来反映安全系统各要素的实时状态。运用质与量辩证统一的观点以及信息关联一切的属性，从大量个别安全对象的信息收集、处理和价值分析中，总结出系统中具有关联性的安全对象的总体特征和属性，进而对安全系统进行整体管理，创造经济效益。

4）安全信息经济学还需要控制论、运筹学、宏观经济学、微观经济学、安全管理学、安全事件调查与分析、安全统计学、安全信息技术、博弈论、社会科学、系统科学、安全大数据等相关理论和学科的支撑。换言之，安全信息学理论应源于以上学科理论的融合和渗透。

2. 安全信息经济学研究内容

安全信息经济学研究旨在通过全面、准确的安全信息来反映组织的安全管理状况、企业的安全文化建设状况、安全技术的先进程度和应用水平、事故灾难的总体特征、危险源的即时状态等，采取优化或改进措施，把握制约安全主体获取完整、准确的安全信息的影响因素，在维持整个系统稳定的条件下寻求安全信息输入与价值输出之间的关系。综合安全经济学和安全信息学的研究内容，并考虑安全信息经济学学科自身的特殊性，将其主要研究内容概括为如下6方面：

（1）安全信息经济理论

安全信息经济理论是对安全信息经济学中基本问题的研究，界定学科性质和研究界限。

目前"安全第一"的理念还不够深入人心，而安全信息经济学研究的一个重要目的和作用是促进安全价值显现，进而引起企业和组织对安全的重视。另外，安全信息经济学是一门综合交叉学科，既是理论科学，也是应用型科学，具有广泛的应用前景。

（2）安全信息的成本和价值

安全信息转换为安全信息资源需要经过人为的挖掘、开发、认知、加工和制作等过程，同其他经济资源一样，安全信息资源在转换过程中需要一定的安全投入，没有人为的介入，安全信息无法转换为具有共享价值和使社会受益面更加宽泛的安全信息资源。安全信息资源的价值体现在其非垄断性（共享性）、有限性和时效性等方面。

（3）安全信息质量

对安全信息资源的合理分析和充分利用是体现其价值的关键，换言之，就要判定安全信息的质量优劣与否。安全信息质量指的是安全信息的时效性、真实性、确定性和可靠性及其数量。安全信息质与量的评判取决于安全信息本身和安全主体两方面，不同质量的安全信息传递到不同层次水平的安全主体手上，发挥的价值有很大差别。

（4）安全信息的经济效果

安全信息的经济效果是指在进行安全信息活动取得的有效成果与活动过程中消耗的全部人力、财力和物力之比。根据受益对象的不同，可将安全信息经济效果分为直接经济效果（给进行安全信息活动的企业、部门等带来的经济效果）和间接经济效果（除了安全信息活动的实施者之外，给别的组织、企业和部门等带来的经济效益）；根据进行安全信息活动后能否易于观察其经济效益，可将安全信息经济效果分为显性经济效果（如事故降低率、人员伤亡降低率、利润等）和隐性经济效果（如安全文化的提升、工作人员安全意识和安全素质的增强等）。

（5）安全信息的经济作用

安全信息的有效沟通可以增强企业文化，安全信息的及时反馈有助于事故预防，减少安全信息缺失和不对称现象能有效降低事故发生率，安全信息的经济效益和社会效益显而易见，安全信息经济学研究对安全价值显现有着重要作用。此外，安全信息具有非纯盈利属性，以社会共享、全民共享为目标，这决定了安全信息具有巨大的经济作用。

（6）安全信息管理

安全信息管理是安全信息活动的关键，贯穿整个安全信息活动过程。高效的安全信息管理系统能够提高人的安全信息能力（人对安全信息的获取、识别、存储、利用、创造等能力），也能最大限度地减少安全信息资源浪费和重复建设，解决信息内容混乱、检索困难等问题。

安全信息经济学研究内容实例见表 8-3。

表 8-3　安全信息经济学研究内容实例

学 科 分 支	研 究 内 容
安全信息经济理论	概述安全信息经济学的学科性质、作用、目的、意义、对象、内容、方法、原理、规律等
安全信息的成本和价值	安全信息成本和价值的定性及定量分析，包括安全信息成本和价值的关系、安全信息的成本特征（显性成本和隐性成本）、安全信息的价值表现形式等

（续）

学科分支	研究内容
安全信息质量	安全信息完整与否，安全主体专业水平高低和综合素质情况，完整的安全信息传递到专业水平高、综合素质好的安全主体手中能发挥的价值，完整的安全信息传递到专业水平低、综合素质不高的安全主体手中能发挥的价值，有缺陷的安全信息分别传递到以上两类不同安全主体手中能发挥的价值等
安全信息经济效果	安全信息经济效益的计算和考核、安全信息的社会效益、安全信息经济效果的影响因素、提升安全信息经济效果的方法和途径等
安全信息经济作用	安全信息在国计民生中的地位，安全信息的经济属性，安全信息与安全管理、事故预防和安全资源配置等的关系，安全信息经济研究对安全产业的推动作用，安全信息系统的建设和发展的经济效益等
安全信息管理	安全信息资源收集、安全信息资源组织、安全信息资源检索、安全信息资源开发利用、安全信息资源共享、安全信息交换等，提高人的安全信息能力，促进系统经济增长

8.2.3 安全信息经济学研究方法及程序

1. 安全信息经济学研究方法

研究方法是解决理论问题与实践问题的工具。研究方法体系的确立是一门学科发展成熟的重要标志。安全信息经济学科由于其综合交叉属性和深厚的理论基础，可借鉴安全科学、信息科学和经济学等学科的相关原理方法进行本学科的方法论建设。安全信息经济学的研究方法具体见表8-4。

表8-4 安全信息经济学的主要研究方法

方法	内涵	应用
归纳演绎方法	归纳是从特殊或个别事物中总结出一般原理和方法；演绎是根据一般现象和原理推断出个别事物的特征和属性	通过调查研究和资料收集等，由某地区或企业的安全信息对经济系统的激励作用和运行机制，归纳出更大地区、国家或行业的安全信息的一般经济规律
类比和比较方法	根据两个及以上对象的相同、相似或具有可比性的方面来揭示事物的本质和规律	通过不同国家、不同地区、不同部门安全信息经济活动的横向比较，或同一国家、同一地区、同一部门不同时期的安全信息经济活动的纵向比较，总结出安全信息经济活动规律
机会成本方法	在面临多种决策方案需择一决策时，被放弃方案中的最高价值即为机会成本	根据安全信息的认知结果形成决策方案，可以选择不予处理、采用"软件"资源处理（安全培训、安全教育、警示标语等）、采用"硬件"资源处理（增加安全防护装置、更换设备设施、工作环境治理等）等，考量每一种方案的成本及其可能产生的价值增值
微观-宏观方法	微观方法是研究安全信息企业、机构或系统的经济效益；宏观方法是研究安全产业或安全活动全局的经济效益	微观层面可研究投入和产出的关系、安全信息的价值和使用价值、提高安全信息产品质量等；宏观层面从安全信息产业与其他安全产业间相互联系和相互作用的整体上考察经济效益，以及对安全信息收集、存储、传递等全过程进行经济效益考察

（续）

方　法	内　　涵	应　　用
定量研究方法	用数学方法对数据资料进行处理和分析，得出定量结论或数学模型	研究安全信息活动过程中的人力资源投入、资金投入、安全投资收益、事故损失、人员伤亡、安全信息经济的测度计算、安全信息活动的投入产出分析等

2. 安全信息经济学研究程序

安全信息经济学研究需按一定步骤有序进行。结合信息系统特性，综合系统学和经济学分析方法，将安全信息经济学的研究程序概括为：明确安全信息经济问题（包括定义安全信息价值算法）、收集整理安全信息、实际分析、形成策略方案、计算每种策略方案的可能得益、做出决策以及执行，如图 8-5 所示。

1）明确安全信息经济问题。通过检测、监控等手段和技术，采用系统分析和数理分析方法，对安全信息的收集、加工、交换、重组、利用等问题进行分析和研究，明确安全信息经济问题（安全信息成本、安全信息消耗量、安全信息价值、输入信息量、输出信息量、安全信息增量等）。

2）收集整理安全信息及开展实际分析。对安全信息进行分类整理，通过筛选、鉴别、聚类等处理过程，管理安全信息，建立信息库。实际分析是针对具体问题，通过已有信息和新获取的信息来判断问题的特征，需分析安全信息在传递、响应等过程中的变化量和失真程度，以确定有效信息量。根据有效信息量的多少可分为：①完全没有信息，这可能是安全信息获取失败、认知错误、完全缺失、完全失真等原因造成的；②掌握部分信息，这可能是由于检测或探测设备不完善、相关人员信息认知能力不足等原因造成的；③掌握足够或全部信息。

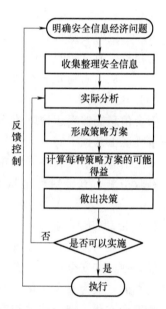

图 8-5　安全信息经济学的研究程序

3）形成策略方案和计算每种方案的可能得益。根据实际分析得出的安全信息可靠性，归纳出 M 种可能出现的情况，形成 N 种策略方案，并根据获得的信息量确定每种情况发生的概率。需要指出的是，当完全没有信息时，应将每种情况出现的概率视为相等。设每种情况出现的概率为 p_i，每种方案在对应情形下的得益为 g_{ij}，计算每种方案的平均得益 G_j，计算公式如下：

$$G_j = \sum_{i=1}^{M} g_{ij} p_i \tag{8-1}$$

4）做出决策。根据每种方案的平均得益，通过目标函数：$G = \max(G_1, G_2, G_3, \cdots, G_N)$ 选择得益最大的方案，并分析方案的可行性和风险性（在没有掌握足够信息的情况下并不能完全确定问题特征，因而需要冒一定的经济损失风险或安全投入错位风险等），综合考虑，最后决定执行。

8.2.4 安全信息经济学应用前景

根据安全信息经济学的研究目的和涉及的学科领域，可展望其应用前景。主要有以下几方面：

（1）优化安全资源配置

企业的安全生产活动需投入大量安全资源，但是由于缺乏管理和理论指导，时常出现资源冗余、资源错位、资源不足等现象，这就会造成事故爆发、应急救援不及时、系统抗灾难事故能力差等后果，给企业带来经济损失。应用安全信息经济学理论，从信息的角度研究系统经济问题，通过收集到的各个环节的安全信息判断各个部分的实际情况，进而分析资源配置的合理性，避免资源浪费，保障企业的安全生产和经济效益。

（2）安全管理

安全信息是安全管理的载体，是安全管理活动的基础和依据，安全管理的水平在一定程度决定了系统的安全状况。在安全系统中，信息构成了安全系统的脉络，系统问题与信息问题密切相关。通过对安全信息的价值分析，随着输入信息量的增加，系统输出的价值增量也逐渐增大，从而明确安全管理的重点和方向，预防和控制事故发生。

（3）风险决策

安全信息能够表达物质的不安全状态和能量的异常释放，掌握正确、及时的安全信息就在一定程度上掌握了安全系统各环节的实时变化情况。根据监控、检测、监测等技术手段获取的安全信息，形成策略方案并进行得益分析，从而确定最后的执行方案，对系统薄弱环节采取补救措施，有针对性地增加安全投入、进行紧急避险、控制能量释放等，减少系统损失。

（4）推动安全产业发展

安全产业的发展和完善离不开安全信息经济学理论的支撑。目前安全科学对应的产业虽然已经存在，如安全评价、安全管理咨询等，但是还没有达到完善的安全产业的高度。由于安全信息的本质为安全文化、安全技术和安全管理的载体，因而进行安全信息经济学研究更能凸显安全文化、安全技术和安全管理等的价值，推动相关安全产业的发展。

8.3 循证安全管理学

【本节提要】

基于学科建设高度，提出循证安全管理学的定义，并分析其基本内涵。在此基础上，分别深入论证创立循证安全管理学的现实层面与理论层面的依据，并重点探讨循证安全管理学的 4 个主要学科基本问题，即学科目的、学科价值、学科性质与学科内容。

本节内容主要选自本书著者发表的题为"循证安全管理学：信息时代势在必建的安全管理学新分支"[3] 的研究论文。

循证安全管理作为当今开展得如火如荼的循证实践运动的一部分，作为信息时代的安全管理科学化的新思潮，为夯实循证安全管理的理论与实践基础，以及广泛推广实践循证安全管理，同循证实践方法在其他学科领域的应用推广一样，亟须探讨循证安全管理学的建构问题，以期明晰循证安全管理学的学科基本架构、实践领域与发展方向等，为循证安全管理研究与实践奠定坚实的学科理论基础，并促进安全管理学的进一步完善与发展。鉴于此，本节基于学科建设高度，深入论述循证安全管理学的定义、基本内涵、创立依据、学科目的、学科价值、学科性质与学科内容。

8.3.1　循证安全管理学的提出

1. 循证安全管理学的定义

学界习惯于运用"学科研究对象××＋学"的方式来命名一门学科的学科名称，即"××科学"或"××学"（如安全科学领域的安全文化学）。因此，显然可将以"循证安全管理方法"作为研究对象的科学或学问命名为"循证安全管理学"。顾名思义，循证安全管理学是研究循证安全管理方法的一门科学或学问。显然，根据循证安全管理的定义，可将循证安全管理学定义细化为：循证安全管理学是遵循现代最佳安全管理学相关研究证据（成果），将其应用于安全管理实践领域指导开展科学安全决策的一门学问。

毋庸置疑，上述循证安全管理学的定义是完全正确的。不过，由于该定义过于简洁、原则而笼统，不易清晰而系统地理解和把握循证安全管理学的内涵。鉴于此，这里给出更为科学、精确而具体的循证安全管理学的定义：循证安全管理学是以解决安全管理过程的安全信息缺失问题为直接着眼点，以循证安全管理方法为研究对象，以循证安全管理方法的理论基础、框架结构、实施步骤及其实践为研究内容，以安全管理学为主体，以提升安全决策的科学性、实用性与有效性为主要目标的一门新兴交叉综合学科。

2. 循证安全管理学的基本内涵

由循证安全管理学，循证安全管理学具有丰富的内涵。这里，仅扼要阐释循证安全管理学的基本内涵。循证安全管理学的学科目的、学科价值、学科性质与学科研究内容将在下文具体论述。概括而言，循证安全管理学的基本内涵主要包括以下几方面：

1）循证安全管理学是遵循最佳科学依据的安全管理学实践过程。循证安全管理学与传统安全管理学的最重要区别在于它所应用的安全管理证据，是采用科学的标准，进行了严格的分析评价，从而被确认是真实的且有安全管理重要实践价值的，是应用于具体安全管理实践的当代最佳科学证据，其重要性还在于随着科学证据的进步而不断提高，永居前沿。

2）循证安全管理学充分体现"以安全管理对象为中心"的安全管理原则。循证安全管理学强调安全管理者针对安全管理对象所制定的安全管理方案，必须基于当前可得到的最佳安全管理研究证据，结合安全管理者自身的经验和来自安全管理对象的第一手安全管理资料，并尽可能尊重和符合安全管理对象的特点、选择、价值取向与意愿，三者缺一不可，从而保证得出当前最佳的安全管理方案，以实现并可望获得当前最佳的安全管理效果。简言之，循证安全管理学强调个性化安全管理原则，将带有普遍规律的最佳证据用于具体安全管理实践时，应结合安全管理对象的特点、主观意愿以及具体的安全管理环境与技术条件等。

3）循证安全管理学充分体现"预防为主"的安全管理理念与原则。循证安全管理学是要应用现已存在的最佳证据于安全管理实践，去解决安全管理对象目前存在的具体安全管理问题，尽可能预防安全管理出现失败。若要列举一个贴切的比喻，循证安全管理学是"直接通过消除燃烧'三要素'来防火"的安全管理实践，并非是已失火而促使现在去寻找、生产或购买灭火设施设备。因而，不能将循证安全管理学误解等同为安全管理学科学研究，后者是创造最佳证据，是为安全管理实践提供"用证"资源。毋庸置疑，若无高质量的安全管理学研究成果（证据），也就没有循证安全管理学的发生与发展。由此可见，加强安全管理学研究，不断提升安全管理学研究质量和产生最佳研究证据是推动循证安全管理学研究与实践的根本。

4）循证安全管理学的核心是高质量的安全管理学研究证据。证据及其质量是实践循证安全管理学的关键所在。循证安全管理学中的证据是指经系统评价筛选出的最佳安全信息（换言之，循证安全管理学中的证据是通过评价筛选得出的用于指导安全管理实践的最佳安全信息）。循证安全管理学中的证据的来源大致划分为两方面，即研究证据与非研究证据，而研究证据可细分为最佳科学研究证据、事故调查报告和安全标准规范，非研究证据可细分为安全管理者的经验或判断、局部情境证据与相关利益者的偏好。

5）循证安全管理学本质是指导安全管理实践进行科学安全决策的方法学。循证安全管理学就是指导安全管理者严谨、清晰、明智地运用当前最佳的证据来为安全管理对象进行安全决策的一门学科，其为安全管理者的安全决策提供了一种良好的安全管理理论与可操作的实践基本框架：研究者提供证据；具有良好安全管理技能的安全管理人员使用证据；外部的安全规定与限制（安全政策、安全法律法规与安全文化等）提供约束条件；安全管理对象也可基于证据参与安全决策并选择符合自身意愿与特点的安全管理方案）。参与安全决策的因素如图8-6所示。

6）循证安全管理学仅围绕"降低安全投入（即提高安全绩效）→采取'最佳的安全管理方案'→严格遵循现有的'最佳的安全管理学相关研究证据'开展安全管理工作→严格分析评价所有安全管理学相关研究证据"这一逻辑链条展开。循证安全管理学认为：①要降低安全投入（即提高安全绩效），就要促使安全管理者放弃提供不必要的安全管理服务，转而采取"最佳的安全管理方案"；②要保证安全管理者采取"最佳的安全管理方案"，就必须要求安全管理者严格遵循现有的"最佳的安全管理学相关研究证据"开展安全管理工作；③要判定安全管理学相关研究证据是否为"最佳"，就必须将所有安全管理学相

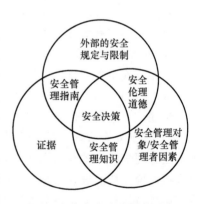

图8-6　参与安全决策的因素

关研究证据，按其方法的严谨程度及结局的好坏程度来进行严格分析、评价与分级。

7）循证安全管理学强调安全管理实践应是一个严谨而科学的"循证"过程。严格而言，循证安全管理学的理念在安全管理学领域并非是现今才有的。一般而言，但凡接受过正规安全科学教育的安全管理者，均具备现代安全管理学、安全学原理、系统安全学、安全文化学、安全教育学与安全心理学等基本理论知识，他们在从事安全管理实践工作时，亦是从安全管理实际出发，根据安全管理对象的特征，再结合自身所掌握的理论知识和安全管理经验，做出相应的安全决策或安全管理方案。就一定程度上而言，显然，这也是一个"循证"过程，只不过在即时采用最新与最佳的证据方面，有所不足而已。

此外，鉴于就字面含义而言，循证安全管理学与证据学是两个易混淆的学科概念，有必要对它们进行简单辨析。所谓证据学，是指研究证据与证明问题的学科。细言之，证据学是指研究在诉讼活动中调查和运用证据证明案件事实的方法、规律以及证据法律规范的学科，故又称其为"证据法学"，并将其归属于法学领域。由此可见，循证安全管理学与证据学的宏观方法论与指导思想（即"寻找证据或论据来支持或证明判断与结论等"）与证据的基本收集处理步骤（即收集证据→分析与评价证据→利用证据）是基本一致的，但两者的区别也是显而易见的，循证安全管理学与证据学间的主要差异见表 8-5。

表 8-5　循证安全管理学与证据学间的主要差异

不同点	循证安全管理学	证据学
证据含义	主要指与案件相关的证据，强调事实证据	主要指与安全管理决策相关的证据，侧重于科学研究证据
研究对象	循证安全管理方法	证据
学科着眼点	解决安全管理过程的安全信息缺失问题	收集、审查和运用证据证明案件事实
学科目的	提升安全决策的正确率与有效性	有效提升案件质量
研究内容	循证安全管理方法的理论基础、框架结构、实施步骤及其实践等	在诉讼中，调查和运用证据证明案件事实的方法、规律及证据法律规范等
所属学科	安全科学（安全管理学）	法学
应用领域	安全管理	诉讼

8.3.2　创立循证安全管理学的理论依据

显然，循证安全管理学作为一门现代意义上的严谨的科学或学问，是一门完全崭新的科学。那么，是否可说，仅仅由于目前尚未有循证安全管理学，就应创立循证安全管理学呢？显然，并非如此。由科学发展史可知，一门新学科的产生和形成，须有充分的理由和足够的条件（即依据）。就建立循证安全管理学而言，即需回答"循证安全管理学，何以成立？何以为用"这一关键问题。鉴于此，有必要基于循证安全管理学的定义和内涵，详细论述建立循证安全管理学的是否具有充分的依据。这里，从理论层面出发，系统论证创立循证安全管理学的依据。

经分析，可主要从理论推理论证和循证安全管理学的方法学基础两方面出发，来论证理论层面的创立循证安全管理学的依据。

1. 理论推理论证

除需分析创立循证安全管理学是否具有充分的现实基础及条件外，更需深入论证理论层面的创立循证安全管理学的依据。就理论层面而言，需重点论证创立循证安全管理学是否具备充分的学科普适性与独立性，以及极强的学科必要性与重要性。

目前，在安全科学及循证安全管理学领域存在 5 条重要公理：①循证安全管理理念普遍存在于安全管理实践之中，循证安全管理方法是一种具有普适性的安全管理方法；②循证安全管理学的研究对象是确定而唯一的；③安全问题是复杂性问题，解决安全问题无唯一"解（方案）"；④安全问题是无穷的，新的安全问题必会产生；⑤解决安全管理过程的信息缺失问题是预防安全管理失败的关键，循证安全管理方法是解决这一问题有效方法。由此，运用严密的逻辑推理方法，可得出以下 3 条重要推论：

推论 1 循证安全管理理念普遍存在于安全管理实践之中，循证安全管理方法是一种具有普适性的安全管理方法⇒在安全管理学领域，对循证安全管理方法的研究具有普适性意义与价值⇒循证安全管理学具有充分的学科普适性。

推论 2 循证安全管理学的研究对象是确定而唯一的⇒循证安全管理学自然应当成为一门独立的安全科学分支学科⇒循证安全管理学的具有充分的学科独立性。

推论 3 |安全问题是复杂性问题，解决安全问题无唯一"解（方案）"⇒在一定时空里，只能确定出解决安全问题的最优"解（方案）"⇒确定解决安全问题的最优"解（方案）"需以最佳证据为依据和基础|⇒|安全问题是无穷的，新的安全问题必会产生⇒解决新的安全问题需要新的安全管理方法|⇒|解决安全管理过程的信息缺失问题是预防安全管理失败的关键，循证安全管理方法是解决这一问题有效方法|⇒循证安全管理方法的作用及价值巨大⇒为能够更好地实现与利用循证安全管理方法的巨大作用及价值，亟须深入地研究循证安全管理方法⇒循证安全管理学的学科必要性与重要性成立。

2. 方法学基础

据考证，创立循证安全管理学已具备一定的方法学基础，这也是创立循证安全管理的重要理论依据。安全科学领域的流行病学方法是创立循证安全管理学的方法学基础。换言之，流行病学方法在安全科学的广泛应用与发展，为创立循证安全管理学提供了方法学支撑。安全管理问题（如最为典型的事故防控问题）一般均是受多因素共同交织影响的一个复杂问题，而流行病学方法正好可获得高质量的可靠信息，能够有效地描述与分析解决受多因素影响的问题。因此，显而易见，将流行病学方法应用至安全管理学研究与实践领域具有极强的优势和适用性。细言之，运用流行病学可准确描述所存在的安全管理问题的范围与后果，可判定安全管理问题的影响因素，可用来验证和优化安全管理方案或策略。

据考证，自 20 世纪初，部分欧美国家的学者就已开始创造性地将流行病学方法和统计学原理及方法有机地与安全管理学（特别是事故防控）研究与实践有效结合起来，旨在分析各类事故及其伤害的致因因素、发生规律及防控措施等一系列问题。自 21 世纪以来，流行病学方法和统计学原理及方法在安全管理学研究与实践领域的应用日趋更加广泛，并进一步拓展到与安全管理学相关的安全经济学、行为安全学和安全教育学等领域，且于 2012 年吴超等创建了安全统计学，已有的一系列研究和探索极大地丰富和发展了安全管理学研究与实践的方法学。

流行病学方法在安全管理学研究与实践中的应用，对整体与群体层面的安全管理学研究与实践做出了巨大贡献，提高了对安全管理问题（尤其是事故）的发生与发展的整体规律的宏观认识，深化了解决安全管理问题的科学观，其研究进展从根本上升华了安全管理学的定量研究方法，使之在各个整体与群体层面上能够可信地评价安全管理方案或策略的结果。鉴于流行病学方法在安全管理学研究与实践中的应用促进了高质量安全管理学研究成果的产生，而新的安全管理学研究成果或称最佳证据应适时地应用于指导安全管理实践，方可产生与发挥其实用价值，从而有效促进安全管理学研究与实践的水平的提升，为现代安全管理学奠定了坚实基础。由此可见，以安全科学领域的流行病学方法作为方法学支撑，催生了循证安全管理学。

8.3.3 循证安全管理学的4个学科基本问题

1. 学科目的

循证安全管理学具有极强的实践性,其是为解决安全管理实践中的难题,充分地应用安全科学研究的最佳成果,指导安全管理实践,促使安全管理实践效果最佳,以最有效的策略服务于安全管理对象,保障安全管理对象的安全。与此同时,循证安全管理学也以培养高素质的安全专业人员(特别是安全管理人员),促进安全科学(特别是安全管理学)发展为其重要目的之一。此外,可预测到的是,在未来,循证安全管理学的概念一定会被人们热情地日趋泛化,在涉及安全管理研究内容的各学科领域,甚至成为当今安全科学领域的颇具影响力的重要理念与思想之一。

由于循证安全管理学研究与实践主要优势有:①强调使用最现代的科技信息手段,发掘与评价当今安全管理学相关研究产出的最佳安全管理知识;②遵循科学的客观规律,旨在将先进的安全管理学理论有机地联系实际安全管理实践,解决具体的安全管理问题,所以,在当今安全科学领域信息(知识)逐步丰富,乃至"泛滥(爆炸)"的条件下,循证安全管理学可使人们的安全认识提高至更高水平,以指导人们找到所需的最佳安全信息来指导其安全管理实践工作,避免出现过去因不尊重安全知识或凭经验等而导致的安全决策失误问题。但需特别指出的是,将循证安全管理学过度"神化"也是不恰当和不科学的。就循证安全管理学实践本身而言,可将其学科主要研究目的归纳为5方面(表8-6)。

表8-6 循证安全管理学实践的主要研究目的

序号	研究目的	具体解释
1	弄清安全管理失败的原因与影响安全管理效果的影响因素	弄清了有关安全管理失败问题的原因及影响安全管理效果的影响因素,有利于指导组织预防安全管理失败的一级预防;对于已出现安全管理失败问题但尚未发生事故的组织,有利于做好预防相同或类似安全管理失败问题的二级预防;对于已发生事故的组织,有利于指导三级预防(应急管理)达到降低事故损失及其后果的目的
2	提高安全预测和安全决策的正确率与有效性	循证安全管理学的特点是针对安全管理对象的特点、需求及实际情况,掌握与综合应用目前可获得的最佳证据,力争做出正确而有效的早期安全预测,进而为有效的安全决策制定提供可靠的安全预测信息
3	提升安全管理方案的科学性、实用性与有效性	安全管理的核心任务是安全管理方案的制定。在循证安全管理实践中,重点强调选择与应用最新、最佳证据以形成最佳的安全管理方案。显然,运用循证安全管理方法,可有效解决安全管理方案制定过程的安全信息缺失问题,从而可制定出更科学、实用而有效的安全管理方案
4	加强安全专业人员的安全管理实践训练,提高安全管理能力,紧跟先进安全管理水平	循证安全管理学要求安全专业人员(特别是安全管理人员)需具备过硬的安全管理能力、信息收集处理能力及创新精神。显然,通过循证安全管理实践,可培养出高素质的安全专业人员,并可及时更新其所拥有的安全管理理念与方法,以期紧跟先进安全管理水平
5	提升和改善组织安全绩效	分析与应用提升和改善组织安全绩效的有利因素,有效控制和消除不利于提升和改善组织安全绩效的因素,以优化安全投入使用,即提升和改善组织安全绩效

2. 学科价值

循证安全管理学研究与实践对促进安全管理学及其相关学科发展具有重要价值与意义。概括而言，它具有 4 方面重要的学科价值，具体如下：

1）可提供当前可获得的可靠而最佳的科学安全信息，这可为有效解决安全管理过程的安全信息缺失问题提供有效手段，进而促进安全管理（特别是安全决策）科学化，避免在安全管理实践中出现"乱防乱管"与浪费安全管理投入等弊端或问题，提升实际安全管理水平。

2）循证安全管理学要求安全专业人才不仅要会阅读安全信息，更要学会追踪与鉴别安全信息。显然，循证安全管理学重在培养查寻和使用证据的方法和技能，其是安全科学实践教育的新途径，是安全专业人才进行终身自我继续教育的一种有效途径，可不断丰富和更新其安全知识储备。因而，循证安全管理学研究与实践可促进安全（特别是安全管理）教学培训水平的提升，促进培养高素质的安全专业人才，紧跟安全科学发展水平。

3）实践循证安全管理学的第一步是发现与找准安全管理问题。因而，循证安全管理学研究与实践有利于发掘安全管理学研究与实践难题，这既可促进安全管理学的科学研究水平提升，也可促进安全管理学研究成果的转化，进而提升实际的安全管理水平。由此可见，循证安全管理学研究与实践可促进安全科学（特别是安全管理学）理论研究与实践的协调发展。

4）有利于促进安全管理对象（如企业、部门或个体等）本身的安全信息检索与利用能力的提升，进而提升安全管理对象的安全素质（特别是安全信息素养），以及主动保障自身安全及安全相关权益的能力。

3. 学科性质

由循证安全管理学定义与内涵可知，循证安全管理学具有交叉协作性、基础性与普适性、实用性（实践性）的显著学科性质，具体分析如下：

（1）交叉协作性

循证安全管理学是以安全管理学为主体的多学科交叉协作学科。循证安全管理学的学科主体是安全管理学，旨在解决安全管理学研究与实践问题。在安全管理学研究与实践起步阶段，由于安全管理研究者缺乏群体与整体观念，安全管理研究者所面临的被管理对象一般均是个体，安全管理研究往往变成了个体案例的累积与总结分析，这些经验性的安全管理研究难免包含大量的偏倚、混杂与机遇因素，所得出的研究结果或结论往往偏离于客观的真实性。现在，安全管理学研究是以安全管理为基础，强调群体与整体（系统）观念与定量化方法，同时借鉴和采用大量有关流行病学、安全统计学、安全信息学、安全经济学及其他基础安全科学的原理与方法，创新和发展了新型、科学而实用的安全管理学研究方法（特别是定量研究方法）。运用上述原理与方法，既有利于创新安全管理学研究，又有助于安全管理学实践，促进安全管理学研究成果转化，服务于安全管理学实践。因而，循证安全管理学是以安全管理学研究为基础，交叉融入了流行病学、安全统计学、安全信息学与安全经济学等多门学科的安全管理学基础学科分支。

（2）基础性与普适性

循证安全管理学是一门安全管理学的基础学科分支，是一门适用于所有安全管理问题诊治决策的方法学。其实，对安全管理学的进一步细分（即创立新的安全管理学学科分支），已引起部分学者的关注与思考。例如，有学者认为，安全管理学可继续细分为生产安全管理学（职业安全管理学）、工程安全管理学、公路安全管理学、航海安全管理学、航空安全管理学、食品安全管理学与职业卫生管理学等。但是，这种细分出的安全管理学科分支之下并未有系统完整的内容体系与之对应，忽视了安全科学（包括安全管理学）作为一门学科有其普遍的运行规律（换言之，并非是把当前的安全管理学相关学科或者安全管理所涉及的行业冠以"安全管理学"，就能成为一门新晋的安全管理学学科分支）。实践证明，上述建构安全管理学学科分支的思路与视角是很难被业界所接受和认可的。而鉴于循证安全管理方法是一种具有普适性的安全管理方法，显然，循证安全管理学可作为一门安全管理学的基础学科分支，可作为所有安全管理问题诊治决策的方法学。换言之，循证安全管理学必然通用于安全管理学各学科分支及其安全管理学相关领域（如安全教育学、安全经济学与安全文化学等），不同之处，仅在于各个领域循证安全管理实践的具体形式而已。

（3）实用性（实践性）

循证安全管理学是一门实用性极强的科学。循证安全管理学的最突出学科特点是在安全管理实践中倡导循证理念，重点关注和解决安全管理实践中如何查询与使用证据的问题。因而，循证安全管理学本身最重要的特点之一就是实践性。

4. 学科内容

循证安全管理学的学科内容可分为上游研究内容与下游研究内容，具体如下：

1）循证安全管理学的上游研究（基础层面的研究）主要是研究循证安全管理的定义、特点、功能与实施机制，以及循证安全管理学的理论基础、方法论、实践基础与学科框架等。其中，就研究循证安全管理的定义、特点、功能与实施机制及循证安全管理学的理论基础（主要指循证安全管理学的学科基础理论与实践循证安全管理学的基础要素）与学科框架（主要指研究安全信息学的学科基本问题及方法论，本研究就隶属于安全信息学学科框架研究）而言，比较容易理解。就研究循证安全管理学的方法论与实践基础而言，其相对抽象，需从循证安全管理学的实施步骤着手才可准确理解和把握。围绕循证安全管理学的实施步骤可开展的一系列实践基础层面的研究内容，主要包括6方面研究内容（即循证安全管理问题的构建、证据检索与收集的原理与方法、证据评价的基本原则与方法、最佳证据应用的原理与方法、循证安全管理学实践效果的评价原理与方法，以及改进循证安全管理实践的方法），围绕它们又可细分和延伸出大量具体的研究内容。显然，循证安全管理学的方法论与实践基础是循证安全管理的最重要研究内容。

2）循证安全管理学的下游研究（应用层面的研究）极为广泛而丰富，所涉及的研究无法一一例举。①就循证安全管理学所涉及的通用性应用层面的研究内容而言，主要包括安全管理指南的循证评价与应用、危险有害因素证据的循证评价与应用、安全问题（包括危险源与安全隐患等）识别证据的循证评价与应用、安全管理策略证据的循证评价与应用、应急管理证据的循证评价与应用、安全文化建设证据的循证评价与应用、安全教育证据的循证评价与应用、安全经济学证据的循证评价与应用、安全生理心理证据的循证评价与应用、安全政策证据的循证评价与应用、安全设计证据的循证评价与应用、循证安全管理实践的案例分析与评价、组织安全文化与循证安全管理学实践及安全工程技术评估与应用等；②就具体行业的循证安全管理学实践应用而言，主要包括循证生产安全管理（循证职业安全）、循证安全监管、循证工程安全管理、循证交通安全管理、循证食品安全管理、循证信息安全管理与循证职业卫生管理等。

8.4 安全大数据学

【本节提要】

为明晰大数据对安全科学发展的影响,从而把握大数据背景下的安全科学研究与发展方向,提出安全数据与安全大数据的概念。提炼基于安全大数据的安全科学研究的核心原理,分析安全大数据对安全科学研究的影响,构建并解析基于安全大数据的安全科学研究的基本范式体系。在此基础上,基于安全大数据对安全科学学科体系调整提出构想,提出安全大数据学的概念,并构建基于安全大数据的三维结构模型,指出安全大数据学的主要研究内容。

本节内容主要选自本书著者发表的题为"基于安全大数据的安全科学创新发展探讨"[4]的研究论文。

近年来,大数据已成为科技界熟知的热词。安全领域也是如此,国家安全监督管理总局于2014年提出要建立安全生产统一数据库,又于2015年专门成立统计司,表明国家安监总局越来越重视提升安全生产大数据的利用能力;不仅在安全生产领域,大数据更多的是运用于公共安全领域。在大数据背景下,分析大数据对传统安全科学的影响,及早应对大数据带来的挑战,力求对大数据背景下的安全科学理论与方法进行深入探讨和思考,不仅对安全科学自身的发展具有十分重要的价值,且有助于提高安全科学研究成果应用于企业、社会等的广度与深度。

大数据在安全科学领域的应用先于理论研究,如大数据在交通安全监测、食品安全风险预警与煤矿安全生产中的应用,以及公共安全大数据平台的设计等。其实,有些安全科学的理论研究的研究方法体现的就是大数据的研究逻辑,本书课题组对安全科学原理的研究,在某种程度也是基于大量相关文献资料及安全实践经验,总结、归纳大量具有普适性的安全科学原理,也就是更多地从大量非结构化的安全数据信息中直接归纳、提炼安全科学原理。但目前在安全科学研究领域,尚未发现专门基于大数据的安全科学理论研究,使大数据背景下的安全科学发展方向模糊不清。

为明晰大数据对安全科学发展的影响,进而促进安全科学快速发展,本节提出安全大数据的内涵,提炼基于安全大数据的安全科学研究的核心原理,分析安全大数据对安全科学研究的影响和安全大数据学的相关问题。在此基础上,探讨基于安全大数据的安全科学学科体系调整构想,以期为把握大数据背景下的安全科学研究、发展方向与基于安全大数据的安全科学研究提供理论参考与依据。

8.4.1 安全大数据的定义与范围

数据是对客观事物、事件的记录、描述。由此,可给出安全数据的定义,即安全数据(Safety & Security Data,SD)是对客观安全现象的记录与描述,是数值、文字、图形、图像、声音等符号的集合，如事故伤亡人数、安全监控视频等。换言之，安全数据可视为是安全现象的一种抽象表达方式。

基于安全数据的定义，可以下这样一个定义：安全大数据（Safety & Security Big Data，SBD）是用来记录和描述安全现象的海量数据集合。理论上讲，它与大数据（Big Data，BD）的关系可用逻辑表达式表示：

$$SBD \subseteq BD \tag{8-2}$$

由式（8-2）可知，SBD 是 BD 的子集。

1）当 SBD = SD 时，即把大数据就看成是安全大数据，再以相关知识为支撑进行数据挖掘，进而分析得出安全规律，实则体现的是从宏观层面的安全领域与其他领域之间海量数据的跨界融合，可称为广义安全大数据（Generalized Safety & Security Big Data，GSBD）。

2）当 SBD ⊂ BD 时，即直接将生产安全与生活安全中的海量数据集合看成是安全大数据，再以相关知识为支撑进行数据挖掘，进而从中分析、得出安全规律，实则体现的是微观层面的安全领域内部海量数据的深度挖掘，可称为狭义安全大数据（Narrow Safety & Security Big Data，NSBD）。

显而易见，广义安全大数据包括狭义安全大数据，即 NSBD ⊂ GSBD。此外，因数据价值密度的高低与数据体量成反比，与有效数据量成正比。因而，从理论上讲，狭义安全大数据的安全价值密度大于广义安全大数据的安全价值密度。

8.4.2　基于安全大数据的安全科学研究的基本程式

1. 基于安全大数据的安全科学研究的核心原理

基于大数据的内涵与特征，结合安全大数据的内涵及安全科学研究的特点、过程与目的，本节提炼出基于安全大数据的安全科学研究的 8 条核心原理分别解释如下：

（1）全样本原理

由统计学知识可知，基于全部样本才能找出最准确、最科学的规律。基于安全大数据的安全科学研究可以不再通过样本间接研究总体，而是能够做到直接对总体的全部安全数据进行分析处理，保证经过数据加工的安全数据能够包含研究对象的所有安全信息，即用安全数据样本总体的科学思维方式思考并解决安全问题，从而获得更具真实性的安全规律。

（2）安全数据"说话"原理

基于安全大数据的安全科学研究就是通过安全数据分析，直接归纳、总结得出研究结论，使研究结果更具客观性和真实性，即用直接用安全数据分析得出安全规律的思维方式思考并解决安全问题，从而得到更具说服力与实用性的研究结论。

（3）安全小数据叠加原理

这是挖掘安全大数据的一种最简单且常用的方式，指针对某一安全现象，将所有基于样本的零散的、分割的、碎片化的安全小数据聚集在一起，形成样本总体的安全数据来记录、描述这一安全现象，即用样本安全数据叠加的科学思维方式思考并解决安全问题，从而获得记录与描述某一安全现象的安全大数据。

（4）安全关联原理

这是挖掘安全大数据的又一重要方式，主要包括：

1）跨领域关联：寻找非安全领域数据与所研究安全问题间的相关性，尝试从非安全领域数据中发现与所研究安全问题相关的数据。

2）安全领域关联：寻找所研究安全问题与安全领域内部数据间的相关性，通过对安全领域内部数据的深挖来获取与所研究安全问题相关的数据。

总而言之，就是用关联的科学思维方式思考并解决安全问题，从而获得所研究安全问题的安全大数据。

（5）外推原理

确定安全数据从过去到现在的变化规律，并将这种变化规律外推至将来，这是进行安全预测的基础，即用现在推断未来的科学思维方式思考并解决安全问题，从而为安全决策奠定基础。

（6）安全预测原理

大数据的主要目的是预测，同样，安全预测也是安全大数据的重要目的。将数学算法运用至海量客观、实时安全数据，通过安全大数据直接预测事故发生的可能性与发展趋势或系统的安全状态变化趋势等，即用安全大数据预测的科学思维方式思考并解决安全问题，从而为精准事故预防与控制及安全管理服务。

（7）快速安全决策原理

大数据关注相关性而非因果关系，对于安全科学研究而言，转向相关性，并非不要因果关系，因果关系还应是安全科学研究的基础，只是在高速信息化的时代，为了得到即时安全信息，进行实时安全预测，在快速的大数据分析技术下，寻找到相关性安全信息，就可预测系统的安全状态变化，进而快速做出有效安全决策，可以超前进行事故预防与控制，即用关注快速安全决策的科学思维方式来思考并解决安全问题，从而为国家、政府与企业进行快速安全决策提供依据。

（8）安全价值原理

是否能够通过数据分析形成安全价值是判断所采集安全大数据的有效性的重要判断标准，这也揭示了采集、分析、处理安全大数据的核心目的就是实现安全大数据的安全价值，即用在安全大数据中获取安全价值的科学思维方式思考并解决安全问题，从而通过数据分析挖掘安全大数据背后的安全规律。

2. 安全大数据对安全科学研究的影响分析

由基于安全大数据的安全科学研究的 8 条核心原理可知，对于一些很难或无须获得安全大数据的具体安全问题，以及一些根本就无安全大数据可言的安全问题（如飞机失事、核电站故障等），安全大数据对其传统研究不会产生特别影响。但是，对于研究宏观安全规律，安全大数据就具有诸多优点，对其传统研究的主要影响如下：

1）研究的安全数据对象完全不同。传统的安全科学定量研究或安全统计学研究，因无法收集或者无法很容易、经济、快速地收集到全体安全数据信息，通常以推断统计为核心内容，以随机抽样为基础，用样本来通过统计方式代替全体，即基于样本安全数据，很少有全体安全数据，如事故预测、安全评价、安全心理学、安全文化学等方面的定量研究。而基于安全大数据，研究的安全数据对象变成了总体，这很大程度上改变了安全数据信息的采集、挖掘和处理方式。

2）传统安全科学研究具有滞后性，安全大数据使安全科学研究更具时效性。传统安全科学研究的滞后性主要体现在：①传统的安全科学研究对于新出现的安全问题（如危险因素、系统要素等的变化）是不敏感的，一般需要等事故、故障发生或造成一定规模的伤害、损失等以后，才能搜集到足够的安全数据信息进行相关分析研究；②因时空的变化，致使前一时间阶段的研究成果很难有效适用于解决后一时间阶段出现的类似安全问题。而基于安全大数据，可以通过海量安全数据对系统的安全状态进行实时分析，一旦有新问题、新动态、新变化立即予以关注，从而实现对事故、职业病、群体不安全行为、安全网络舆情等的早期分析、干预、预警和控制，具有前瞻性。

3）传统安全科学研究注重因果关系分析，安全大数据注重关联关系分析。换言之，安全大数据会一定程度上减弱安全科学研究对因果关系的关注。传统的安全科学注重对安全现象的解释，了解它们的因果关系，如在以往的事故致因研究方面，诸多学者通过分析因果关系，得出了诸多定性解释事故致因的理论。但基于安全大数据，定性解释事故原因是远远不够的，安全大数据甚至可以发现事故发生的潜在规律，如事故发生的周期性、关联性、地域性、时间性等规律，以供安全科学学者、专家解释安全现象，具有一定的"智能性"，某种程度上超越了传统安全科学研究的因果关系。需要指出的是，安全大数据并没有改变因果关系，但使部分传统安全科学研究中的因果关系变得不太重要，而是通过大数据直接得出安全现象背后的本质安全规律，进而完善安全科学理论。本书认为，找出事故原因是进行事故预防与控制的关键，即因果关系在安全科学研究的重要性是无法替代的。由此看来，安全大数据不过是丰富了安全科学的研究方法与思路而已。因此，在未来基于大数据的事故致因研究方面，还是应以安全科学专家、学者为主，数据科学专家、学者仅需提供数据采集、处理、分析等关键性的技术支撑。

4）传统安全科学研究的因果关系具有不确定性（模糊性），安全大数据将摆脱这种模糊的因果关系的干扰。如几乎所有事故致因理论都把事故的直接原因归于人的不安全行为和物的不安全状态，但处于不同环境，究竟这两种原因谁是主要原因，采用传统安全科学研究方法是难以做出科学解释的，只能说是这两种原因综合作用的结果。在此情况下，知道结果显得更为重要，再无须考虑复杂的因果关系，仅需基于安全大数据，就可以清晰得出两类事故原因的比重。换言之，大数据关注"是什么"，而不是"为什么"，基于安全大数据更擅长通过统计分析人类不能感知的"安全关联"，并建议人采取具体安全行为活动。

5）传统安全科学研究方法的主观性偏强，安全大数据可增强安全科学研究的客观性。传统安全科学研究方法的主观性主要体现在：①实验法、模拟法等是传统安全科学研究的常用方法，它们存在一个主要缺陷：对于实验、模拟条件的控制通常会创造出不同于真实环境的安全现象，且存在一些干扰因素，使实验、模拟等很难接近真实状态，结果的可信度、实用性偏低；②统计调查法是传统安全社会科学的重要研究方法，但此方法是在接触被调查者的条件下进行的，对被调查对象的影响，再加之调查样本数量有限，会导致调查结果可信度降低。

安全大数据可避免以上安全科学研究方法的缺陷，增强安全科学研究的客观性，如对个体或群体的安全心理、安全行为、安全人性等的研究，可以在不直接接触被试者的前提下，直接收集其在生产、生活中的真实安全心理、安全行为、安全人性数据，从而避免了非自然的实验、模拟、调查场景可能带来的种种负面效应，使收集到的数据更加客观。

6）安全大数据对安全科学数学建模提出巨大挑战。传统安全科学研究往往采用一个或少数几个数学模型来进行安全状态评价与趋势预测等研究，如安全评价模型、事故预测模型、安全经济模型等，但任何安全数学模型都各有优缺点，即没有包治百病的全能安全数学模型。其缺点主要体现在以下几个方面：

① 在研究某一种安全状态时，可用的安全数学模型其实较多，模型的最佳选择一直是个无解的答案，实际上，迄今为止基于某种安全数学模型对安全状态或现象进行研究得出的结论，至多仅能说明是采用该模型得出的结论，并不具有普适性，换其他安全数学模型得出的结论可能立即就变了，换言之，其实基于安全数学模型研究得出的结论是脆弱的。

② 在研究同一安全状态时，即使采用同一种安全数学模型，由于安全数学模型的变量选择、估计的方法、参数设置、滞后期选择等不同，也会导致估计结果相差很大。

③ 安全状态是一个综合动态指标，一般而言，不同时段其安全影响因子的种类及其各因子对整个安全状态的影响程度是不同的（即指标的实时确定与指标权重的动态赋权问题），现有的安全数学模型还无法有效对安全状态进行实时动态准确评价与预测。

④ 在传统安全科学研究中，由于研究对象错综复杂，直接影响与间接影响因素众多，变量的完备性被认为是不可能的事情，往往只能选取少数变量来进行研究，达到一个相对满意的结果。

基于安全大数据，借助云计算与分布式处理等现代信息技术，往往可以采用成百上千的安全数学模型来对安全状态进行评价与预测研究。此外，基于安全大数据，可以获取越来越多的变量，从而使遗失变量的可能性降到最低，这样在研究中由原来的数个变量可能会变成数十个甚至成百上千的变量。在这样的背景下，对原有的安全科学数学建模技术就带来了巨大挑战，对安全科学的发展将会产生深远影响。

7）大多数传统安全科学研究工具与手段无法适应于基于安全大数据的安全科学研究，需要创新与研发新的研究工具与手段。传统安全科学研究，一支研究团队、数个安全实验室、数台计算机、数种安全模拟软件和简单的数据分析软件就能构成较良好的安全科学研究条件。但基于安全大数据的安全科学研究，在研究人员组成、计算工具与合作关系方面将发生巨大变化：①研究人员应有安全科学领域专家、学者以及安全大数据维护、建模、分析专家；②计算工具需要广泛借助于云计算工具；③合作关系需广泛与安全大数据拥有者（企事业单位、政府安全监管部门等）、云计算服务商等合作。总之，基于安全大数据的安全科学研究急需要组建跨学科、跨领域、跨部门的安全科学研究新模式。

8）传统安全科学研究表现出安全自然科学与安全社会科学的分离状态，这有悖于安全科学的综合学科属性；此外，部分传统安全科学理论研究与实践应用具有脱节现象。显然，基于安全大数据有助于将安全自然科学与安全社会科学、安全科学理论研究与实践应用趋于统一。

8.4.3 基于安全大数据的安全科学研究的基本范式体系

由上所述可知，基于安全大数据的安全科学研究的实质是揭示安全大数据背后的安全规律。因此，有必要在构建基于安全大数据的安全科学研究基本范式体系之前，首先明晰安全数据、安全信息与安全规律之间的转化关系。

（1）安全数据、安全信息与安全规律的转化模型

这里，依次给出安全现象、安全信息与安全规律的定义：①安全现象是指能被人感觉到

的安全状态表象,如事故、不安全行为、安全表现等;②安全信息是指为实现某种安全目的而经过加工处理的安全数据,如事故发生的高峰期、不安全行为的主要类型等。简言之,安全信息是经过加工的安全数据(即安全数据处理的结果);③安全规律是隐藏在安全现象背后的可重复联系,如海因里希法则、墨菲定律等。

基于安全现象、安全数据、安全信息与安全规律的定义,构建安全数据、安全信息与安全规律的转化模型,如图 8-7 所示。

由图 8-7 可知,该转化模型的本质是借助安全数据揭示隐藏在安全现象背后的安全规律,从而实现了安全数据的安全价值(包括安全科学研究、安全设计、安全管理与安全预测等价值)。从安全数据到安全规律是沿着"安全数据→安全信息→安全规律"的线性方向转化,"安全数据→安全信息"与"安全信息→安全规律"

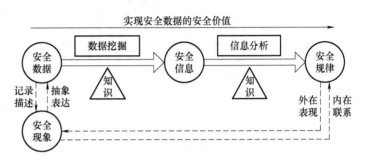

图 8-7 安全数据、安全信息与安全规律的转化模型

的转化过程都需要知识(包括安全专业领域知识与非安全专业领域知识)的支撑,知识作用于整个转化过程,即知识在整个转化过程中起着支撑作用。对转化过程具体解析如下:

1)安全数据向安全信息的转化。主要是指在安全数据与安全科学研究问题之间建立相关性。安全数据加工是安全数据转化为安全信息的过程,是运用相关知识将具有相关性的安全数据整合起来,并格式化、规范化使之成为安全信息分析中的有效安全数据的处理过程。典型的安全数据加工方式应包括安全数据清洗、滤重与匹配等。这些加工过程都是基于安全数据的规律,对安全数据进行加工处理,而这些规律就是知识,包括安全专业领域知识(如安全数据与安全专业领域内概念与术语之间的关系、有效安全数据的判别与筛选与转换对应等知识)与非安全专业领域知识(如安全数据结构与多源安全数据的融合等知识)。

2)安全信息向安全规律的转化。主要是指采取各种相关知识对安全信息进行分析,使安全信息的结构与功能发生改变,总结、归纳得出安全规律。这些知识也包括安全专业领域知识与非安全专业领域知识,如安全信息甄别知识、相关性判断知识、计量分析知识等。

(2)基于安全大数据的安全科学研究的基本范式体系的构建与解析

大数据是根据数据分析直接得出结论,其研究逻辑是后验的。基于大数据的研究逻辑,以及安全数据、安全信息与安全规律的转化模型、基于安全大数据的安全科学研究的核心原理与安全大数据对安全科学研究的影响,结合安全科学的一般研究过程与特点,构建基于安全大数据的安全科学研究的基本范式体系,如图 8-8 所示。

由图 8-8 可知,基于安全大数据的安全科学研究的基本范式体系是对安全数据、安全信息与安全规律的转化模型的丰富及其关键环节的细分,其核心基础是研究安全现象(问题)的总体安全大数据,换言之,基于安全大数据的安全科学研究,甚至是几乎所有未来的安全

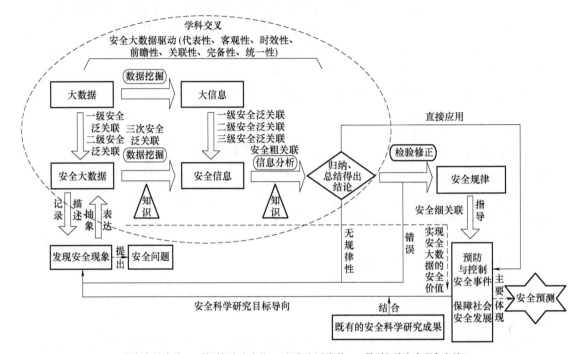

一级安全泛关联---是否与安全有关? 二级安全泛关联---是否与该安全现象有关?
三级安全泛关联---是否与该安全问题有关? 安全粗关联---安全科学方法、原理、模型、技术等 三次安全细关联---具体应用实践

图 8-8　基于安全大数据的安全科学研究的基本范式体系

科学研究都必将越来越稳固地建立在对客观安全数据的全面准确分析之上,实现研究效率与效果的同步大幅度提升,这不仅有助于安全科学的横向拓展研究,更有助于在其纵向挖掘更深层的规律与关系。对该研究范式体系的内涵具体解析如下:

1) 安全关联思想贯穿于整个研究过程。整个安全关联过程是一个逐渐从宽泛到具体的过程,具体表现为:①大数据→安全大数据:此过程需完成一级与二级 2 级安全泛关联,即在意识认知层面需依次回答"是否与安全有关?"与"是否与该安全现象有关?"2 个问题,从而得到描述、记录所研究安全现象的安全大数据;②安全大数据→安全信息:此过程需完成三级安全泛关联,即回答"是否与该安全问题有关?"这个问题,确定所研究安全问题的安全数据集合,再经数据加工分析,得到安全信息;③安全信息→安全规律:此过程需完成安全粗关联,即主要运用安全科学方法、原理、模型与技术等分析信息,导出安全规律;④安全规律→安全实践:此过程需完成安全细关联,即根据具体的安全需要将所得安全规律有针对性地应用于安全实践。此外,还可通过"大数据→大信息→安全信息"这条路径获得安全信息,在"大信息→安全信息"需完成一级、二级与三级 3 级安全泛关联,从而获得所研究安全问题的安全信息。

2) 更加注重学科交叉。安全科学作为一门年轻的综合交叉学科,有着顺应时代的发展需求。随着大数据时代的到来,既可以充分利用安全科学的综合交叉学科优势,也会使安全科学的学科交叉性进一步增强,这是因为:①基于安全大数据进行安全科学研究的一个重要环节就是数据挖掘与分析(包括收集、存储、处理与分析等),至少这一环节需要安全科学和数据科学的知识、技术与人才的融合与合作;②数据科学本身就是一门基于计算机科学、

统计学、信息系统等学科的新兴交叉学科。因此，从理论上讲，基于安全大数据的安全科学研究的最显著特点就是使安全科学研究的学科交叉属性变得更加明显且重要。

3）安全大数据驱动：得益于现代信息技术的发展与进步，已经很有可能实时全程跟踪记录个体与群体的各方面信息，且能够实现几乎相当于研究对象总体的数据采集和处理。对于安全科学研究而言，将不同于以往安全科学的因果分析、假设检验、推断统计等研究范式，基于对安全大数据的处理与分析，可从安全大数据中发现潜在的安全规律，直接进行归纳、总结得出研究结论，不过度追求可解释性。总之，充分利用安全大数据的覆盖全面、处理高效的优势，以安全大数据驱动将归纳法的边界由样本推向总体，必将使安全科学研究集代表性、客观性、时效性、前瞻性、关联性、完备性与统一性于一体，有助于促进安全科学研究快速发展。

4）安全科学研究目标导向。具体包括：①安全科学研究的最终目标是预防和控制事故，保障社会安全（包括健康）发展。经过多年的研究，安全科学领域已积累了大量事故预防与控制的研究成果。立足于安全科学的研究目标，再结合既有的安全科学研究成果，就可发现一些值得关注的安全现象，进而提出具有重大研究价值的安全问题，并确定具体研究对象。②传统的安全科学研究考察和分析的对象是人、物与事故等的外显表现，在此基础上，推理并解释人、物与事故等的内部因果关系，而最终目标又回归于预测和控制人、物与事故等的外显表现来预防和控制事故，从这个意义上讲，内部因果关系可看作若干中介变量。若直接以预测和控制人、物与事故等的外显表现的安全科学研究最终目标为导向，不过度追求对因果关系的深究，则有助于基于安全大数据直接通过对人、物与事故等的外显表现的分析，实现对人、物与事故等的外显表现的预测和控制。该思路也与数据科学的本质特征（以问题为导向）相吻合，对于实现安全科学研究的终极目标，这一全新路径也许会起到更加直接有效的作用。

5）快速检验、修正新发现的安全规律。对新发现的安全规律进行验证是保证安全规律有效指导安全生产、生活实践的必要前提，得益于高效的大数据分析技术，可以在验证阶段实现对新发现的安全规律的快速验证与修正，显著提高了研究效率和研究结果的可信度，有助于进行快速安全决策。

6）基于安全大数据的安全科学研究的8条核心原理贯穿于整个基于安全大数据的安全科学研究过程。例如：①全样本原理要求研究的安全数据对象必须是研究问题的总体安全数据，安全小数据叠加原理与安全关联原理指明了采集、挖掘研究对象的总体安全数据的思路与方法。②安全预测原理表明安全预测是基于安全大数据的安全科学研究的主要目的，因为基于安全大数据可以进行准确、超前的安全预测，这是有效预防与控制事故的关键。③安全价值原理表明基于安全大数据的安全科学研究实现了安全大数据的安全价值，换言之，整个基于安全大数据的安全科学研究过程也是一个逐渐实现安全大数据的安全价值的过程。

7）体现从"实践→理论→实践"的哲学思想。安全大数据本身就是对安全现象的记录与描述，即其本质是来自于实践的，通过对安全大数据的分析、研究得出安全规律，再用新发现的安全规律去指导预防与控制安全事件，即安全实践，这一过程完整体现了从"实践→理论→实践"的哲学思想。

8.4.4 安全大数据学概述

1. 安全大数据学的提出

在大数据背景下，安全大数据学的产生是大势所趋。可将安全大数据学定义为：安全大数据学是以揭示安全大数据背后的安全规律，进而实现安全大数据的安全价值为目的，借助安全大数据研究各种安全现象的一门应用性学科，也是研究安全大数据学与传统安全科学关系的一门学科，它应是安全科学技术学科的新的学科分支。具体而言，安全大数据学是在安全科学研究和应用中采用安全大数据并且采用大数据思维方式对传统安全科学进行深化的新兴交叉学科。换言之，安全大数据学不仅要研究如何建模、管理和应用安全大数据，而且要深入研究在大数据思维方式冲击下，传统安全科学如何应对挑战并进行转型的问题。

2. 安全大数据学的研究内容

安全大数据学的主要研究目的是在系统认知安全大数据的基础上，不断开发并充分利用安全大数据的安全价值。要达到这一研究目的，应从理论、技术与实践3个层面着手认知并利用安全大数据。由此，建立安全大数据的三维结构模型，如图8-9所示。

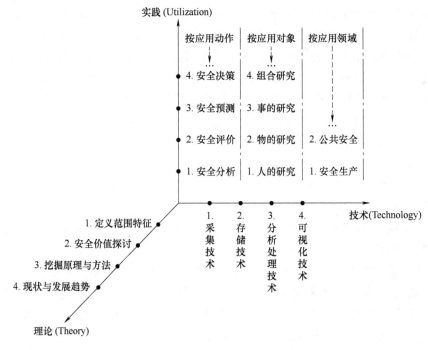

图 8-9 安全大数据的三维结构模型

由图8-9可知，安全大数据学的主要研究内容包括安全大数据应用基础（理论基础、技术基础）与安全大数据应用实践2方面，即安全大数据学的2个子学科，如图8-10所示。

（1）安全大数据应用基础

安全大数据应用实践的基础，主要包括两方面：①理论基础：理论是认知的必经途径，也是被业界与学界广泛认同和应用的基础，主要从"基于安全大数据的定义、范围与特征理解安全大数据，即对安全大数据进行整体性描绘和定性解释""从对安全大数据的安全价值的探讨来深入解析安全大数据的价值所在""提炼、总结安全大数据的挖掘原理与方法"

与"洞悉安全大数据的现状与发展趋势"4 方面研究并丰富安全大数据学应用的理论基础；②技术基础：技术是安全大数据的安全价值实现的手段和提升的基石，主要是基于计算机科学与技术、网络技术与传感器技术（如云计算、分布式处理技术、存储技术与感知技术等）等，从安全大数据采集技术、存储技术、分析处理技术与可视化技术 4 方面不断丰富、完善安全大数据学应用的技术基础。

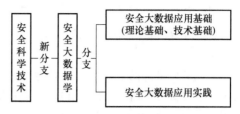

图 8-10　安全大数据学的基本框架

（2）安全大数据应用实践

安全实践是安全大数据的最终安全价值的体现，根据不同的分类依据，可将安全大数据应用实践划分为不同的学科分支。这里按不同的应用动作、应用对象与应用领域，分别对其做了分类，依次为：①按应用动作的不同，可分为安全分析、安全评价、安全预测与安全决策等；②按应用对象的不同，可分为人的研究、物的研究、事（安全事件）的研究与人物事的组织研究等；③按应用领域的不同，可分为安全生产领域与公共安全领域等。

总之，安全大数据学是一门学科跨度很大的学科，涉及众多学科，对研究者知识的宽度和深度都提出了很高的要求。因此，其突破应该首先在安全大数据应用实践层面取得进展，然后再催生理论层面的研究，逐步做到应用研究与理论研究的共同发展，共同促进安全大数据学的研究发展。

8.5　安全关联学

【本节提要】

　　基于安全体系的关联特性，提出安全关联的定义，并分析其内涵、类型与特征，进而提出安全关联学的定义，分析其学科基本问题与学科基础，提取实体表达与逻辑表达等 6 种常用的安全关联学表达方法，并从安全教育的层次和事故预防的策略等不同的视角构建安全关联学的学科分支体系。

本节内容主要选自本书著者发表的题为"安全关联学的创建研究"[5]的研究论文。

世界万事万物都是有关联的。为探究事物间的关联现象与规律，国内外学者很早就对事物间的关联现象开展研究，如关系学（集中于研究人或人群间的关联关系，如人际关系学、公共关系学、国际关系学与社会关系学等），系统学中的关联系统，语言学中的关联理论与关联原则，生命科学领域的基因关联，计算机科学、统计学和数学等中涉及的基于关联原则的数据挖掘与分析，以及物理学和化学中的表面物理化学问题等研究。实践表明，关联思想可广泛应用于自然科学与社会科学研究，关联现象与规律的研究可为交叉与边缘学科基础理论的研究提供有效手段。

关联思想始终广泛贯穿并应用于安全科学研究与安全实践活动之中，安全关联现象普遍存在。分析发现，安全科学之关联主要表现在以下几方面：

1）安全是一项系统工程，安全系统具有多元性、相关性及整体性的特点，同一安全系统的不同元素间按一定的方式相互关联、相互作用，保障系统安全需从多因素、多手段、多环节着手。

2）安全事件的发生既有其特定的、偶然的原因，又受总体共同因素的支配，且安全事件易发生在联结位置（或称节点，如人事物环之间的界面、连接线、交汇处与链接点等），因此，发现安全事件原因间关联的内在规律与易发生安全事件的联结位置等，从而进行人为控制和干预，使安全事件发生条件缺失，以减少安全事件的发生概率。

3）安全科学具有综合性与交叉性的学科属性，综合各种关于安全科学研究对象的观点，如人-机-环说、三要素四因素说、安全问题说、事故说、安全说与风险说等，其中最具普适性和最关键的基础科学问题可归纳为安全关联。

4）随着所面临的安全问题变得越来越复杂，与其说安全科学日趋成熟，还不如说安全科学日趋复杂，即安全关联日趋复杂且增多。

由上所述可知，安全关联学研究具有深厚的现实基础与理论基础，以及广泛的应用前景。换言之，安全关联学已成为安全科学领域迫切需要创建与研究的一门新兴交叉学科，对安全科学的发展具有重要意义。鉴于此，本节基于学科建设的高度，借鉴关联思想在其他学科的应用经验，依据安全科学的学科属性，从理论层面出发，提出安全关联及安全关联学的定义，并分析其内涵、学科基本问题、学科基础、表达方法与主要学科分析，从而为安全科学学的研究提供一种有效的研究途径。

8.5.1 安全关联概念的提出

1. 安全体系的关联特性

所谓安全体系，即安全巨系统或安全宏系统，是指由同一时空或不同时空的与安全相关的人、事、物、环境、社会文化与知识等组成的集合，可将安全体系简单理解为是安全系统的辐射与延展。由安全科学综合交叉的双重学科属性与安全问题的复杂性可知，关联性应是安全体系的主要性质之一，其安全关联作用的方式有多种多样，其复杂安全关联特性主要表现为：①安全体系的组成元素数量多，种类多；②组成元素间安全关联作用强，在空间结构和时间上具有安全关联（如空间上的网络结构，时间上的时序关系等）；③安全体系具有诸多层次；④安全体系的组成、结构、特性及环境都在不断动态变化；⑤安全体系担负多项安全任务，且安全任务执行具有并发性。

2. 安全关联的内涵

基于安全体系的关联特性，提出安全关联的概念。安全关联（Safety & Security Relations）是指安全体系元素与元素间通过某一介质元件为纽带（即形成一个界面或节点），所建立起来的特定安全联结关系，如常见的"物-物"安全关联、"人-物"安全关联与"人-人"安全关联等。所谓介质元件，是指联结安全体系元素（部分或全部），并使安全体系元素间产生安全信息交流，进而保障安全体系的安全功能输出的安全体系载体，一个介质元件则对应形成一个安全关联界面或节点。安全关联的本质是一种安全信息。最简单的安全体系元素间的联结关系如图8-11所示。

基于安全关联的概念，可知安全关联的必要条件，即安全关联的三要素，包括两个不同安全体系元素和一个介质元件，换言之，建立一对安全关联至少需以上三要素。理论而言，两个

图 8-11 安全关联逻辑关系框图

不同安全体系元素间必定存在或多或少、或大或小的安全关联，即一定可以找到在两个不同安全体系元素间建立安全关联的介质元件，换言之，以上三要素也是建立安全关联的充分条件。但是，实际的安全科学研究或安全实践活动都非常注重其安全价值的大小，同样，实际安全关联现象的研究与关注也应强调其安全价值的大小，由此看来，具备以上三要素并不是建立具有安全价值的安全关联的充分条件，这主要取决于是否存在某一介质元件可在两个不同安全体系元素间建立起具有安全价值的安全关联关系。至于对于安全关联的安全价值大小的判断，具有很强的主观性，这类似与人们对可接受风险或危险的判断，不同个体或群体对安全关联的安全价值大小的判断会存在差异，且受社会安全发展水平及个体或群体的安全需求等的影响较大。

在客观现实中，一个安全体系元素并非仅与某一种安全体系元素存在安全关联关系，即单一安全关联，而是与其他诸多安全体系要素也存在安全关联关系。换言之，各安全体系元素间存在多种不同安全关联关系，即复合安全关联现象。理论而言，N（$N \geqslant 2$，且 N 为自然数，下同）个不同安全体系元素可建立 C_N^2 对安全关联，即也应有 C_N^2 个介质元件，但实则具有安全价值的安全关联对数应等于或小于 C_N^2。由此可知，可将复合安全关联现象定义为：N 个不同安全体系元素 $\theta = [\theta_1, \theta_2, \theta_3, \Lambda, \theta_N]$ 通过 M（$M = C_N^2$）个独立的安全关联函数（即介质元件）$\varphi = [\varphi_1(\theta), \varphi_2(\theta), \varphi_3(\theta), \Lambda, \varphi_N(\theta)]$，两两间建立起安全关联关系，至于各对安全关联是否具有安全价值，需根据实际情况做出具体判断。

3. 安全关联的类型

根据不同的分类标准，可将安全关联划分为不同类型，如上面提及的空间安全关联与时间安全关联，以及单一安全关联与复合安全关联。此外，根据安全科学研究与安全实践的实际需要，本书著者需着重解释以下安全关联分类方式：

1) 依据安全关联介质元件的显隐性特点，可将安全关联分为显性安全关联与隐性安全关联。①显性安全关联指可直接从安全体系元素的外在因素分析出要素间的安全关联关系，主要包括实体安全关联、类别安全关联与属性安全关联，具体解释见表 8-7；②隐性安全关联指从安全体系元素的外在因素看不出相互安全关联关系，但安全体系元素间又确实存在某种安全关联，主要包括聚类安全关联与诊断/推理安全关联，具体解释见表 8-8。需要指出的是，显性安全关联与隐性安全关联两者间并无明确界限，即部分安全关联的显隐性的具有模糊性，如因不同研究者具有不同的知识积累与认识视角等，他们对安全关联的显隐性的判断与认识就存在差异。

表 8-7 显性安全关联举例

类 别	内涵解释与举例
实体安全关联	实体可以是人或物，把它们之间所构成的安全联结关系称为实体安全关联。如"物-物"安全关联、"人-物"安全关联与"人-人"安全关联等，这是最常见的显性安全关联
类别安全关联	通过安全体系元素与元素间同一个类别作为介质元件，将各元素关联起来。如按不同安全视角可以列举很多例子，如按不同行业类别，可分为矿山安全关联、化工安全关联与交通安全关联等；按不同系统要素，可分为安全人因关联与安全物因关联等；按观念、知识、技能 3 个层次，可安全观念关联、安全知识关联与安全技能关联；等等

（续）

类　　别	内涵解释与举例
属性安全关联	通过安全体系元素与元素间同一个属性作为介质元件，将各元素关联起来。如同一地区、同一企业、同一部门、同一来源、同一安全事件、同一安全问题、同一安全科学研究对象、同一安全学科分支等等。需要指出的是，这些属性可进行综合运用，以获取范围更小、更精确的一个安全关联结果

表 8-8　隐性安全关联举例

类　　别	内涵解释与举例
聚类安全关联	依据某一安全体系元素（可以是某一具体安全科学元问题）与另一安全体系元素的关联度的不同，以某一安全体系元素为中心，从外到内安全关联关系越来越密切，从而建立的关于某一安全体系元素的安全关联关系圈。如研究"安全事件"时，可以聚类出"安全事件发生地点、时间、环境，以及安全事件损失、人因与物因等"与之关联性很高的安全体系元素
诊断/推理安全关联	以某一安全问题为核心，将与该安全问题有关的安全影响因素或安全问题解决方案层层推理开来。这种安全关联以某一具体安全问题为核心，解决安全问题的思路为延展，由一个安全问题关联多个安全影响因素或安全问题解决方案，每个安全影响因素或安全问题解决方案下面又可延展出相关安全影响因素或安全问题解决方案

2）依据安全关联对系统安全的影响作用的不同，可分为正安全关联与负安全关联。①正安全关联是指协同保安的安全关联，即对保障系统安全具有正面促进作用的安全关联，如安全管理中的"3E 对策"关联、安全联锁装置、组织成员的高安全素质与组织良好安全状态间的关联等，此类安全关联应强化；②负安全关联指诱发不安全因素的安全关联，即对保障系统安全是有负面作用（如阻碍、破坏作用等）的安全关联，如人的不安全行为与物的不安全状态间的关联、安全事件与安全管理缺陷间的关联，以及二次安全事件与一次安全事件间的关联等，此类安全关联应尽可能消除。需要说明的是，正安全关联与负安全关联两者间可进行相互转化，如安全事件与安全管理缺陷间的负安全关联可转化为系统良好安全状态与全方位安全管理间的正安全关联。

4. 安全关联的特点

由安全关联的内涵与类型可知，安全关联至少具有广阔性、复杂性、综合性、多非线性与多变性 5 个重要特点，具体解释见表 8-9。

表 8-9　安全关联的特点

特　　点	内　涵　解　释
广阔性	在客观现实中，安全关联的范围极其广阔，往往是多种安全问题、现象、过程或知识等的交织。因此，若要充分认识这些安全问题、现象、过程或知识等，并将其进行理论上的归纳并对这些安全问题、现象、过程或知识等间的相互关联做出分析，则需深厚的知识与学术资料等的积累
综合性	安全关联现象一般是诸多单一安全关联的综合、交叉、叠加作用结果，即大多安全关联现象均是复合安全关联，如安全事件是由联合因素所致，并非安全事件仅与某一种原因有关；组织安全状况的改变涉及安全投入、安全技术、安全教育、安全制度与安全文化等因素。因此，安全关联之关联也应是研究安全关联的重点

（续）

特　　点	内 涵 解 释
复杂性	与其他安全现象不同，安全关联现象一般是复合安全关联，涉及多种具体的单一安全关联，且相关具体的单一安全关联并非是唯一且一成不变的。此外，有时各具体的安全关联与一些自发过程与个体主观因素等偶然安全因素交错发生，均会对系统安全状况产生巨大影响。因此，捕捉某种具有规律性和重复性的安全关联存在难度
多非线性	安全体系元素间的关联关系，大多数不是线性关联关系，而是非线性关联关系。此外，多非线性也是安全关联复杂性的典型表现之一，且与线性相比，非线性更接近安全关联的性质本身，是量化研究认识复杂安全关联现象的重要方法
多变性	安全体系是处在发展变化中的一个动态大系统，各安全体系元素间不仅有静态安全关联，而且有动态安全关联，具有多变性、不确定性、不确知性。如安全监管体系及其领域内各元素的变化受多种因素影响，包括政府安全监管体制改革、国家安全形势变化与安全监管任务变化等，不同时期，有不同的安全政策与法令与不同的安全科学理论做指导

8.5.2　安全关联学的定义、学科基本问题及学科基础

1. 定义与学科基本问题

基于安全关联的定义，可将安全关联学定义为：安全关联学是在一定时空里，从理性人的身心免受外界因素不利影响或危害出发，以安全社会学、安全人机学、安全信息学和安全系统学等的原理与方法为基础，运用关联思想研究安全体系中各元素（包括与安全相关的人、事、物、环境、社会文化与知识等）间的信息响应、感知、传递、协同、耦合、分离与对抗等安全关联关系及其表达的边缘交叉应用型学科。简言之，安全关联学是一种研究安全体系中各元素间安全关联关系及其表达的安全科学理论。

作为一门学科，其定义中所有的概念都应具有一定的科学性与实际意义。因此，有必要对安全关联学的定义中的有关概念进行一定解释，以揭示安全关联学的理论基础、研究对象、研究内容与研究目的等学科基本问题，具体解释如下：

1）安全关联学以辩证唯物主义哲学为指导思想；安全关联学研究与实践的基础是安全社会学、安全人机学、安全信息学和安全系统学等的理论与研究方法；安全关联学是以关联思想、关联思维方式和关联方法为主线的研究学科，而不是简单的形式安全联结或关联关系，这是安全关联学的本体论、方法论和实践论的统一。

2）安全关联学主要研究安全关联理论与实践。具体而言，安全关联学主要研究安全体系中各元素间的信息响应、感知、传递、协同、耦合、分离与对抗等安全关联关系（包括安全关联之关联）及其表达（如实体表达、数学表达、逻辑表达、图论表达与模糊表达等），各种安全关联与表达在安全管理、安全事件预防、安全设计与安全创造等中的具体研究内容、应用与实践等的诠释见表8-10。需要指出的是，对于一个特定安全体系而言，传统的安全科学研究关注最多的是安全体系的安全功能输出（即安全体系行为），研究最多的是安全体系的构成元素和联结关系，而往往忽视了安全体系元素间的信息交流及其载体，即安全关联的介质元件（即节点或界面），安全关联学研究应涵盖上述各方面内容。

表 8-10　安全关联学的主要研究内容

研究内容	具体解释与举例
安全关联表征	安全体系中各元素间的信息响应、感知、传递、协同、耦合、分离与对抗等安全关联关系，如上述各种情况下的安全关联规则、安全关联度、安全关联性、安全关联理论等
安全关联表达	人安全体系中各元素间的信息响应、感知、传递、协同、耦合、分离与对抗等安全关联关系的表达，如上述各种安全关联关系的实体表达、数学表达、逻辑表达、图论表达、框架表达与模糊表达等
安全关联应用与实践	上述的安全关联关系及其表达在安全事件预防、安全管理、安全设计与安全创造等中的应用与实践等
安全关联之关联	大多数安全关联现象一般是诸多单一安全关联的综合、交叉、叠加作用结果，即大多安全关联现象均是复合安全关联，因此，安全关联之关联也应是安全关联学的主要研究内容之一
安全关联的相似性	为探究安全关联学的普适性规律与原理，不同安全关联间的相似性研究就显得尤为重要，如安全心理关联、安全人性关联、安全管理关联安全教育关联与安全事件关联等之间的相似性研究

3）安全关联学的研究对象就是安全关联这种联结关系，其具有巨大的时空跨度与维度。换言之，安全关联学强调安全关联是安全关联学的最基本分析与研究单元，安全关联是安全关联学研究的出发点和归宿点，这样既能够较好地体现安全关联学的核心思想和宗旨，又能够贯串其全部研究内容。

4）安全关联学的研究视角是大安全视角，原因主要如下：①安全关联学研究本身就具有巨大的时空跨度与维度，这恰恰与大安全视角的本质与特性相吻合，因此，大安全视角有助于促进安全关联学研究与发展；②就安全关联学的理论意义与现实意义而言，基于大安全视角，拓宽了安全关联学的研究范围与研究角度，有助于挖掘出更多具有重要安全价值的安全关联关系，这对促进拓展安全科学研究的广度与深度均具有重要价值。

5）安全关联学的研究目的是挖掘具有安全价值的安全关联关系，将其进行理论上的归纳并对这些安全关联关系做出分析与表达，并用于指导安全实践活动，以达到保护理性人的身心免受外界因素不利影响或危害的最终目的；其任务是通过对不同安全体系元素间的具有安全价值的安全关联关系进行挖掘、分析与表达，形成安全关联学相关理论，并借以指导和完善安全事件预防、安全管理、安全设计与安全创造等的原理与方法，同时促进安全关联学，乃至整个安全科学研究与发展。

6）安全关联学是安全社会学、安全人机学、安全信息学和安全系统学等学科相互融合交叉而产生的一门新兴交叉应用型学科，是上述各学科门类直接相互渗透、有机结合的学科产物。安全关联学具有整体性、社会性、跨界性和综合性等特征，如图 8-12 所示。

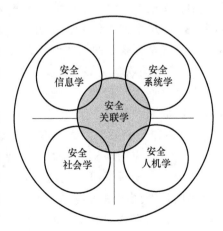

图 8-12　安全关联学的交叉学科属性

7）安全关联学对于安全科学研究具有重要意义，

主要表现在：

① 运用安全关联思想，可以发现新的安全科学现象，从而对安全科学研究的深度与广度进行延展与扩充。在辨认和整理安全体系元素的过程中，可以将各安全体系元素相互关联起来，从而有可能发现新的安全科学现象，还可以揭示不易直接观察到的隐形安全关联和安全关联之关联。

② 运用安全关联思维，可以建立一些新的安全科学概念和学科分支。例如，把不同安全体系元素（如安全科学研究成果、经验与事实等）关联起来，不仅能追溯安全体系元素间的相互关联关系，而且可以得到一些安全关联规律、原则与理论等，它们往往是更高的理论、更精密的理论性学科的基础，从而促进多元化安全学科体系的建立。

③ 安全关联可囊括安全科学中的因果关系、层次关系、顺序关系、结构关系，以及定性分析、定量分析与模型表达等，内涵极其丰富，有助于使安全科学中的核心关系及其表达与应用实践实现集中化，从而探究与挖掘这些关系的共性规律及其互相的融合应用，例如近年来大数据在安全领域的应用、智能安全诊断分析等。

2. 理论基础

从学理上而言，安全关联学是安全科学的主要学科分支，其理论基础是辩证唯物主义方法。安全关联学是安全社会学、安全人机学、安全信息学和安全系统学等的交叉学科，安全关联学基于大安全视角，运用关联思想研究安全现象，应含有诸多学科分支。此外，安全关联学主要研究安全体系中各元素间安全关联关系及其表达，为明晰安全体系中各元素间安全关联关系，并保证能够清晰、准确地分析与表达诸多安全关联关系，因此，安全关联学研究还需以哲学、数理学、逻辑学、系统科学、信息学、语言学、行为学、社会学、心理学、经济学与工程学等学科为理论与方法支撑。换言之，安全关联学的理论基础应是以上各学科理论的交叉、渗透与互融，如图 8-13 所示。

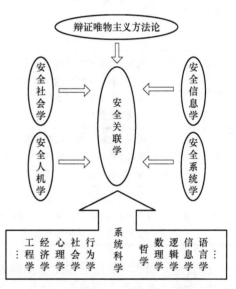

图 8-13　安全关联学的理论基础

3. 安全关联学的表达方法

安全关联表达（Safety & Security Relations Representation），或称安全关联表示、安全关联描述，是安全关联学的主要研究内容之一，也是安全关联学研究的基本技术之一。所谓安全关联表达，是指安全关联关系的模型化、形式化与集成化，即采用适当的形式语言（包括数学语言）、逻辑符号与网络图形等来表达安全关联关系（包括显性安全关联或隐性安全关联、安全文献知识关联或安全经验知识关联、安全专业知识关联或安全常识知识关联等），以便于人们记忆、存储、分析与交流安全关联关系，并进行有效的组织与管理，以及利用安全关联关系进行推理、解决安全问题。

对于同一安全关联关系，可采用不同的表达方法，即不同形式的安全关联模型。根据安全关联的特点，借鉴知识表达的具体方法，本书著者提取实体表达、数学表达、逻辑表达、图论表达、框架表达与模糊表达6种常用的安全关联表达方法。这6种安全关联表达方法的具体解释见表8-11。

表 8-11　安全关联的常用表达方法举例

表 达 方 法	具体解释与举例
实体表达	安全关联的实体表达是指通过寻找一种天然存在的具有相似性的实物安全关联模型（即天然安全模型）或者人工地制造一种具有相似性的实物安全关联模型（即人工安全模型）作为安全关联关系的模拟物与表达物，如实体安全关联就可用实体表达方法进行表达，比较典型的是安全人机实验模型
数学表达	数学属于人类的一种特有的表达方式，数学可用来描述事物，同样也可用来描述安全关联关系。安全关联的数学表达就是通过数学语言、符号、表达式、图像、图表等将安全关联关系表达出来的方法，表达时必须要掌握各种符号表示的内容，并弄清数学表达式的含义，且尽可能正确地做出图像、绘制图表
逻辑表达	逻辑表达作为知识表示的比较典型方式，具有精确性、灵活性和模块性等优点。安全关联的逻辑表达是指运用逻辑表达式（用逻辑运算符将关系表达式或逻辑量连接起来的有意义的式子）来表达安全关联关系的方法。鉴于现代逻辑方法对于解决复杂问题具有巨大优势，因此，逻辑表达非常适合表达隐性安全关联（聚类与诊断/推理安全关联）关系
图论表达	图是一类非常广泛的数学模型，图论尽管也是数学的分支，但由于它的专门性，这里单独把它作为一种常见的知识表达方法归类。安全关联的图论表达是指将图论中图的运算、图的矩阵表示、图的向量空间表示、最小连接问题计算、匹配与独立集、最优安排问题、图的群表示与群的图表示等映射到安全体系中来表示各安全体系元素间的安全关联关系
框架表达	框架表达是一种常用的知识表达方法，安全关联的框架表达是指借以由大、中、小各种框架，相互联系、内外嵌套组成的框架系统来表示安全体系元素间的安全关联关系。运用框架表达方法可以表达不同层次安全关联关系，通过子框架，可由浅入深表达安全关联之关联
模糊表达	复杂性、多变性与多非线性是安全关联的主要特征，即安全关联具有很强的模糊性，因此，模糊表达方法也应是安全关联关系的主要表达方法之一。安全关联的模糊表达是指将模糊集合论与其他安全关联表达方法相结合来分析与表达安全关联关系，非常适用于表达模糊性很强的安全关联关系

　　由安全关联的特征与上述安全关联表达方法的优缺点可知，为尽可能准确、严谨、全面地表达安全关联关系，应融合上述安全关联表达方法的优点于某一复合安全关联表达方法来表示安全关联关系，如可将知识表达树与知识表达网等复合知识表达方法借鉴、改良并运用至表达安全关联关系。

本章参考文献

[1] 王秉，吴超. 大安全观指导下的安全情报学若干基本问题思辨 [J]. 情报杂志，2019，38（3）：7-14.

[2] 华佳敏，吴超. 安全信息经济学的学科构建研究 [J]. 科技管理研究，2018，38（21）：264-269.

[3] 王秉，吴超. 循证安全管理学：信息时代势在必建的安全管理学新分支 [J]. 情报杂志，2018，37（3）：106-115.

[4] 王秉，吴超. 基于安全大数据的安全科学创新发展探讨 [J]. 科技管理研究，2017，37（1）：37-43.

[5] 吴超，王秉. 安全关联学的创建研究 [J]. 科技管理研究，2017，37（2）：7-12.